消失的真实

现代社会的思想困境

金观涛——著

中信出版集团 | 北京

图书在版编目（CIP）数据

消失的真实 / 金观涛著 . -- 北京：中信出版社，
2022.3
ISBN 978-7-5217-3561-1

Ⅰ . ①消… Ⅱ . ①金… Ⅲ . ①科学哲学－研究 Ⅳ .
① N02

中国版本图书馆 CIP 数据核字（2021）第 186456 号

消失的真实
著者：　金观涛
出版发行：中信出版集团股份有限公司
（北京市朝阳区惠新东街甲 4 号富盛大厦 2 座　邮编　100029）
承印者：　河北鹏润印刷有限公司

开本：880mm×1230mm 1/32　　印张：12.75　　字数：347 千字
版次：2022 年 3 月第 1 版　　印次：2022 年 3 月第 1 次印刷
书号：ISBN 978-7-5217-3561-1
定价：88.00 元

金观涛像（刘青峰绘）

目　录

序言：开放社会的理想 VII

导论：重建真实的心灵 001

第一编 | 哲学的童年

第一章　超越突破和真实心灵 027

从一本畅销书谈起 027

哲学的转向 034

传统真实心灵：真善美的统一 040

认知理性的解放 046

第二章　现代真实心灵为什么走向解体 051

现代真实心灵及其稳定性 051

启蒙运动和“大分离”：理性主义的起源 056

经验主义和怀疑论：实然—应然、事实—价值 061

为什么韦伯先知先觉 066

“哲学之死”及其回光返照 070

第三章　20 世纪对康德哲学的期待 074

公共性丧失和康德的“第三批判” 074

政治哲学基础的改变：对自然法的再定位 076
《正义论》和文化相对主义 081
新康德主义、新儒学及其他 085
寻找重建现代真实心灵的方法 088

第四章 康德哲学的宏伟结构 093
康德哲学诞生的背景 093
“三大批判”的结构 097
哲学的“哥白尼革命” 101
为什么康德能够制造“旷世奇迹” 106

第五章 先验观念论的错误和“康德猜想” 112
哲学的“语言学转向”及其后果 112
形而上学“冻土层”的融解 115
数学等于逻辑？ 120
“康德猜想”：数学符号真实和科学经验真实同源 122
告别童年：从“康德猜想”再出发 127

第二编 | 数学真实和科学真实

第一章 《几何原本》之谜 135
如何证明“康德猜想” 135
科学的自相似性 137
神奇的武功秘籍 141
科学起源于数学真实 145

第二章 数学真实的显现及其命运 150
数学真实的起源 150

不可测比线段的发现 154
柏拉图的“理型”和数学真实 158
几何学黄金时代和数理天文学 163
三个演变方向：形而上学、《几何原本》和新柏拉图主义 166

第三章 数学真实被想象成科学经验真实 170
亚里士多德：第一个科学家 170
物理学和形而上学 173
几何推理是否等同于三段论 178
种子与方舟：《几何原本》和《大汇编》的飘零 183

第四章 牛顿力学：《几何原本》示范的扩大 189
否定亚里士多德：数学真实的再一次兴起 189
哥白尼的新理论系统 193
经典力学等于“微积分”加“日心说”加“望远镜”吗 197
宇宙的公理化：《几何原本》示范及其扩大 202

第五章 启蒙运动：客观世界的诞生 210
宇宙模型的改变：从钟表到粒子运动 210
真空研究和客观存在的时空 213
新分类树和还原论：化学基础的发现 217
达尔文进化论：生物学的公理化 222

第六章 大道之隐 228
真实性哲学的十字路口 228
第五公理和非欧几何 231
解方程、群论和抽象代数 235
集合论和无穷研究 240

进一步的问题：“康德猜想”为什么成立 243

第三编 | “语言学转向”阴影下的科学哲学

第一章 科学和形而上学的对立 249
科学哲学兴起的历史前提 249
逻辑经验主义 253
从逻辑推出自然数的失败 259
批判的理性主义兴起 264

第二章 迷失在后现代主义的黑森林 268
证伪主义科学观 268
科学史研究：“范式”的发现 273
证伪主义的修正及其他 278
科学哲学的“菲罗克忒忒斯之伤” 284

第三章 来自中国的研究 290
为什么要回到20世纪80年代 290
客观存在和受控观察普遍可重复 296
全称陈述不能确证吗 299
受控实验普遍可重复为真 304
通往数学真实之路 309

第四章 科学是什么 313
为什么现代科学起源于欧几里得几何学 313
再论科学发现的逻辑 318
在证伪的背后 322
科学图像中的不确定性 325

科学革命的终结 328
科学的增长：分形的形成和展开 331

第五章 横跨经验世界和符号世界的拱桥 335
被悬置的主体 335
因果性：对目的论和决定论的超越 338
自然规律和仪器同构 340
再论哲学的“哥白尼革命” 343
真实性哲学的方法论 347

后 记 351

序言

开放社会的理想

自轴心时代以来，寻找真理都是从面对黑暗开始的。而我们已在一个自由的、不断进步的世界中生活得太久，忘记了哲学的精神是什么。今天的哲学研究必须敢于正视历史大倒退带来的思想困境。

被中断的哲学研究

“真实性哲学”源自我和刘青峰在青年时代的探索。20世纪80年代，我们从事中国科学技术史的研究。为了分析现代科学为什么没有在中国产生，必须追问什么是科学，也就必定涉及对科学哲学和真实性的探讨。

1982年10月，中国科学院《自然辩证法通讯》杂志社在四川成都召开了“中国近代科学技术落后原因”学术讨论会。今天人们将其视作20世纪80年代“文化热”（民间启蒙思潮）的标志性事件之一，其实科学哲学一直是80年代民间启蒙思潮的重要组成部分。经历过80年代的人都记得，证伪主义一度成为思想解放的利器，“理论是否可以证伪”被视作判别科学和伪科学的试金石。当时，这一学说不仅在中国思想界如日中天，在世界政治哲学界亦备受关注。卡尔·波普尔认为，没有人知道完美的社会是什么样子，次优的选择是一个“开放社会”，即在一个社会中，政治和文化是多元的，并且权力可以实现和平更替。波普尔还将证伪主义投射到哲学上，提出“否定性功利主义”。他认为，人类只能知道何为“不好”，而不可能知道什么是“好”；换言之，理想社会不可能是道德理想国。

我不赞成证伪主义，却十分着迷于其将现代性建立在科学哲学之上的想法。自 19 世纪以来，功利主义对现代价值基础（包括市场经济的正当性）的建立产生了深远影响。“否定性功利主义”给我留下了深刻的印象，我这一代人对现代社会的理解，差不多都是从这里开始的。1989 年我和青峰完成的《新十日谈》就是从科学哲学出发讨论现代性的。虽然我隐隐感到“否定性功利主义”在论证言论和思想自由方面十分有力，但它在分析为什么个人权利是现代社会的基础上语焉不详，更不能证明为什么现代社会是契约社会。然而，我相信只要找到一种正确的科学哲学理论，就可以为现代社会确立更坚实的价值基础。

1989 年 2 月 3 日，我和青峰坐上北京开往杭州的火车看望父母。上车前我把刚写完的《奇异悖论——证伪主义可以被证伪吗？》一文投稿给《自然辩证法通讯》，该文提出以“受控实验普遍可重复为真”这一原则作为科学的基础。我相信，一旦证伪主义被新的科学哲学理论取代，现代社会组织蓝图将会变得更加完善，我将这一研究称为对现代社会的理论探索。写完上述科学哲学的论文时，我以为自己即将开始新的研究。没有想到的是，这项哲学思考即将中断 30 多年。

发现韦伯

1989 年 4 月 2 日，我和青峰到香港中文大学进行为期 5

个月的访问，并最终留在了该校中国文化研究所工作。物理学家高锟当时是香港中文大学的校长，他的话让我们至今难忘："香港中文大学是一个崇尚学术自由的地方，如果你们能留在大学做研究，是大学的荣幸。"好友陈方正当时担任香港中文大学中国文化研究所所长，他为我们安排办公室和宿舍，尽量创造一个好的工作和生活条件。现在回想起来，1989—1999年是香港中文大学迅速成长并成为亚洲重要学府的10年，这也是我们融入香港社会并在那里开创新事业的10年。

在香港工作之初，我和青峰认为应该继续80年代的反思。一方面，我们参与创办了《二十一世纪》杂志；另一方面，我们决定撰写《兴盛与危机》的续篇《开放中的变迁》。《兴盛与危机》完成于80年代，其尝试将控制论、系统论的新方法引入研究中国传统社会的宏观结构，并提出"超稳定系统"的理论。《开放中的变迁》则旨在探索中国近现代社会的超稳定系统的历史演变。我只上过一年大学，之后"文化大革命"就开始了。我是通过自修完成大学教育的，如学习量子力学、系统论和突变理论等。1978年，我到中国科学院科学哲学研究室工作，专业是科学哲学。当时我觉得自己可以胜任，并在80年代相继完成并出版了"系统的哲学"三部曲，包括《发展的哲学》(1986年)、《整体的哲学》(1987年)和《人的哲学》(1988年)。然而，到香港工作之后，挑战来了！我不可能继续进行科学哲学的研究，也无法继续我80年代了解的系统论研究，所以非得进入人文和历史领域不可。然而，那时我对西方的人文和历史研究所知甚少。举个例子，1986年我和王军衔共同出版了《悲壮的衰落——古埃及社会的兴亡》一书。在写作期间，我们尽可能地搜集文献，但北京图书馆有关古埃及文明的英文书不多，我们的资料大多来自苏联的研究。该书出版之后，一位台湾学者对我们做出批评，大致意思是我们研究所依据的史料基础薄弱，对西方学术界的相关研究成果也知之甚少。说实话，不管批评者是否看懂了《悲壮的衰落》，他的意见并非完全没有道理。因为我们当时在信息相对封闭的环境中开展研究，能接触的一手资料十分有限，相比那些在美国留过学的中国台湾学者，我们不可能清楚知晓当时西方学术界的最新成果。

对台湾学者来说，没读过西方的学术著作，就没有资格写书。我记得台湾思想家林毓生曾说过，他到了美国之后才知道马克斯·韦伯，当时他羞愧得无地自容。我真正读韦伯的作品，也是到了香港以后，但我没有羞愧到无地自容。原因在于，20世纪70年代，我不可能了解韦伯；80年代，我又不可能静下心来研究韦伯；90年代，我面临的一大挑战就是了解西方人文社会科学的进展，了解它们和我原来掌握的东西之间是什么关系。其实，从自然科学和科学哲学转向社会科学很容易，而进一步转到人文和历史研究则很难。因此，我必须从头学起，尽管当时我已经42岁了。这是一个重新“闻道”的过程。

我从小就受马克思影响，而韦伯则是一位和马克思完全不同类型的思想家。对我触动最大的是韦伯在第一次世界大战后的变化。马克思的学术立足于对现代性的批判，第一次世界大战只不过证明了现代价值的不可欲。韦伯的思想则更为微妙，他一直是现代价值的坚定捍卫者。当第一次世界大战使人们质疑自由主义的正当性时，韦伯并没有否定个人权利是现代社会的核心价值。他认识到现代性是一个铁笼，但坚信彻底打破铁笼只能让人陷入深渊而不是得到解放。对五四运动以后的中国人来说，在发现西方现代社会危机后否定其为榜样一点都不困难，困难的是在这种时刻仍坚持现代价值和个人权利，为现代社会寻找出路。韦伯的重要性在于，自现代性起源以来，他是第一个认识到现代价值无论面临多大挑战都不能被放弃的思想家。

在“闻道”的过程中，我仍念念不忘对科学哲学的思索，无奈香港这方面的学者极少。一开始我还想和几个朋友组织讨论科学哲学的小圈子，但这与20世纪90年代的时代气氛严重不合，最后无疾而终。我亦和青峰一起深入到人文和历史研究中去了。

进入中国思想史

有一段时间，我和青峰被韦伯的思想吸引，认为人文社会研究不再需要运用系统论，而应运用“理解”的方法，即让自己进入支配过去社会行动的思想即可。可是在写《开放中的变迁》的过程中，我们发现韦伯有关现代资本主义在西方起源的理论，无法解释近现代中国社会的变迁。哪里出问题了？我们再一次认识到系统论在研究社会演变时的重要性。《开放中的变迁》没有受到韦伯的影响，但我们并没有把韦伯学说的妙处忘掉。后来我们才知晓，只有把问题聚焦到观念系统演变的内在逻辑，韦伯的“理解”方法的重要性才显现出来。

自1993年《开放中的变迁》出版至2000年，整整7年我们都没出书，为什么？因为我们开始写《中国现代思想的起源》，进入了思想史的研究领域，这时我发现自己压根不懂思想史的内在逻辑，特别是19世纪西方思想史。另外，我也不了解中国的儒学。在阅读相关著作的时候，我很难理解它们在讲什么。这对我来说是一个巨大的挑战，我觉得自己原有的思想方式一定存在巨大的盲点，因此才会读不懂思想史的内在理路。

后来我才明白从自然科学和社会科学进入思想史的难点，那就是对客观性和价值中立的默认。它往往使得研究者无法将自己视为社会行动者，在心中重演自己所研究的社会行动，其后果是不能真正理解自己的研究对象。在思想之外谈思想，实际上是不自觉地用“研究者的思想”代替“行动者的思想”，这一切导致了假理解。人文和历史研究当然也要求客观性和价值中立，但这是用另一种方法来实现的，具体可分为两步：第一步，研究者进入某一种价值体系对其进行理解；第二步，研究者从这种价值体系中退出来，成为它的批判者和反思者。这种“进入”和“退出”必须在研究过程中反复进行。没有“进入”，研究者就无法理解过去人的心灵，以及观念展开和变化的内在逻辑；没有“退出”，研究者就不会有客观的反思，甚至看不到作为整体的观念系统，也就不能将自己“进入”后的体验表达为因果关系。

根据马克思的学说，存在决定意识，任何意识都是意识到的存在。任何一个时代的存在之中当然包括当时的普遍观念及其支配下的社会行动。那么这些普遍观念从何而来呢？换言之，新观念产生的机制是什么？一旦把焦点集中在社会行动如何反作用于支配它的观念，我和青峰的思路就慢慢清晰起来。我们发现存在着两类观念系统。一类是不太容易被社会行动改变的观念，如道德价值。因实然不能质疑应然，道德价值一旦确立就不易改变。另一类是和社会行动互相交融的观念，它基本上可被视为社会事实的一部分。最典型的例子是攻占巴士底狱，在当时的历史场景下，袭击巴士底狱的行动并没有那么重要，但后来其之所以被视作法国大革命的开端，是与法国兴起的人民主权观念对该事件的重新解释密切相关的。所谓观念变化的内在逻辑，大多存在于第一类观念系统中。我们还进一步发现：道德在自身不可欲时会发生价值逆反，这是以道德为终极关怀的文化，即中国文化所特有的，指的是当原有道德规范不可欲或被认为“不好”时，与原有道德规范相反的价值成为新的终极关怀，新的终极关怀仍是一种道德。研究者需要假设自己作为社会行动者，去想象当原有道德规范不可欲时自己的思想会发生哪些改变。

经过长时间摸索，我们才弄清楚中国思想史和西方思想史的基本结构。为了熟悉19世纪西方思想史，我想到一个“进入”的办法，那就是通过研究《马克思恩格斯全集》的“注”来理解当时西方的主流思想。我在青年时代就很熟悉《马克思恩格斯全集》，一旦将这些熟知的内容置于普遍思想演进的过程中，很多东西就开始明确起来了。当时我和青峰还有一个很强的信念：香港中文大学是新儒家的发源地，我们在这里工作，没有理由不继承新儒家的遗产，所以一定要知道新儒家对思想史的贡献是什么。因此，那 7 年我们下了很大的功夫去更新自身的知识体系。

从青年时代起，我就知道科学真实是什么；在香港工作期间，我开始意识到还有另一种真实性，那就是人文的真实性。人文的真实性是主体通过对自然语言的理解，使他人的观念或过去发生过的社会行动可以在主体心中一次又一次地重演。科学真实对应着受控实验的普遍可重复性，人文真实是主体对社会行动参与或想象参与的受控过程的可重复性，我们称之为可理解性，它不能化约为科学的真实性。在一个健全的现代社会中，两种真实性结构都不可或缺。

人文的真实性

一旦理解了人文的真实性，我立即发现自己 80 年代哲学研究的盲区。在 1988 年出版的《人的哲学》一书中，我已初步意识到自己必须对价值系统和终极关怀展开探索，分析其与现代科学的关系，但我并不理解人文研究的独特方法和真实性原则。由于人文真实不能化约为科学真实，我开始认识到将现代社会建立在科学哲学之上是混淆了实然和应然，不可能成功。不能否认，这给我带来很大的打击，让我意识到启蒙运动（包括 80 年代思想解放运动）的局限性，即将现代思想建立在民族主义或科学主义之上，但这也加强了我进一步反思的决心。

既然我已经意识到现代社会正当性论证的局限，那就有必要系统研究西方主流思想中有关现代性起源的内容。与此同时，为了勾勒中国近现代观念变迁的轨迹，我和青峰开始对关键词进行统计分析。在此基础上，我们试图比较西方现代性起源和中国现代观念的形成。

20世纪90年代后期，大量历史文献电子化，这使得我们可以建立“中国近现代思想史专业数据库”，通过对关键词的统计分析追溯中国现代政治观念的起源、演变和重构，对《开放中的变迁》和《中国现代思想的起源》两本书中的观点进行检验。青峰在数据库建设上投入了大量时间和精力，我则开始对西方个人、权利等观念的起源和现代性论证进行梳理。我越来越清楚地看到，波普尔被称为“速朽的哲学家”不是没有道理的。虽然“否定性功利主义”和哈耶克对市场经济的正当性论证相互辉映，但二者都力图从实然推出应然。事实上，现代社会的正当性论证是一项道德论证，它既不可能建立在科学之上，也不能用有关事实的认识论原理推出。我虽早已认识到证伪主义的错误，但没有思考过实然和应然的关系，这时我才认识到现代性源于对上帝的信仰和认知理性的分离并存。如果缺少神学思想特别是加尔文宗“圣约”观念（即人在上帝面前的誓约）的支持，允许市场经济不断扩张和科技无限制发展的现代契约社会是不可能出现的。

对于文化思想研究，香港有其特殊性。就中国近现代史而言，香港一直处于非中心的特殊位置，并没有太多历史包袱，这为形成更为开放的史观提供了条件。然而，一个彻底开放的心灵一定是空虚的。20世纪90年代，我和青峰经历了漂泊异乡者必定会发生的文化断根过程。我们不知道是在为谁写作，为什么做研究，甚至会为自己是谁而感到困惑。事实上，要研究现代性的起源，就必须先体验这足以完全吞没个体的虚无。

在香港中文大学工作的十几年，是我自青年时代以来少有的可以潜心学术的时光。如何将自己的思考与国际接轨，是那个时代内地知识分子经常碰到的问题。对我而言，和国际接轨不是顺着西方学术界的思维模式往下思考，而是尝试整合科学与人文、中国文化与西方文化，并将其置于一个更为广阔普遍的架构中。在香港，我经常想起马克思在伦敦观察现代社会，写《资本论》的情景。香港是一个契约社会，通过香港观察社会，我才知道为什么人会变成经济动物，并理解现代社会多元平衡的重要性。当然，我们的生活境遇比在英国流亡的马克思要好得多。一个没有在香港生活过的人，不会知道香港这个商业大都会有八成的郊区没有开发。周末和同事去行山远足，行走在五六个小时不见人烟、偶尔有成群野牛在附近吃草的深山里，是难以忘怀的记忆。我永远感谢陈方正等朋友在这段岁月中给我们的帮助和支持。

当然，香港有一些东西是我和青峰不喜欢的。大学中一些知识分子的精英意识极重，看不起劳工阶层。他们自小在英文学校念着唐诗长大，又以优异的成绩考上美国名校，崇尚西方文化。相比之下，我们经历过“文化大革命”，自青年时代就确立自己生命的意义：从中国出发思考人类的历史并为中国文化寻找出路。这种不同注定让我们成为大学中的异类。

我是一个生长在江南的人，后在北京上学、工作，没有见过大海。只有在香港，我才有在海边散步、瞭望海洋沉思的经历。在无穷无尽的思考中，有时我心中会涌现出我和青峰在青年时代所写的诗句：如此辽阔的海洋，如此深远的梦想，对有限的生命来说，是不可能的。[①]

“历史沉淀于关键词”带来的沉思

2004 年我开始定期在中国美术学院教授“中国思想史”，并培养“中国思想与书法、绘画”研究方向的博士和硕士。老友严搏非是一位资深出版人，我在杭州上课期间，他周末常从上海过来，我们一起在西湖边吃晚饭、聊天。我们交谈的内容很广，从当今中西思想到 80 年代文化运动给中国留下的遗产，其中经常涉及的一个问题是现代社会的基础是什么。这是一个老问题，它之所以再一次引起我们的关注，是因为我和青峰在开展观念史研究的过程中，发现历史沉淀于关键词。在惊异之中，我突然认识到 20 世纪哲学革命的意义。在此之前，我知道 20 世纪哲学发生了“语言学转向”，但对这场以维特根斯坦为象征的哲学革命并没有特别的感受。现在不同了，观念史研究显示历史被保存在语言之中，似乎证明哲学研究的语言学转向完全正确。我认识到：离开自然语言分析，任何人文历史研

① 刘青峰、金观涛：《太阳岛的传说》，载《金观涛、刘青峰集——反思·探索·新知》，黑龙江教育出版社 1988 年版，第 394 页。在引用时，我对原文做了一些调整和修订。

究都不可能有真实性。

根据20世纪哲学革命的基本论点，人文真实和科学真实互相分离的观点在认识论上似乎不能成立。为什么？20世纪哲学的语言学转向使人类第一次意识到自己是用符号结构把握世界的，这是认识论的一次伟大革命。因为符号和对象之间的对应是一种约定，主体只能用符号结构来反映对象的结构。这样符号结构的真实性只能源于经验（结构）的真实性。由此可以得出一个结论：一切真实性均来自经验。哲学家发现：科学理论是用逻辑语言把握客观世界的，而自然语言又包含逻辑语言，这样用自然语言表达的人文真实不可能与科学真实互相分离。如果上述观点成立，那么根本不存在不同于科学真实的人文真实。

将可理解性作为人文历史研究的方法始于韦伯，而明确把“历史在研究者心中可重演”视为其真实性基础的是英国学者科林伍德，但这两人都没有机会感受到哲学的语言学转向给人文历史研究带来的彻底变革。韦伯于1920年去世，那时哲学的语言学转向正在进行之中。科林伍德在20世纪30年代提出“一切历史都是思想史”，直到去世，他都不知道哲学的语言学转向可能给人文历史研究带来的冲击。德国学者莱因哈特·科塞雷克通过对概念史的探索，发现“历史沉淀于特定概念”，已经是20世纪60年代的事情了。事实上，直至20世纪末，语言分析才成为整个人文历史研究的基础。我和青峰也是通过关键词统计发现“历史沉淀于关键词”之后，才意识到人文真实和科学真实分离的理论基础已经崩塌了。我再一次认识到将现代性建立在科学哲学之上并不荒谬，因为一切真实性似乎必须以科学作为基础。

令人惊奇的是，20 世纪哲学革命虽然摧毁了人文世界和科学世界分离的根据，但用自然语言的结构（语法）理解现代科学遭遇了决定性的挫败。立足于哲学革命，无论是逻辑经验主义还是分析哲学都无法解释相对论和量子力学。我不由得想起一句话："上帝难以捉摸。"科学史研究者曾用它评价爱因斯坦的研究。[①] 具有讽刺意味的是，正因为 20 世纪哲学革命无法解释相对论和量子力学，科学真实和人文真实的分离才得以维系，而哲学家对其中的缘由却茫然不知。

我突然发现自己又处于一个十字路口，不知如何往前走。我坚信自己 1989 年批评证伪主义的论文是正确的，但是我应该再一次回到对现代社会价值基础的哲学思考中去吗？显然不能，因为现代性起源于对上帝的信仰和认知理性的分离并存，而不是由认知理性规定的现代科学。20 世纪哲学革命推翻了存在两种真实性结构的观点，但是这种立足于符号和经验关系的真实观是否成立呢？我必须重新审视哲学的语言学转向，才能对上述问题做出判断。我和波普尔一样，以前从没有从符号系统出发研究认识论。在某种意义上，整个 20 世纪只有系统论没受到哲学革命的波及，这使得"系统的哲学"能超越 20 世纪哲学革命设下的限制，但亦显示了其忽略符号的盲点。我隐隐感到，20 世纪哲学革命存在问题，因为它没有形成一种

① 亚伯拉罕·派斯：《上帝难以捉摸——爱因斯坦的科学与生平》，方在庆、李勇译，商务印书馆 2017 年版。

正确的认识论，让我们真正理解什么是科学真实、人文真实。20世纪哲学革命一方面彻底颠覆了现代社会的价值基础，另一方面又没有建立新的认识论。由此带来的后果必定是科学乌托邦（即对科学形成某种宗教式迷信）的泛滥，而人文哲学思想根本无力回应这一切。我有一种可怕的感觉，脚下的大地在震动。今日人文学者坚持韦伯式的信念，认为实然不能推出应然，这只是从19世纪延续下来的“陈旧观念”而已。换言之，当前科学真实和人文真实的互相分离只是一种由历史因袭下来的人为的壁垒。为什么这一壁垒必须存在？我们并不知道理由。只要科技发展打破这一壁垒，思想的巨浪必将把整个人文世界吞没。

严搏非深知当代西方思想自韦伯以来受到的挑战，也对我重新寻找现代性基础的哲学探索十分重视。他总是劝我从大学行政工作的烦恼和琐碎的专业研究中走出来，再次投入哲学研究以重塑现代社会的价值基础，他更喜欢将其称为开放的自由。我们曾反复讨论20世纪哲学革命，认为应重新评价这场革命，并思考其破坏性和至今未被认识到的误区。一位哲学家曾引用但丁的诗句来评价维特根斯坦的晚年思想：“在我生命的中途，我踏入黑暗的森林，迷失了道路。”[①] 对此，我们深受触动。严搏非建议组织一个跨学科的讨论班来做研究，而我却感到深深的无奈。在学科壁垒森严的今日，所谓跨学科实为鸡同鸭讲，或只是专家在互相尊重的名义下向门外汉做自己的专业秀。

---

① 鲍斯玛：《维特根斯坦谈话录（1949—1951）》，刘云卿译，漓江出版社2012年版，第23页。

当时我已经在西方的大学体制中从事了20年的专业研究，根本不敢想象自己从中国思想史专业中走出来，再一次转向哲学，开展在20世纪已经取得巨大成果的语言和符号研究，剖析其失误之处。更何况我和青峰已在观念史研究中实现了数位人文的突破，总以为自己更应该去做的是开拓新的研究领域，而不是面对近一个世纪来的哲学难题。记得有一次我告诉搏非：我和青峰将从香港中文大学退休，也许会到台湾任教。他望着我默默无语。我从他的眼神里看到对我的失望和期待，但是我又能说什么呢？每一个人都是命运的产物。

到台湾政治大学任教

我和青峰到台湾是命运的安排。我们建立的“中国近现代思想史专业数据库”在学术界很有名，台湾政治大学（以下简称“政大”）中文系教授郑文惠专门带一个小组来参观学习。在得知我和青峰将于2008年退休后，他们希望我们能到政大任教，将有关研究引进台湾学术界。我们总觉得对思考中国前途、反思历史并为中国文化寻找出路来说，海峡两岸暨香港的生活经验将极有助益。在一定程度上，大陆（内地）、台湾和香港是中国社会现代转型呈现出的复杂性的缩影。香港作为英国占领地在100多年中吸收了西方政治社会的经验。台湾在一定程度上保留了儒家传统，同时又完成了现代转型。三地历史经验可以互相补充。实际上，海峡两岸暨香港的命运是连在一起的。因此，我们接受了政大的邀请。

2008年9月1日，我正式从香港中文大学退休，到政大任讲座教授。从香港中文大学退休，让我有一种如释重负之感。在我退休前几年，最令人操心的不是学术研究，而是我任主任的当代中国文化研究中心的预算。2009年3月，我们从香港搬家到台湾。让我至今难忘的是，我们家的狗"皮皮"从台大兽医院隔离处回到政大宿舍化南新村之后，高兴得楼上楼下乱跑。虽然我以前多次来过台湾，但真正对台湾有感觉是到政大工作以后。

我对台湾最大的感触有两点。一是台湾学生很优秀。在香港中文大学我是研究讲座教授，故而没有学生。台湾学生不仅有很扎实的中国传统文化根基，还对用数据库进行思想史研究表现出极大的兴趣。对我来说，组织研究团队，带领学生开拓数位人文研究只有在台湾才能做到。与台湾硕士生、博士生共同研究的日子，也成为我和青峰一生中最美好的工作记忆之一。一般每周二晚上，我们会一起讨论如何将关键词分析运用到中国思想史研究中，听完学生的汇报已是晚上10点。我和青峰离开憩贤楼办公室，穿过依然热闹非凡的街巷回到新光路的家，皮皮在等着我们。

二是台湾人很迷惘。面对大陆经济的发展，有些人开始丧失自信心。20世纪70年代台湾经济起飞，成为"亚洲四小龙"之一；80年代台湾开放党禁，完成民主转型；进入21世纪以后，台湾经济发展停滞，政治体制上的特点因岛内意见纷争而不再引起人们的注意。在我看来，这些都是短期现象，但在学术日益专业化、人的视野日益狭窄的今天，要看到宏观趋势反而不容易。

我在中国美术学院的学生曾来台北故宫博物院看藏画，那是我们新光路的家最热闹的时候。我和青峰为两岸的学生准备晚饭，皮皮则兴奋得不知道应该去亲近谁才好。我家院子里本来就有一棵桂花树，有一次我和青峰买了一盆白兰花回来，青峰提议将它种到院子里。想不到不到一年，白兰花树荫已高过屋顶，并四季开花。

我和青峰认为在漂泊岁月中的思考需要进行总结，并打开更宽广的思想空间，而不应在香港的海边或台北的闹市过退休生活。青年时代，我们通过对超稳定系统的研究，开始认识到中国文化和历史的独特性。在香港期间，我们不断深化中国视角，并比较中西社会的现代观念。与此同时，我们感觉到西方学术这潭水很深，不太敢讲全人类普遍的历史。就我的本心而言，最终的目标是人类文明史的研究，即探讨不同文明的演化以及现代社会的起源。

2008 年我完成《历史的巨镜——探索现代社会的起源》一书。该书初步提出了一个研究纲领，将中国文化和社会变迁的历史放到轴心文明演化中加以理解。2009 年搬到台北之后，我没有觉得其有进一步展开的必要，因为我和青峰已在专业范围内从事规范性研究太久，与其去建立大历史观，不如多做一点求实的研究。当我们游弋在人文世界中时，耳边有时会回响起青年时代看过的电影《鸽子号》插曲的歌词：“驾着船儿去远航，趁现在还有风景可看，趁世界还是自由之乡。”这时，我并没有感受到从哲学上探索开放社会的迫切性。

大历史观的痛苦

自2011年起我不在政大教课了，但仍做着课题研究。之后，我日益感到自己应该从专业和细节研究中摆脱出来，再次关注思想和宏观历史。于是我和青峰又开始漂泊了，在台北、杭州、北京和香港之间穿梭。我们总觉得有一些更重要的事等着我们去做，但又说不清自己的目标是什么。我们这一代人正在老去。在和台湾朋友的交往中，我们深感他们对这片土地的热爱。特别是1949年来台的知识分子，他们对自由和理想的追求，他们在这里留下的脚印，以及他们和台湾水乳交融的感情，令我们十分感动。但是，我们又清楚地意识到，我们不可能像他们那样。

我们总是处于不能自拔的悖论之中。一方面，我们认为自己的身份认同不是大陆（内地）、台湾和香港三个地方可以界定的；另一方面，我们又是中国人，以探索中国文化前途为生命的意义。我们是无根的中国知识分子。我和青峰常用“在暮色中匆匆赶路”来形容自己的生活。中国人很少有像我们这样的，在老年来临之时仍在做毫无限定的、自己也说不清的探索。我们不知道哪里是故乡，也不知道要到哪里去。人的生命就像射向黑夜的箭，将消失在茫茫的暮色中。

即便如此，我和青峰还是决定搬回大陆居住，一方面青峰实在不能适应台北过于潮湿的气候，另一方面是我们的父母都已90多岁了，每当接到杭州老家的电话，我都心惊肉跳，担心老人出现意外。此外，我还在中国美术学院任教。在杜军的邀请下，我和青峰住进了北京西郊的西山书院。2011—2013年，青峰的母亲和我的父母分别过世，能陪伴他们走完生命最后的历程，使我们不留遗憾。

回大陆定居后，有一件事情出乎我们的意料。在朋友的支持下，我们开始给企业家和非学术界的思想爱好者做系列学术讲座。在和他们的交往中，我们第一次觉得自己并不是无根的。他们和我们一样，不仅是中国文化的传人，还是中国文明走向现代之路的探索者。日益精细化的分工，既是今日大学学术研究最大的优势，也是其最致命的弱点。当专业的深入成为学者的主要追求时，专家往往看不上知识的整合，特别是将高度整合的人文历史向外行讲述。然而，正是在上述系列讲座中，我们发现了应该进一步研究的新方向。因为在给非学术界的朋友授课的过程中，我们必须针对今日世界和中国的问题，把自己以往的研究贯穿起来，提供一种新的视野。这既是一种立足于观念史-系统论的大历史观，也是对现代社会起源和未来走向的鸟瞰。在持续几年的讲座中，我和青峰完成了中国思想史的整合，完成了《中国思想史十讲》的草稿。此外，我还完成了《轴心文明与现代社会——探索大历史的结构》一书的写作。我从青年时代就在寻找的大历史终于显形了！

完成上述工作之后，我理应感到高兴，实际上却陷入一种深深的忧虑之中。我向来把大历史研究作为一种发现，即研究者在得到大历史观后，能够看到之前看不清的东西。我早就认识到现代社会是轴心文明的新阶段，但对现代社会往何处去的看法是朦胧的。我通过写作《轴心文明与现代社会》一书发现：轴心文明起源的本质是将不同类型的终极价值追求（终极关怀）注入社会，形成不同的超越视野，包括希伯来救赎宗教、印度解脱宗教、古希腊与古罗马的认知理性和中国以道德为终极关怀的传统文明。其中，古希腊与古罗马的认知理性因最终证明无法提供超越生死的意义，与希伯来救赎宗教结合，形成西方天主教文明，其在现代性起源过程中又进一步演变出现代科学。总之，这些超越视野使得个体能够从社会中跳出来，成为独立的存在，即实现超越突破。正因如此，文明在演化中不会灭绝，人类才有如此辉煌的现代文明。但是，我发现终极关怀在现代社会是不稳定的，它日益遭受现代科学的冲击，以致最后有可能解体。换言之，终极关怀正在日益丧失其真实性。

大历史研究的意义在于，它可以使人们透过纷乱的表象看到文明的结构。在现代社会发展过程中，终极关怀慢慢退出社会，这件事人人皆知，但唯有透过大历史观才能理解其后果有多可怕，因为这意味着人类文明将回到超越突破以前的状态。无论科技多么高超，经济多么繁荣，没有超越视野的文明终将难逃灭绝的命运。如果我通过大历史研究得到的结论是对的，则意味着现代社会是不稳定的。这种忧虑终于转化为大历史观的痛苦。

我深知实然不能推出应然。迄今为止，应然世界都建立在终极关怀之上，因此现代社会不能没有终极关怀。在现代社会，终极关怀和现代科学之间存在着日益严重的冲突，其后果是终极关怀退出社会以及价值基础的土崩瓦解。终极关怀和科学的冲突必须消解，因为人类不可能再去寻找新的终极关怀了。更重要的是，现代价值不能以终极关怀作为基础。换言之，要建立稳定的现代社会，终极关怀必须纯化，[①] 即化解它们和现代科学之间的紧张关系。与此同时，终极关怀还必须和现代价值分离。这一切并不是所谓“传统文化的创造性转化”所能实现的。如果不能实现上述变化，20 世纪现代社会经历的浩劫会以新的形式一次又一次地卷土重来。

大历史研究带来痛苦的根源在于，明明知道大倒退将会发生，却不能阻止它。历史学家常说，历史给人类最大的教训是那些我们不大记得的教训。事实何止于此，历史真正的教训是人总是会忘记历史的教训。这必将导致过去的苦难再一次重演。对此，我们难道真的无能为力吗？在相当长的一段时间内，我在各种场合用艾萨克·阿西莫夫《基地》的故事来隐喻这种大历史观，我真不知道一个历史学家还能做什么。作为一个思想者，我最终选择相信思想本身的力量。无论未来有多么晦暗不明，只要远方存在着光，就应该向光明走去。思想者要做的是将这种探索进行到底，而不是等待。其实，正如历史不是讲故事，历史学家要做的也不是为未来建立文明复兴的基地，而是去发现历史真实，以改变当代人在历史面前的盲目性。然而，对此我应该去做什么？我又能做什么呢？最终，我选择回到现代社会的价值基础这一世纪难题的哲学探索之上。事实上，如果出现现代社会大倒退，其根源正是人文（终极关怀）的真实

---

① 关于终极关怀（或超越视野）的纯化，我在《轴心文明与现代社会——探索大历史的结构》（东方出版社 2021 年版）已有初步讨论，并会在建构篇中进行更严格的哲学论述。

性日益消解，以及科学异化为科学乌托邦。

关于“数学是什么”的探索

随着人类彻底告别20世纪，长驱而入全新的时代，我以前的担心都成为现实。根据硬件发展的摩尔定律和软件进步的梅特卡夫定律，科学家纷纷预言：意识会在电脑升级和人工智能运行中自行“涌现”。人的主体性和人文真实性在新兴科技的冲击下将荡然无存。科学乌托邦日益流行，无论它是多么荒唐，新一代人都趋之若鹜。对如潮水巨浪般涌来的科学主义，人文精神毫无招架之力，一天天地退缩到窄小空间。

我深知这一切背后正是20世纪哲学革命。毫无疑问，发现人用符号把握世界是人类认识论的伟大飞跃，但是因为自然语言包含逻辑语言，就认定人文真实一定可用科学真实推出，这是完全错误的。今日人们已经不再如20世纪哲学家那样在乎逻辑经验论和分析哲学无法理解的相对论和量子力学，差不多所有人都把自然语言和逻辑语言等同起来。我意识到，错误的根源正是把数学等同于逻辑。这样，数学作为一个独特的符号系统，它具有不等同于经验的真实性，但由于人们习惯用逻辑语言表达对象，数学独特的真实性结构遭到漠视。此外，自然语言也和逻辑语言不同，它是具有另一种真实性的符号系统，其真实性亦不同于经验的真实性。然而，把数学等同于逻辑使得哲学家不承认符号系统本身可以为真，更不可能认识到自然语言的真实性结构不同于逻辑语言。为了证明符号不指涉经验对象时亦可以为真，我决定回到“数学是什么”这一哲学问题的思考中。

早在青年时代，我就阅读过关于“数学是什么”的各种文献。对我而言，学数学既不是为了研究数学或出于对某一数学难题有兴趣，也不是为了掌握一种新工具，而是将其作为闻道的一种途径，所以我特别重视数学基础即“数学是什么”的哲学研究。我知道 20 世纪有关数学的哲学大争论，熟悉逻辑主义、形式主义和直觉主义三派各自的观点。现在要回答“数学是什么”，研究为什么数学对科学理论重要，只能再一次回到青年时代的思考中。一开始，我把焦点集中在“自然数是什么”这一老问题上。早在 20 世纪初，哲学家就力图从逻辑的“类”推出自然数，这构成逻辑主义数学观的核心。当这种推导碰到困难时，哲学家开始寻找新的方案，形式主义数学观兴起。我发现：对这个问题的研究在近一个世纪几乎没有进展。

在看文献、回顾自己 20 世纪 80 年代做过的科学哲学研究的过程中，我重读了《奇异悖论》一文，这让我突然想到：自然数是不是普遍可重复受控实验的符号结构呢？在《奇异悖论》一文中，为了定义受控实验普遍可重复，我使用了递归可枚举和数学归纳法，差不多已经发现了受控实验普遍可重复的结构就是定义自然数的皮亚诺公理。20 世纪科学哲学完全忽略了数学，因为一开始数学被哲学家归为逻辑。随着哥德尔不完备定理导致数学的形式主义理解破产，数学不等于逻辑已广为数学家所知晓，但哲学家仍视数学为逻辑。少数哲学家甚至将数学视为经验的，如伊姆雷·拉卡托斯把数学视作“拟经验”研究，他认为数学命题也只能证伪。这一切使得科学哲学忽视了数学对科学理论的巨大意义。当年我只是顺着西方科学哲学的思路研究现代科学，虽然已发现科学真实就是受控实验普遍可重复，但没有把受控实验的结构和定义自然数的公理联系起来。其实，只要再往前走一步，就可以发现自然数是什么了。

今天差不多所有哲学家都同意自然数是具有某种结构的符号系统，正是这种结构赋予符号系统真实性。他们困惑的是这种结构是什么，以及为什么它是真的。一旦发现自然数的结构是普遍可重复受控实验的符号结构，就可以推知：当符号系统不指涉经验对象时，只要其具有某种真实性必须满足的结构，它就可以为真。也就是说，受控实验普遍可重复是科学经验真实性的结构，当受控实验普遍可重复的结构投射到符号系统中时，这个符号系统就是自然数。即使该符号系统和经验不存在对应关系，因为它具有科学真实的结构，其本身也为真。这就意味着存在着经验和符号两种真实性结构。

当上述想法出现在脑海中时，我感受到的震撼如遭雷击。之所以会如此，是因为自然数可以和数“数”无关。这样一来，存在着和经验无关的真实性这一观点就可以推广到人文世界中，证明终极关怀是一种源于自然语言的符号真实性。一旦证明了这一点，就可以避免人文真实因科学真实扩张而遭到颠覆。我和青峰通过近20年的人文思想研究，认识到人文真实和科学真实的差别，对二者的研究方法也不同。我们一直秉持这一观点来做研究和教学生，坚信它是正确的。我们最大的困惑是这一观点和 20 世纪哲学的语言分析不符，现在可以证明我们原有的观点是正确的，只是需要用符号和经验关系的新研究来证明它罢了。

两种不同的符号真实性

长期以来，人文学者只是感觉到人文世界不能化约为科学世界，却不能对其进行证明。原因在于，科学和人文的真实性结构存在着既相似又不同的奇特关系。所谓相似，意味着它们都是某种受控过程的可重复，这一过程都由主体控制。但只要仔细分析两者涉及的受控过程，就会发现：一个不包含主体，另一个必须包含主体。在科学真实中，判别经验真假的方法是看受控实验是否普遍可重复，在此过程中主体必须悬置，换言之，主体仅仅控制受控过程。在社会行动和历史中，某一个人判别相应经验是否真实，唯一的办法是自己参与行动，或者想象自己参与其中，由此确认该行动是否可重复，即主体不能悬置，也就是说，主体不仅控制受控过程，还是其组成部分。当主体可悬置时，受控过程普遍可重复就是自然数结构，即符号串整体对应着数学。一旦发现这一点，就可得出一个结论：当主体不能悬置时，判别符号串为真的前提，不仅是其和经验吻合，还需要主体进入符号串，使其可以被理解。这时符号串整体上不和数学对应，人文世界独特的真实性结构才明确无误地显现了出来。

这样一来，我终于知道 20 世纪哲学革命是在哪两个地方失足的。第一，其没有将真实性和客观性区分开来。因为符号和其指涉的经验对象之间的关系是一种约定，符号系统只能用自身的结构来表达经验对象的结构。如果不区分客观性和真实性，只要一个符号串和经验吻合（两者同构），符号串即为真。事实上，“符号串和经验吻合”（我称之为符号符合逻辑地指涉经验对象）不等于“符号串为真”，因为经验本身可以是假的。为了保证经验的可靠性，必须满足严格的条件，受控实验普遍可重复就是科学经验为真的前提。将这一前提表达为符号，即当某一符号代表一次受控实验时，该实验普遍可重复正好对应一个符号集合，它就是自然数。换言之，在科学真实中，如果一个符号串为真，除了其结构符合经验外，该符号串还必须对应另一个符号集合，该符号集合必须具有结构规定的真实性，这就是数学真实。20 世纪哲学革命完全没有看到这一点。

第二，20 世纪哲学家试图用逻辑语言来分析自然语言。事实上，表面上看，自然语言包含逻辑语言，但作为符号系统，两种语言的真实性结构并不相同。也就是说，“自然语言包含逻辑语言”是混淆两种语言带来的假象。当同一个陈述存在两种不同的真实性结构时，这实际上就是两个不同的陈述。正因为可以从符号系统的结构证明人文世界的真实性结构不同于科学世界，20 世纪哲学革命必须被重新评价。简而言之，20 世纪哲学革命虽然发现人用符号把握世界，但用一种起点正确但结论和方向错误的认识论禁锢了人类的思想，甚至是阉割了哲学的精神。今天，我们要做的是把哲学从 20 世纪语言学转向的牢笼中解放出来，将基于符号和对象关系的认识论贯彻到底。

为了确定这一哲学发现的正确性，仅仅证明自然数是受控实验普遍可重复结构的符号表达是不够的。因为在定义自然数集合的公理中，存在着两组公理，一组是皮亚诺公理，另一组是戴德金公理，它们是等价的。皮亚诺公理表达了受控实验的普遍可重复，戴德金公理则对应另一种受控实验的结构。我发现：如果用某一个符号和一种受控实验对应，对于受控实验通过组织和自我迭代得到的新受控实验，则可以用该符号的后继符号表达。也就是说，如果一次受控实验对应一个符号，则自然数表达了这一受控实验的普遍可重复，即皮亚诺公理。当把不同的受控实验和不同的符号对应起来时，戴德金公理规定的自然数集合正好表达了各种受控实验的关系，也就是受控实验通过组织和自我迭代无限制地扩张。奇妙的是，在自然数定义中，皮亚诺公理和戴德金公理是等价的。这样一来，我们可以得出如下定义：自然数是受控实验普遍可重复，以及其通过组织和自我迭代无限制扩张的符号表达。

发现横跨经验世界和符号世界的拱桥

通过上述分析可以得出一个重要结论：如果用符号串来表达科学领域真实的经验，所有表达真实经验的符号串可组成一座横跨经验世界（真实）和符号世界（真实）的拱桥。

自 20 世纪哲学革命以来，哲学家就知晓用逻辑语言表达客观世界时，符号串中符号的结构就是经验世界的结构。这样符号串就如同建立在经验世界地基上的大厦，它的真实性立足于经验世界的真实性之上。这是20世纪哲学革命摧毁人文世界真实性之根据，现在我们发现，上述图像是错误的，其完全没有考虑经验本身的可靠性。因为科学领域所有真实的经验都必须由普遍可重复的受控实验提供，而每一种普遍可重复的受控实验都和一个自然数对应。这样表达真实经验的符号系统必须具有某种颇为独特的结构。该结构中，一方面符号串结构和经验结构相同，这样才能反映经验世界的信息；另一方面，符号串整体还必须具有自然数结构，该结构代表了受控实验的普遍可重复，它保证符号串表达的经验世界信息是可靠的。也就是说，这个颇为独特的符号系统一边连接着经验世界，提供经验世界的信息；另一边连接着数学世界（以自然数和实数为代表），保证符号串提供信息的可靠性。该独特的符号系统更像一座横跨经验世界和符号世界的拱桥，而不是20世纪哲学家想象的那样，是建立在经验真实之上的大厦。

20世纪以逻辑经验论为代表的哲学所犯的最大错误，就是以为只要符号系统符合经验的结构就是真的。他们没有想到，符号系统符合经验只是其提供了经验世界的信息，要证明信息可靠，还需要符号系统具有另一种结构，即自然数的纯符号真实性之结构。我将这种独特结构的符号系统称为横跨经验世界和符号世界的拱桥，一边对应着经验世界，即符号串通过符合经验正确地传递经验世界的信息，另一边对应着代表数学真实的符号世界，具有受控实验普遍可重复必须满足的结构，保证着信息的可靠性。在此意义上，可以把这一拱桥称为具有“双重结构”的符号系统。

一旦认识到表达真实经验的符号是一座具有“双重结构”的拱桥，我们就能形成关于科学真实和人文真实的新观点。众所周知，科学事实是经验的，科学理论必定建立在经验之上，但自现代科学诞生以来，那些和经验无关的纯数学研究对科学理论的建立十分重要，一些最初没有经验意义的数学定理居然可以预测到原本未知的经验事实。为什么数学研究有如此重要的功能？这一直是一个谜。事实上，数学对科学的预见性正来自符号真实，体现了拱桥另一端对桥本身的限定。

逻辑经验论和分析哲学把科学理论视为用逻辑语言表达客观世界，20 世纪 80 年代我和青峰在研究科学史时，就知道上述科学观存在错误。若将用逻辑语言表达客观世界的陈述作为科学理论，那么其不论是单称还是全称，都是亚里士多德式（三段论）的。事实上，对科学真实的研究是一个批判和否定亚里士多德学说的过程。此外，现代科学起源于欧几里得几何学，当时我们就很困惑，为什么现代科学的建立一定要以欧几里得几何学公理体系为模板？因为欧几里得几何学是科学真实领域第一座横跨符号世界和经验世界的拱桥的雏形！只有通过拱桥，科学真实才能在符号世界和经验世界的互动中不断扩张，即真实的符号串转化为新的真实经验，后者再进一步扩大真实的符号串。现代科学理论在欧几里得几何学公理体系示范下的建立，正是拱桥的形成和不断加宽。

根据 20 世纪哲学革命的成果，人使用符号表达对象，因此符号推理可以代替经验想象。现在看来，上述观点有严重问题甚至是错的，因为社会生物也会使用符号。人类发明符号的真正意义在于，其建立了不同于经验真实世界的另一个真实世界。这对任何其他社会生物都是不可能的。事实上，正是通过真实符号世界的建立，人超越了经验世界。真实符号世界的出现意味着认识论革命不是用符号表达世界，而是建立了横跨符号世界和经验世界的拱桥。只有建立拱桥，符号真实和经验真实各自的范围才能通过互相促进而扩大，从而使相应的真实世界处于不断的扩张之中。

真实性哲学

20 世纪 80 年代我关注如何将现代社会的价值基础建立在科学哲学之上这一问题。现在我们可以将其重新表述为：通过现代科学去研究横跨自然语言真实性和社会行动真实性的拱桥。这项研究分为两个步骤：一是分析“什么是科学”，揭示横跨符号世界和经验世界的拱桥是如何建立的；二是借鉴对现代科学的分析，并立足于自然语言真实性的研究，从而勾勒出另一座早已存在的人文世界的拱桥。总之，我之所以提出对现代社会价值基础的理论探索要立足于科学哲学，并不是出于科学主义的信念，而是因为现代科学形成过程中保存了拱桥形成的过程及其结构信息。与既有的科学史和科学哲学研究相比，这项探索有相同的研究对象，但有着根本不同的目的和方法。

为了认识科学真实领域的架桥原理，必须先理解科学真实的符号结构是什么。这样一来，仅仅证明“什么是自然数”是远远不够的，还必须指出数学是什么。也就是说，必须拓展对整个数学的认识论研究，以证明数学各门类均是普遍可重复的受控实验及其无限制扩张的符号表达。为此，先要对作为数学基础的集合论进行定位，指出为什么数学必须建立在集合论之上，并比较集合论和数学的不同之处。

在数学哲学研究中，最困难的是论证概率论也是受控实验的某种符号表达。在青年时代我就知晓，概率论的任何定理都是一些“成立的概率无限接近于1”的陈述。这种定理及其证明完全不同于数学的其他分支，当时我只是感到概率论基础之奇妙，至于为什么会如此，则没有思考过。现在我终于知晓了其中因由。概率论的基石是相空间的组合和概率，后者对应的是将控制结果不确定性纳入普遍可重复受控实验和某种测量结构（测度）的存在。如果说一般数学是普遍可重复受控实验结构的符号表达，而概率论是将控制结果不确定性纳入普遍可重复的受控实验，集合论则重在研究主体如何给出一个自洽的符号系统，描述这种自洽性的原则就是集合论必须遵循的公理。

一旦确认数学是受控实验结构的符号表达，就可以进一步分析科学真实领域的架桥过程。事实上，这也提供了一个全新的视角来解释科学史。架桥开始于毕达哥拉斯的“万物皆数”，后来通过发现“不可测比”线段，自然数中蕴含的真实性结构被引入线段测量和图形之中。因此，我们常说现代科学起源于欧几里得几何学。在欧几里得几何学的示范下，符号世界和经验世界之间的拱桥被建立起来，并不断加宽，推动了现代科学的形成与发展。

在我们得到科学真实领域的架桥原理之后，就可以将其应用到人文领域。如前所述，20世纪哲学革命之后，语言学和语义分析在人文历史研究中日益重要，但其哲学根据一直是朦胧的，因此一直无法真正发挥威力。对人文世界的真实性拱桥的研究，先要剖析自然语言的结构。这包含两个步骤：一是证明自然语言与逻辑语言的真实性结构不同；二是分析自然语言的真实性结构是什么，以及它为什么与社会（个人）行动同构。我发现，人文世界拱桥的主体部分就是社会组织本身。此外，如同数学中那些没有经验意义的符号（如虚数），自然语言这一符号系统中也包含非经验的部分，其对拱桥的扩展极为重要。这些非经验的自然语言就是终极关怀，它和现代科学本来不矛盾，但自然语言和数学不同，它是一个有指涉对象的符号系统，因此这些没有经验的符号常遭到误解。

无论是对科学真实还是人文真实的研究，都是为了消除真实性误解带来的各种幻想，我称之为建立开放的真实心灵。唯有如此，现代社会才能健康而稳定地发展。其中，对科学世界拱桥的研究属于科学史和科学哲学领域，对人文世界拱桥的讨论则是我在《轴心文明与现代社会》中所述的大历史观的哲学化，将大历史研究与真实性结构的讨论结合起来。这样就可以解决历史研究不能解决的问题，包括揭示现代社会结构和科学的关系，并证明道德的基础不是形而上学而是历史哲学。

上述这一切实质上是阐述一种宏大的包含科学、人文和历史的真实性哲学。论述符号世界和经验世界的关系，是真实性哲学的核心。通过分析什么是符号真实和经验真实，可以建立一种连接科学和人文的认识论。20世纪哲学革命原本要建立一种立足于符号系统的认识论，但因忽略符号本身的真实性半途而废，而真实性哲学要将这场革命进行到底。

当这一目标开始明确起来时，我深感自己和时代思想格格不入。大历史研究在学术界已经属于异类，甚至引起知识分子的恐惧。我建立了轴心文明的大历史观后，现在又要去探索包含科学和人文的哲学。这种事情不仅是 19 世纪以来没有学者做过的，还犯了学术专业化的禁忌。即使要整合不同学科，也是专门研究在前、整合在后。而我要建立的哲学系统则反了过来：先提出一个整合性纲领，再让更多的人来一起完成其细部研究。仅靠我个人无法建立真实性哲学体系，我能做的最多是写一部勾画其轮廓的著作。其中很多命题没有展开，我的观点不一定都正确，一些证明也许不严格甚至不成立，但必须先将它们提出来，以显示克服现代社会危机的哲学是存在的。建立真实性哲学，需要一批哲学家将其作为志业。

从康德那里获得勇气

2016 年我决定开始有关真实性哲学的写作，那时我已经 69 岁了。这项工作能够完成吗？在刚迈入 60 岁时，我说过人生有三个 30 年，并以此来鼓励自己。即便真是如此，自己的第三个 30 年也差不多已过去了 1/3。这时，重读康德的“三大批判”再一次给了我力量。康德完成“三大批判”时已有 66 岁，我只比当时的他大几岁而已，现在开始新的哲学研究一点也不晚。青年时代，我从马克思那里获得哲学的勇气，进入老年后又开始向康德学习，这种榜样时序的倒退有时会使我感到自己很可笑：我是否像很多老人那样怀旧而复古？令我欣慰的是，康德给我的力量不仅是不要惧怕年老，更是认识到综合科学和人文所需要的经验，以及与这种经验相联系的独特人生阅历。我发现自己和所处的时代都与康德同构。

今天哲学史学家提出康德力图超越理性主义和经验主义，却没有看到他处在一个哲学被科学远远抛在后面的时代。康德出生时，牛顿的《自然哲学的数学原理》已经出版了近40年。以牛顿力学为核心的现代科学理论使哲学黯然失色，本来科学从属于自然哲学，而在康德时代，无论欧陆理性主义还是英美经验主义都无法理解牛顿力学带来的认知革命。康德是最早形成现代意识的哲学家，他心中隐约地感觉到了现代哲学家面临两个难题：第一，人用符号系统（语言）把握对象，必须将哲学最基本的命题放到语言结构的大框架中考察；第二，为了理解科学是什么，必须先正视数学，从哲学上理解数学是什么，分析为什么数学的运用可以大大扩充人类的经验。

康德以判断作为哲学的出发点，并用先验观念来论证数学的非经验性及其对科学的意义，这是他那个时代对上述两个难题所能做出的最有力回应。康德之所以能做到这一点，是因为他找到了某种“真实性哲学”，尽可能包容那个时代的科学和人文知识，化解现代科学和宗教之间的紧张关系。在这个意义上，康德哲学正是针对启蒙运动的困境，尽可能将现代价值建立在哲学而非宗教或民族主义之上。事实上，现代社会的困境本质上仍是康德时代问题的扩大，只是更为严峻罢了。然而，康德及之后的哲学家并未能根本解决上述两个难题。今天我们要做的，不是继承康德哲学，而是要以他那样的心胸和勇气再一次面对现代科学和人文的挑战。

真实性哲学与康德的“三大批判”不仅在结构上相似，在很多细节上亦相同。第一，二者共同面临的难点是部分基本概念没有明确定义，如经验、理性。既往研究先用实体定义真实性，然后再讨论符号系统的真实性。在真实性哲学的研究中，我完全放弃了实体概念，把真实性等同于信息的可靠性。这样符号可定义为主体可以自由选择的对象，经验则指代不同于符号的感觉和操作。这些定义比以往来得清晰，亦具有更强的延展性。

第二，康德哲学在提出数学的定义之后，还必须定义时间和空间，从而将数学和物理学（自然科学）整合起来。真实性哲学亦碰到类似的问题。今日时间与空间哲学的研究分成两个完全不同的方向：一是用自然语言来分析时间与空间，海德格尔的《存在与时间》就是例子；二是用数学来研究时空，它成为科学的基础，但哲学家大多不懂相对论，更无人敢如康德那样从认识论角度定义时间和空间。真实性哲学的研究则必须根据现代科学从哲学上再一次定义什么是时间和空间，回答为什么物理世界（真实的经验世界）一定在时空之中。

第三，真实性哲学和康德哲学都直面现代科学，试图解释其哲学基础。今天真实性哲学的研究如果要有意义，一定要能对科学前沿碰到的哲学问题做出回答。在康德哲学中，时间概念比空间概念更基本；真实性哲学则反过来，认为空间测量是最基本的受控实验，而时间测量建立在空间测量之上。真实性哲学还提出：一个受控实验在经验上普遍可重复，包含了两种不同情况。一是其必定在不同地点、时间均可重复，我称之为物理世界。二是不一定包含地点和时间，其可能是虚拟世界。真实性哲学在证明虚拟世界是物理世界（真实的经验世界）一部分的同时，还证明了两者的差别，即物理世界一定存在于时间与空间之中并是可以进行时空探索的。据此，真实性哲学发现了区别虚拟世界和物理世界的判据。这再一次表明：康德式的哲学发问和探索是常青的，关键是我们必须根据知识的进步给出新的答案。

现代社会正当性的哲学论证

康德哲学最大的意义在于，通过理性中心的哥白尼式转化，证明了个人自由是理性的自律，也是道德的基础，并通过道德追求指向对上帝的信仰，证明终极关怀和现代科学并不矛盾。真实性哲学也必须回答与康德哲学类似的问题，那就是现代社会和个人权利的正当性基础是什么。

康德将自由作为整个实践理性大厦的拱顶石，这为现代社会提供了价值基础。在真实性哲学中，自由则是比一座大厦的拱顶石更为基本的元素。自从人创造符号并将自己和动物区别开的那一天起，人就是自由的，否则人不可能创造出一个不同于经验的真实的符号世界。在此意义上，自由是元价值，也是真实性的基石。表面上看，自由是一种价值，真实性是认识论的前提。实际上，真实性在根本上是价值和认知的合一。也就是说，没有自由，就没有真实性。生命死亡之际，就是真实性消失之时，这时主体将处于真假不分的状态，其本身亦不再存在。

现代社会是一个真实性可以不断扩张的社会，也是以自由为元价值的社会。现代社会作为“人应该是自由的”这一价值的投影，必须建立在人对自由的认识上。如果以发明符号作为“人是自由的”的标志，那么现代社会的建立必定遵循三个原则：第一，人是自由的；第二，人知道自己是自由的；第三，人应该是自由的。如果我们回顾自由的发展史，就会发现一个悖论。一般来说，人先认识到自己是自由的，之后才会坚信人应该是自由的。实际上，在 17 世纪现代社会起源之初，人已经认识到自己应该是自由的，但直至 20 世纪，人才真正知道自己是自由的，也就是可以创造并使用符号。这种次序的倒置意味着什么呢？历史学家在叙述这一事实时，将其归为现代性的神学起源。我认为，这本身就预示了今日思想危机的出现不可避免，因为认识论的滞后，今日被广泛接受的现代社会的价值基础存在缺陷。

人应该是自由的，这是主体将自身意志指向自由，一个稳定的开放社会之建立，意味着这一目标已经达成。由此可见，现代社会的起源只是这一目标意识的初现而已。人在知道自己是自由的之前，已经建立了“人应该是自由的”的信念，只是该信念来自对上帝的信仰和认知理性的分离并存，还没有自觉地意识到自由的基础是真实性。真实性哲学的目的，是把“人应该是自由的”真正建立在“人知道自己是自由的”这一认识论前提之上。我发现：只有完成这一转变，人类才能在走出孕育现代社会的轴心时代之后，进入新轴心时代。在《轴心文明与现代社会》一书中，我将现代社会视为轴心文明的新阶段，并意识到终极关怀真实性的丧失使契约社会这一社会组织蓝图发生退化，因此我提出必须重新唤醒轴心时代的创造精神，去迎接新轴心时代。在某种意义上，真实性哲学正是新轴心时代思想探索的一部分。

当然，我不会天真地以为这种纯哲学思想的探索有助于克服终极关怀退出公共领域带来的长期危机，而是想证明作为现代社会基石的个人权利具有终极正当性。也就是说，不管出现怎样的历史倒退，历史教训终会将人类引回现代社会的基本结构中，这就是现代社会是轴心文明新阶段的真正含义。在认识论上，我终于看到：真实性哲学不是幻象，它确实存在。相比之下，我在 80 年代的科学哲学研究只是其中的一部分而已。我发现了一条有可能解决自己多年困惑的新思路，它通向何方，又会得到什么样的结果？我不知道，但这是一条哲学界没有走过的路。我和青峰一起进行观念史研究时，曾将进入过去的观念并重演过去的社会行动称为“拟受控实验”。当时我就隐隐感到，立足于“拟受控实验”和受控实验关系的研究，似乎可以把科学和人文整合起来，现在才知道这不是一个隐喻，而是一条通向未知世界的道路。

我心中的80年代

我万万没想到的是，打开真实性哲学大门的钥匙居然藏在我20世纪80年代科学哲学的研究之中。通过对当时研究的再思考，我找到方向再一次出发。在真实性哲学的写作中，当明确发现现代社会必须扎根于科学和人文这两种不可化约的真实性结构时，我才看清了自己今日哲学研究和20世纪80年代工作的关系。在20世纪80年代，我试图将现代性建立在科学哲学之上，这实际上是在寻找现代社会的真实性基石。在20世纪90年代，我认识到由实然推不出应然，判定自己在80年代研究的问题无解，这背后恰恰是认识到两种真实性结构的存在。真实性哲学的新发现则为科学真实和人文真实提供了共同的基础，这无疑是指出：在一个更为广阔的意义上，真实性哲学研究仍然是我在20世纪80年代问题意识的延续。

我不是一个怀旧主义者，但研究本身使我感受到20世纪80年代是绕不过去的。这不仅是因为我本人的研究是从当年的论文开始的，还在于中国人的问题意识。虽然中国人对现代社会的认识在100多年前就开始了，但最近一次全面认识发生在20世纪80年代。波普尔的构想虽被证明是错的，但20世纪80年代开启的探索不应该终止。至少对我们而言，立足于真实性哲学的现代社会研究必须起步，这种研究是前人没有做过的。我不可能回到20世纪80年代让学术生命重新开始，但可以延续20世纪80年代的问题意识，再一次出发。20世纪80年代的问题意识是什么呢？当时我表达不清，今天看来可以称之为对理想的现代社会之追求。

一直以来，美国被视作现代社会的典范，很多人将其视为灯塔国。美国宪法来源于加尔文宗的圣约。换言之，西方现代价值的基础是对上帝的信仰，以及与之并存的认知理性。在中国香港和中国台湾常常会碰到一些在美国拿到博士学位又信仰基督教的学者，其中很多人认为中国传统社会要建立现代民主和法治，首先要信仰基督教。我当然不同意这种看法，而且我从来没有把西方作为现代社会之理想。迄今为止，西方现代社会虽然建立在对上帝的信仰与认知理性的分离并存之上，但并不一定永远如此。现代社会离不开个人权利这一普世价值，但我们不能说离开了其起源的宗教前提（对上帝的信仰），现代价值便不能稳定存在。启蒙运动力图让现代价值从宗教中独立出来，结果是将民族主义和科学主义作为其前提，这带来了启蒙精神的缺陷，但这种缺陷并非不可避免。我把具有普世价值、有道德、有理想的社会称为开放社会。“开放社会”一词借用自波普尔，探索开放社会之路也始于科学哲学研究，但其内容是我们这一代人所特有的，故我一直称之为开放社会的理想。

中国学者面对一项西方学术界没有进行过的理论研究（自然科学、历史和中国哲学除外），往往会有深深的无助感。因为我们经常只是一个个孤独的研究者，在西方却是整个学术界共同进行理论探索。然而，我不相信开放社会只是我个人的理想，因为把中国文明历史经验加入西方经验中，从更广阔的视野探索现代社会的走向，这项研究正在起步。在青年一代和中国企业家中，这种需求尤为强烈。正因如此，我决定通过授课的方式开展真实性哲学研究。一方面，定期向班上学员讲述自己的研究成果，并听取大家的意见；另一方面，不断同比我年轻的朋友讨论。我希望这种高度学术化的叙述能够越出个人探索和自言自语的状态，成为一种具有公共性的思考。

人生既短暂又漫长。之所以说短暂，是因为半个世纪前的事仿佛就发生在昨天，而漫长指的则是那无休止的流变。特别是我这一代人，身处现代性遭受巨大挑战的时代，心灵受到接连不断的冲击，前一个冲击尚未过去，后一个又带着排天的巨浪而至。让我惊奇不已的是，人到老年，居然还在思考与青壮年时代差不多的问题，而我则全力以赴，始终如一。在从事真实性哲学研究的漫长而艰苦的过程中，我总是想到韦伯在《学术作为一种志业》中的话：“有人从西珥不住地大声问我：‘守望的啊！黑夜还有多久才过去呢？’守望的人回答：‘黎明来到了，可是黑夜却还没有过去！你如果再想问些什么，回头再来吧。’”[①] 我想问的是：我们用一生提出的问题和得到的部分答案，会随着自己这一代人的消失而中止吗？我希望从青年一代中听到回答。

金观涛

2021 年 1 月于深圳

① 韦伯：《学术与政治》，钱永祥等译，广西师范大学出版社 2004 年版，第 191 页。

导论

重建真实的心灵[①]

> 哲学的混乱从来就意味着社会思想的混乱。如果把人类的思想比作海洋，哲学思考大约是其中最深层的难以触及的底部。在历史上，海洋的表面有时阳光灿烂，平静如画，有时却风雨交加，波涛汹涌，在海底深处却几乎没有什么感觉。但反过来，一旦海洋深处发生了某种骚乱，那么人类思想的动荡将会延续很久很久。[②]

---

① 该导论内容曾以《论当今社会思想危机的根源》为题发表于《二十一世纪》2020 年 10 月号。在收入本书时，又做了进一步的修订。

② 引自金观涛:《人的哲学——论“科学与理性”的基础》，四川人民出版社 1988 年版，第 6 页。

2020 年的世界

2020 年是一个具有里程碑意义的年份。这一年，新冠病毒在全球范围内的流行，不仅导致很多人失去了生命，还使得世界进入了罕见的“大封锁”状态，全球经济活动也陷入前所未有的衰退之中。[①] 正如《经济学人》的一篇文章所指出的：“疫情暴露出全球治理的无政府状态。法国和英国在隔离检疫规则上争论不休，美国则继续为贸易战磨刀霍霍。尽管在疫情期间有一些合作的例子（比如美联储贷款给他国央行），但美国并不愿意担当领导世界的角色……世界各地的民意正在抛弃全球化。”[②] 正是在疫情期间，英国正式脱欧，以“黑人命贵”（Black Lives Matter）为旗帜的反种族歧视运动正在撕裂

---

① 国际货币基金组织首席经济学家吉塔·戈皮纳特在一篇文章中指出，在这次疫情中，“发达经济体以及新兴市场和发展中经济体同时处于衰退之中，这种情况自‘大萧条’以来第一次出现”。参见吉塔·戈皮纳特：《大封锁——大萧条以来最严重的经济衰退》，载国际货币基金组织中文主页，https://www.imf.org/zh/News/Articles/2020/04/14/blog-weo-the-great-lockdown-worst-economic-downturn-since-the-great-depression。

② 参见“Goodbye Globalization”, *Economist*, May 16th (2020), pp.7-8。中文译文引自 http://www.tegbr.com/article/53ed841811aa58bd。

美国……其实，新冠病毒并没有对人类的生存构成过度威胁。和历史上发生过的传染病相比，它是微不足道的，但奇怪的是，其对人类思想的冲击犹如滔天巨浪，并成为压垮骆驼的最后一根稻草。从此之后，人们再也不珍惜20世纪两次世界大战和冷战的教训，民族主义和反全球化思潮不可阻挡。很多人的心态回到了19世纪。

19世纪是现代民族国家急剧扩张的时代，民族国家利益至高无上的观念把人类推入第一次世界大战，大战带来的灾难导致怀疑现代性的思潮流行；对抗马克思主义的法西斯主义兴起，其结果是第二次世界大战和冷战。人类在两次世界大战中失去了几千万人口，并饱受极权主义统治之苦难。经历了惨痛的20世纪，人们才开始审视第一次全球化、现代性、民族国家、民主价值等问题，吸取极权社会起源的教训，反省市场经济的成功及其带来的问题，重新建构和完善现代价值体系，这就有了第二次全球化。

然而，经历了30年太平盛世，当经济和科技有了惊人发展之时，历史似乎又在重演。面对第二次全球化造成的问题，既有的社会与政治哲学、治理与整合的经验都失效了。作为“自由主义圣地”的美国，开始向门罗主义退却，民族主义与保护主义思潮日益流行，其标志就是特朗普上台及其“美国优先”政策的提出。这些事件背后更深层次的危机是：事实本身的公共性正在瓦解。借用福山的说法，目前“几乎所有权威的信息来源都遭到质疑，并受到可疑的、来路不明的事实的挑战”，“民主制度面临全面困境的直接产物是，无法就最基本的事实达成一致，美国、英国及世界各国无不如此”。[1] 事实不同于价值，其被认为具有客观真实性，这保证了事实的公共性。如果事实失去了公共性，价值公共性将被完全摧毁。一个没有公共事实和共同价值的全球经济共同体是不可思议的。因此，即便知道民族主义一旦成为主导意识形态，就会带来不断的冲突甚至战争，后果将是人类心灵的大倒退，21 世纪社会在思想上还是回到了 19 世纪。

科学乌托邦和人文精神的衰落

这个世界到底怎么了？要回答这个问题，我们还需要回顾 20 世纪的另外两件大事：一是 20 世纪科学革命，特别是相对论和量子力学的出现；二是人文精神的衰落。几个世纪以来，人们见证了颠覆性的科学革命相继发生，从哥白尼“日心说”、牛顿力学到相对论和量子力学，理论的彻底变革似乎成了科学发展的常态。大家一度乐观地相信，进入 21 世纪以后还会有新的科学革命，但事实上并没有。[2] 换言之，科学理论虽然仍在不断进步，但是告别了革命。为什么 20 世纪会发生科学革

---

① 弗朗西斯·福山：《“后事实”世界的兴起》，载《中国新闻周刊》2017 年 2 月 13 日。

② 或许有人会说：目前人工智能领域的进展代表了新的科学革命。但事实上，今天的人工智能“革命”实质是，伴随计算机硬件的发展，以及海量数据的积累，神经网络自动机的研究和制造突破了物质和技术条件的限制，其还称不上是一场“科学革命”。参见金观涛：《反思“人工智能革命”》，载《文化纵横》2017 年 8 月号。

命呢？随着相对论和量子力学成为现代科学的基石，为什么科学理论不再出现“范式转移”？对此，哲学家知之甚少。20世纪的科学哲学家——从鲁道夫·卡尔纳普、卡尔·波普尔到托马斯·库恩，他们对科学革命的解释最后都被证明是有问题的，他们对“什么是现代科学”的哲学探索也都以失败告终。也就是说，人类虽然取得了巨大的科学知识进步，掌握了越来越发达的技术，但在整体上理解现代科学碰到了巨大的困难。人们没有意识到，这一失败与第二轮全球化的价值基础遭受挫折是一对孪生兄弟。

20世纪人类思想界还发生了另外一件大事，那就是人文精神的衰落。自从尼采宣告“上帝已死”之后，基督教在西方一天天退出公共生活。在价值多元主义的背后，是人文精神的沦丧。自17世纪现代社会在天主教文明的土壤中起源以来，包括宗教信仰在内的人文价值一直是和科学并列的存在。人文精神和科学技术共同维系着现代社会的基本结构，但20世纪人文精神面临极权主义意识形态一次又一次的轰炸。即使在极权主义消弭后，人文精神仍不断受到虚无主义浪潮的冲击。20世纪六七十年代后现代主义兴起，批判的人文精神再一次尝试重振力量，却没能恢复自己的活力。后现代主义退潮之后，人文精神终于伴随20世纪的终结一起寿终正寝。

一个没有人文精神的科学世界必定是畸形的，其后果是科学乌托邦的兴起，它除了为新形态的极权主义在21世纪提供正当性外，还意味着技术压倒科学，成为一种新的宗教。当人们不知道科学是什么，而只有具体的科技知识时，科学乌托邦的泛滥也就不可阻挡。什么是科学乌托邦？我们可以以生命科学为例进行说明。[①] 今天，基因工程和合成生物学的新进展引发了人类生活前所未有的巨变，然而人对生命的宏观理解，远远跟不上对生物细节知识的了解和操纵。由此带来的结果是，技术主宰了整个科学，人类开始盲目自信可以扮演造物主的角色。谷歌的首席未来学家雷·库兹韦尔甚至预言人类在2045年将实现永生。[②] 科学乌托邦指的正是这种对科学技术的盲目迷信。

在社会事实公共性消失，人们不能理解20世纪科学技术革命，以及人文精神衰落这三件事的背后，存在着一个共同的内核，那就是在高科技日新月异、生产力增长一日千里的今天，人对真实性的判断力日益狭窄和模糊。所谓真实性判断力的"狭窄"，指的是当下只有具体的科学技术才具有无可怀疑的真实性，而对社会事实的公共性以及"什么是科学"这些整体性问题，大多数人失去了判别能力。所谓真实性判断力的"模糊"，指的是真实性反思能力的丧失。为什么人文精神会衰落？原因是很多人认为过去的信仰和道德是假的。那么为什么过去人们视其为真呢？对此，大多数人不去思考或没有能力思考。2016年，《牛津英语词典》宣布"后真相"（post-truth）

① 王芊霓、艾其：《南都观察对话金观涛：我们活在"盛世"，却从未如此恐惧风险》，载南都观察网，https://www.nanduguancha.cn/Home/news/detail?cate_id=1&id=386。

② Ray Kurzweil, "Immortality by 2045", Kurzweilai.Net, http://www.kurzweilai.net/global-futures-2045-ray-kurzweil-immortality-by-2045.

成为年度词汇。[1]自此之后，越来越多的人开始认为人类社会正在进入“后真相时代”。所谓后真相时代，正是源于人们失去了全面而整体的真实性判断力。我们把全面而整体的真实性判断力称为真实的心灵，这样，上述种种现象的思想根源可以统称为真实心灵的解体。

半途而废的认识论革命

具有讽刺意味的是，人失去全面而整体的真实性判断力，居然和 20 世纪哲学革命有关。众所周知，人类通过语言即符号系统把握世界，但我们一直不知道什么是符号。为什么人可以使用符号？这就相当于鱼不知道自己生活在水里，不可能认识水给其带来了怎样的限制。正因如此，我们可以用如下比喻来形容 20 世纪哲学的语言学转向：正如鱼可以跃出水面观看自己生存的世界，哲学家发现世界和语言同构，认识到形而上学是语言误用带来的错觉。

在这个意义上，哲学的语言学转向是人类思想的一场伟大解放，它是和 20 世纪科学革命同等重要的认识论革命。不同于量子力学与相对论的建立，这是一场禁锢人思想的革命。在维特根斯坦这位公认的天才作为哲学革命代表的背后，是哲学被阉割，其创造性被束缚在牢笼之中。我们可以用逻辑经验论和分析哲学的兴起来说明这一点，正如卡尔纳普所主张的，哲

---

① Alison Flood, "'Post-truth' Named Word of the Year by Oxford Dictionaries", *The Guardian*, 15 November (2016).

学家的唯一工作变成了语言分析，一方面将无意义的形而上学的句子分拣出来，另一方面，剩余的有意义的句子被分成两类：一是可由逻辑和语法确定真假的句子，二是对世界进行描述的、具有经验意义的句子，前者交给数学家、逻辑学家和语言学家分析，后者则交给科学家。[①] 这样一来，人类似乎就可以找出语言是如何把握对象的，从而勾勒出思想运作的大结构。这确实是一种很精彩的哲学想象，但结果是哲学再也不能承担起重建人文精神的任务，“大写的人”萎缩了。人的理想也随着哲学的死亡成为被嘲笑的对象。

或许有人会说，无论是人文精神的衰落还是人类不能理解现代科学，都对应 20 世纪人类精神世界的某种变化和认识论困境，语言学转向则意味着哲学终于意识到自己是什么，从而取消了自身所背负的重担，因此我们不能将它们联系起来。这种貌似有理的观点忽视了哲学革命对真实性判据的巨大冲击。自语言学转向之后，哲学家明确认识到符号和对象之间的关系是一种约定，符号串用自身结构来表达对象的结构。因符号串本身没有真实性，它只能从经验那里获得真实性，这样一来，只有科学和逻辑为真。人文精神失去了真实基础，因此必然走向衰落。换言之，科学陈述之所以为真，是因为它能被经验证明且符合逻辑。符号的发现不仅将真实性窄化为科学事实，还取消了符号和任何整体的真实性研究的意义。这不是正好证明了上文提出的人们对世界真实性的判断力日益狭窄和模糊吗？

---

① 引自王巍：《认知意义的判断标准》，载吴彤、蒋劲松、王巍主编：《科学技术的哲学反思》，清华大学出版社 2004 年版，第 143 页。

我要强调的是：对现代性、民族主义的反思和科学哲学同时产生，又同时失败，这并不是偶然巧合！表面上，新冠肺炎疫情引发人类退回19世纪的思想状态，使民族主义和极权主义回潮。其实，更深层的原因是作为第二次全球化价值基础的各种信念不堪一击，好比是建立在沙滩之上。之所以如此，乃是因为第二次全球化的基本观念没有17世纪现代思想那样的真实性基础。20世纪两次世界大战、极权主义兴起，虽然促使自由主义思想家反思现代价值的基础，但这一反思的对象过于狭窄，仅限于社会制度、政治哲学和相应的价值层面。例如，哈耶克的理论只是用市场经济来为现代社会辩护；无论是罗纳德·德沃金的法哲学，还是约翰·罗尔斯的正义论，都只能在法律和政治哲学领域论证现代社会的正当性。一旦社会问题超过专业领域，这些自由主义理论必定束手无策。

为什么支持第二次全球化的新观念系统如此狭窄呢？原因正是哲学革命摧毁了一切宏大叙事的真实性。哲学革命之后，人文领域普遍的理论和形而上学之间的界限依旧模糊不清。在很多人看来，如同早期自由主义那样广阔宏大的理论在学术上毫无意义。因此，我们必须改进现代社会的价值基础，让人类对现代性、科学和生命意义的认识上升到一个新的高度。这一努力无功而返，一个极为重要的原因是哲学被困在语言分析的牢笼中。事实上，哲学革命不仅没有用新的符号真实观来为现代社会建立更坚实的价值基础，反而否定了符号系统本身的真实性，从而加剧了真实心灵解体的趋势。

现在我们可以对20世纪社会思想的危机和哲学的语言学

转向做一总结。自现代社会诞生以来，人类对真实性的整体判断能力在科技和经济发展中就存在不断狭窄化和模糊化的趋势。哲学革命摧毁了符号系统本身具有真实性的根据。这样一来，任何一种为现代价值提供正当性的理论必须建立在科学之上，而这又不可能实现。因此，除了具体的科学技术外，宗教、道德和普遍的人文理论都没有真实性。作为现代社会基础的真实心灵完全解体了。

现代性和真实心灵

这一切是不可避免的吗？为了剖析真实心灵走向解体的历史过程，必须先严格界定真实性。21 世纪人类知识爆炸，事物各式各样的细节都有准确定义。只有一件事情在专门化研究之外，那就是真实性本身。① 我认为，真实性是主体对对象的

---

① 目前，哲学界对“真实”的定义尚无共识。有学者总结了几类对“真实”的定义：（1）真实指的是我们五感所能感知的所有事物，但这一定义忽略了如电子、数字“5”一类的存在。（2）真实等同于对大多数人而言存在的事物，但大多数人也可能确信一个不存在的存在。（3）对一个事物，如果我们不再确信其存在，但其仍然存在，即为真实。然而，如果我们不再确信股票市场的存在意义，它还会存在吗？（4）真实等同于一个不受人类情感和目的影响的世界。（5）真实即为世界的本原。比如，分子由原子组成，原子由电子和原子核组成，后者又由质子和中子组成，以此类推，在这一链条底部那个不依赖于任何存在的存在，就是真实。（Jan Westerhoff, “Reality: The Definition”, *New Scientist*, Issue 2884 (2012).）其中，（4）和（5）是今日较为流行的真实观念，但假设存在一个独立于我们观察的“真实”，我们又如何得知其存在呢？（Mike Holderness, “Reality: How Can We Know It Exists?”, *New Scientist*, Issue 2884 (2012).）

一种最基本的感觉和判断，它规定了主体对这一对象是忽略还是注意。这种最基本的感觉和判断，是进一步评价对象、规定自己和对象关系的前提。它是人类生存的条件，也是对科学和政治社会、哲学领域进行探索的认识论基石。

真实心灵的形成可追溯至轴心文明的起源。德国哲学家卡尔·雅斯贝斯最早注意到，公元前数百年间出现了与消逝的古文明（如古埃及和两河流域的文明）截然不同的不死的文化。[①]此后，西方学术界用“超越突破”的概念来深化这一发现。我在《轴心文明与现代社会》中进一步发展了上述研究。我认为“超越突破”的本质是人从社会中走出来，寻找不依赖于社会的生命终极意义。一种非社会的主体性由此起源。我把经过“超越突破”的文明称作“轴心文明”。因为人是面对死亡的存在，为了克服死亡，人必须寻找能够超越死亡的意义，即“终极关怀”。我在《轴心文明与现代社会》中证明：超越突破只存在4种不同的类型。我称之为4种超越视野，它们分别是：（1）希伯来救赎宗教；（2）印度解脱宗教；（3）古希腊与古罗马的认知理性；（4）中国以道德为终极关怀的传统文明。任何一种超越视野都包含相应的终极关怀及其规定的价值和经验，它们回答了生死问题并给出了“应然社会”的组织蓝图。从此以后，不死的文明和独立于社会的主体产生了，它们一直是现代社会的基础。其中，认知理性（发现自然法则）因无法提供超越生死的意义，最终与希伯来救赎宗教结合，形成西方天主

① 卡尔·雅斯贝斯：《历史的起源与目标》，魏楚雄、俞新天译，华夏出版社1989年版。

教文明。[①]

自轴心时代以来，人一直是三种真实性之载体。第一，每个人时刻面对外部世界，可区分对象是否真实并对其做出判断和反应，我称之为经验（包括通过广义的技术感受到）的真实性；第二，主体每天面对自己，自我作为一个行动和价值的载体，存在着行动意义和价值的真实感，我称之为价值的真实性；第三，人是面对死亡的存在，在意识到死亡不可避免时，主体会对生命终极意义之拷问做出回答，并伴随有相应的思考和行动，我称之为终极关怀的真实性。

在各个轴心文明，上述三种真实性都是互相整合的。它们构成了人类真实的心灵，真实心灵是传统文化的基石。现代性起源于希伯来宗教和认知理性的分离并存，在这一过程中，认知理性进一步演变为现代科学。我在第一编中会详细论述这一过程。从此以后，互相整合的三种真实性开始分离，并在各自的展开中走向对自身的理解。这是真实性的大解放，但人们不知道，这三种真实性本来是互相维系的；一旦发生分裂，每一种真实性会随着社会发展（现代性展开）和各自依据的认识论逻辑而变化。只有在现代社会的早期，三种互相分离的真实性仍然存在，即人还具有真实的心灵。随着三种真实性互相维系机制的消失，其长程后果只能是三种真实性分别基于不同的认识论。这三种认识论因缺乏高层次的反思而不能建立互相维系的机制，并在发展中各自趋于畸变甚至消失，结果就是真实心

① 金观涛：《轴心文明与现代社会——探索大历史的结构》，东方出版社 2021 年版。

灵的解体。也就是说，真实心灵的解体是现代社会发展不可避免的结果。

最先发生动摇的是终极关怀的真实性基础。众所周知，在传统社会，个人权利不具有正当性，因为它和三种真实性互相维系的机制是矛盾的。个人权利来自自然法，它是天主教文明中对上帝的信仰和认知理性互相分离的结果。现代社会的诞生，是自然法向个人权利的转化。个人权利成为现代社会最基本的价值，这意味着人可以从某一种终极关怀中走出来，甚至自由地选择终极关怀。这时，维系终极关怀稳定的基础已经不再存在，其真实性之丧失是迟早的事。

一旦对上帝的信仰和认知理性分离并存，不断扩张的认知理性迟早会认识到经验事实是客观的，价值是主观的，结果是主观价值论兴起。加之人们可以自由地选择终极关怀，价值和终极关怀的联系自此断裂，后果是两者都丧失真实性。这一真实心灵的解体在现代性传播的过程中表现得最为明显，亦更波澜壮阔。现代性起源于加尔文宗社会，美国宪法本来基于圣约，即人在上帝面前的誓约，它和对上帝的信仰（终极关怀）直接相关。其他文明要学习现代性、建立现代社会，不可能立足于圣约，因此民族主义作为整合现代价值的前提兴起了。然而，民族主义不可能成为独立个人的终极关怀，其后果必定是终极关怀和价值真实性的丧失。事实上，随着民族至高无上的主张引起世界大战，人们开始反思民族主义带来的意识形态灾难，这时他们会再一次把现代社会的希望寄托于作为现代性起源地的英美社会。然而，这些社会也只能用功利主义的主观价值论作为现代价值的基础，价值公共性的消失必定导致真实心灵的解体。

由此可见，20 世纪哲学革命是多么重要，它从符号和对象之间的关系这一全新视角来考察真实性，意味着人类真实观的大解放，这本应该成为重建现代真实心灵的前提。新的哲学应该再一次论证终极关怀和人文世界的意义，指出其真实性并非科学真实所能取代，然而它不仅没有做到这一点，反而废除了哲学的功能。因此，轴心时代以来形成的真实心灵被摧毁之后，迟迟不能进行重建。

当终极关怀和价值真实性不存在时，科技和经济的不断发展成为人类唯一的目标，但科学技术所依赖的真实性能一直存在下去吗？启蒙运动以来，经验真实性进一步蜕变为与主体无关的客观真实。进入 21 世纪，互联网时代的到来和虚拟真实的扩张，导致客观真实也处于瓦解中。一方面，互联网技术的发展给我们提供了一个便捷的信息获取渠道；另一方面，社交网络上充斥着各种虚假信息。真假信息的边界日益模糊，一个真假不分的世界必然是混沌和动荡的。

真实心灵丧失带来的困境

下面我举两个例子来说明当今世界在真实性判断上的混乱。一个例子是科学领域符号真实和经验真实的混淆。2019 年 4 月，全球多位科学家同时公布了黑洞的照片。这张照片是由 200 多名科研人员历时十余年，从四大洲 8 个观测点“捕获”

的视觉证据，证实了广义相对论对黑洞存在的预见。[①]

发现黑洞无疑是一个了不起的进步。在此，我要分析的不是这一发现的真实性，而是黑洞的照片究竟意味着什么。根据以往的经验，照片上拍到的东西都是经验真实。这张照片无疑是科学界向大众展示黑洞存在的证据，但我要问：这张照片真的如通常的照片那样证明了未知对象的存在吗？它是真的吗？事实上，黑洞是时空奇异点，它是数学符号真实而不是科学经验真实。所谓的黑洞照片“捕获”的也仅仅是黑洞边上的光环。我们在理解这张照片的意义时，混淆了数学符号真实和科学经验真实。或许科学家拿出照片时是知道这一点的。问题的关键在于，社会大众对这种混淆毫无感觉。

根据20世纪语言哲学，符号的真实性必须来自经验，否则便无意义。这种意识已经深入人文、社会和宗教领域。数学是一种符号系统，自然语言是另一种符号系统，如果我们把上述黑洞的例子换成自然语言的例子，人们就很容易意识到混淆符号和经验是不妥的。根据《圣经》，上帝是存在的。在很多哲学家看来，上帝只是一个自然语言的符号。在阅读自然语言文本时，必须严格区分纯符号和代表经验对象的符号。前者不是真的，后者才是真的。我要追问：为什么在科学领域，我们认同纯符号真实和经验真实可以混淆，并拿出黑洞的照片，而在人文社会领域，在用自然语言表达对象时，纯符号和代表经

---

① 关于这张图片的详细信息，请参见《美国国家地理》官网，https://www.nationalgeographic.com/science/2019/04/first-picture-black-hole-revealed-m87-event-horizon-telescope-astrophysics/。

验真实的符号却要区分开来呢？黑洞作为数学符号真实是存在的，为什么同样作为符号的上帝不存在呢？这里我无意探讨宗教的问题，只是想借这个例子来说明：20世纪哲学的语言学转向带来的误区，正是造成各种思想困境的内在根源。

人类正陷于严重的精神分裂。一些人对科学极端推崇，他们将数学符号视作新的上帝，认为人类极有可能生活在高级文明创造的虚拟世界中。[①] 在另一些人心中，宗教信仰无疑是真实的，它不仅不受理性的约束，反而是反理性的，各种极端主义思想在此观念支配下兴起。今日我们应如何认识符号和经验的关系？在什么情况下，符号可以嵌入经验世界？在什么情况下不能？没有一个哲学家可以做出回答。

另一个例子是所谓的“用数字说话”。近年来人们几乎在大数据和真相之间画了等号，但大数据真的能使我们更深刻地洞察世界吗？在2019年年末暴发的新冠肺炎疫情中，大数据发挥了奇怪的作用。有时，那些实时更新的、精确的数字确实

---

① 2016年4月，有网友在霍金的新浪微博评论里提了一个问题：“中国古代有个哲学家叫庄子。‘昔者庄周梦为蝴蝶’，梦醒后，庄周不知是他梦为蝴蝶，还是蝴蝶梦为庄周。霍金教授，请问我们如何知道我们是生活在梦里还是真实存在？”霍金的回答是：“谢谢你的问题！庄周梦蝶——也许是因为他是个热爱自由的人。换作我的话，我也许会梦到宇宙，然后困惑是否宇宙也梦到了我。来回答你的问题：‘我们如何知道我们是生活在梦里还是真实存在？’——唔，我们不知道，也许也无法知道！这个问题至少要等到我们开始深刻地了解意识和宇宙时才可知。我们必须孜孜不倦地探索关于存在的基本命题，只有这样，我们也许才会知道蝴蝶（或宇宙）是真实存在，还是只存在于我们的梦里。”参见《霍金谈“庄周梦蝶”，一种次元壁被打破的感觉》，载腾讯网，http://ent.qq.com/a/20160428/035083.htm。

指出不同社会疫情的状况，但很多情况下，其反而会使人看不到真相。美国天普大学的一位数学系教授指出，表面上精密的疫情数据其实包含着大量的不确定性。一是基本数据的不确定，如死亡率和感染率，到底有多少人因疫情而死亡？考虑到存在大量未经检测就接受治疗的人，以及无症状感染者的存在，如何确证实际感染人数？二是医疗机构和媒体报道这些数据的方式可能带来的歪曲，比如某日某地新增病例数一夜增加了 10 倍，这可能仅仅是因为之前疫情检测不足，一旦扩大病毒测试范围，自然会带来病例数的成倍增长。这些统计数字最终带来的是社会日益加重的撕裂和恐惧。[①] 更重要的是，不同的大数据之间并不自洽。这一切表明：不同的大数据背后隐藏着不同文化、制度之下传染病的不同互动模式。新冠肺炎疫情对人类社会造成的真正影响不仅是人命损失，还作为一种催化剂导致不同社会观念的巨变。这一点是当今所有大数据分析都难以看到的。

上述例子在日常生活中比比皆是。当“真”和“假”、经验和符号之间的界限日益模糊时，我们还能判断理论出了什么问题吗？还能对那些不断异化、出乎我们意料的计划和构想做出合理的修正吗？如果说在人文和历史中根本不存在真实性，那历史的教训还有什么意义呢？20 世纪，人们一度相信历史是有规律的，结果否定了人的自由意志，导致极权主义兴

---

① John Allen Paulos, “We’re Reading the Coronavirus Numbers Wrong”, *The New York Times*, https://www.nytimes.com/2020/02/18/opinion/coronavirus-china-numbers.html.

起。21 世纪，人们否定了历史的规律，却诡异地发现历史正在重复。

真实性哲学的研究

今天，我们有繁华的物质文明，但反观人类的心灵，从来没有像今日这般脆弱、害怕死亡、懦弱和怯于反抗。人类当代的科技已经足以支撑我们到火星上去生活——只要我们有勇气。但我们有这样的勇气吗？我们有包含这样技术的心灵吗？没有！我认为，如果没有这样的心灵，不仅惨痛的历史教训会被漠视，历史上一再出现的灾难会重演，而且我们的科学技术成就在 100 多年后也会被遗忘。所以，今天人文学者要做的事情，是重建人类真实而宏大的心灵，这个心灵可以与我们的科学技术相匹配，而这绝对不会从技术本身或从科学专业研究中产生出来。

今天我们经常听到这样的问题：如何才能建立一个人有尊严的社会？只有存在有尊严的人生，才会存在一个人有尊严的社会。一个人只有具备真实的心灵，才能获得有尊严的人生。因此，文化和社会重建的核心，是重建现代社会的真实心灵。然而，我们必须清醒地认识到：传统社会的真实心灵是不可能恢复的。在现代社会，如何恢复终极关怀的真实性，并使其和价值与经验的真实性互相维系，使人再一次成为三种真实性的载体，这是时代向哲学家提出的问题，我称之为真实性哲学的探讨。

“真实性哲学”一词是我提出的。我之所以将真实性和哲学研究相提并论，是想从更高的层次来把握今天哲学研究的方向。其实，只要从西方哲学史中走出来，分析各轴心文明价值系统的问题，哲学就会从起源于古希腊文明的“爱智”中走出来，转向其隐藏在深处的本质即真实性的探讨。不同轴心文明有着不同的超越视野，每一种超越视野都有各自的终极关怀和价值，以及由终极关怀、价值整合的经验。也就是说，不同轴心文明的真实心灵并不相同，古希腊文明的“爱智”对理性和真实的追求，只是轴心文明的真实心灵之一。正因如此，今日轴心文明及其现代转型的文化研究，应该以真实性哲学作为框架。相应的研究问题是传统社会真实心灵的结构，以及现代性展开如何导致传统社会真实心灵的解体。在此基础上，才能进一步研究真实心灵是否必定与现代性相矛盾，以及如何建立现代的真实心灵。

为了达成这一目标，我将分三个步骤完成真实性哲学的论述。第一，从历史的角度分析为什么随着现代社会的建立，特别是现代科学技术结构的形成，真实的心灵会一步步地瓦解。事实上，现代性起源于对上帝的信仰和认知理性的分离并存，其普世化必定要让个人自主和终极关怀脱离关系。这时，如果找不到个人权利和真实性真正的联系，终极关怀真实性的丧失不可避免。进一步而言，当经验真实等同于客观实在时，人类迟早会生活在一个真假不分的世界。对于这一命运，人类真的无能为力吗？我称之为真实性哲学的历史篇。

第二，提出真实性哲学的方法论，讨论现代社会真实心灵的重建是否可能。通过真实心灵演变的历史分析，我发现科学经验真实的基础是普遍可重复受控实验的无限扩张，即我们总可以根据受控实验的结果，增加控制变量集，并在此基础上做新的受控实验，而且这一新的受控实验也是普遍可重复的。数学恰好是普遍可重复受控实验的无限扩张结构的符号表达。因为数学符号的真实和科学经验的真实同构，故可以建立横跨两者的拱桥，从而导致科学真实（作为数学符号和科学经验互相维系之整体）的扩张。[①] 因此，每次科学革命都伴随着数学的大发展。这恰恰是长期被误解的现代科学的本质。

据此，我得出一个重要结论：真实性有着不同的领域，如科学真实、社会真实和个人真实，不同的领域不一定相交，存在着不同的真实性结构。此外，每个领域的真实性都有经验和符号两种类型。在此基础上，我将对符号、经验等概念进行更为严格的定义。也就是说，存在着纯粹符号系统的真实性，20世纪哲学革命因忽略了这一点，最终半途而废，不能建立一种真正立足于符号研究的新认识论。实现不同真实性领域和类型的整合，就是去建立它们之间的拱桥。一旦不同于科学真实的新的拱桥（如人文真实的拱桥）得以建立，我们就找到了终极关怀、价值和经验真实性互相维系的结构。如果我的分析正确，那么在现代社会重建真实的心灵是可能的。我称之为真实性哲学的方法篇。

第三，20世纪哲学家试图用逻辑语言来分析自然语言。然而，自然语言和逻辑语言有着不同的真实性结构，故必须作

---

① 换言之，科学真实、科学经验真实和数学符号真实都是同构的。

为两种不同的符号系统加以研究。[①] 正如现代科学是横跨数学符号真实和科学经验真实的拱桥，社会是一座建立在自然语言符号真实和人的行动真实之间的桥梁。通过分析这种拱桥的结构，可以理解人文世界真实性和现代性的关系。由此，我们可以从不同层面论证 21 世纪真实心灵的结构。无论科学真实还是人文真实，自由意志的存在是一切符号真实性的前提，故个人自由是元价值，道德和一切其他价值均由个人自由推出。

现代价值系统来自轴心文明的现代转型，在此过程中，传统社会的终极关怀会逐渐消失。真实性哲学研究表明：终极关怀退出社会虽不可避免，但与传统终极关怀等价的追求并非虚妄，只是哲学家从来不曾探讨过真实性的整体结构，不知道它们的存在。在此意义上，现代意义上的终极关怀可以重构，它们是轴心时代终极关怀的现代形态。多元的现代终极关怀应该可以和价值甚至科学的真实性互相整合，并构成现代人的真实心灵。故真实性哲学的第三篇是分析人文世界的真实性，重心是现代价值基础的再论证，亦可称为建构篇。

本书是真实性哲学的历史篇，主旨是通过历史研究揭示真实心灵解体的逻辑。我认为，即使历史研究发现这一切是不可避免的，我们仍可以把真实心灵的重建作为自己的任务。为什

---

① 自古希腊以来，对“逻辑”一直存在各种不同的定义和认识，其中最普遍的问题是将逻辑语言与自然语言混同起来。直至 20 世纪初，逻辑经验主义者才提出较为清晰的对逻辑语言的定义，即符号和对象及对象性质存在一一对应。在方法篇中，我将在此基础上进一步提出逻辑语言的准确定义，并讨论它与自然语言的区别。

么这么说呢？因为通过分析这一过程为什么不可避免，有助于理解真实心灵的构成，以及其和现代价值系统的关系。也就是说，一旦认识到现代性的基础是轴心时代形成的真实心灵，以及现代社会作为轴心文明的独特形态，在其发展过程中会导致真实心灵的解体，我们就可能去想象在新时代用什么样的方式重建真实心灵。行文至此，我想起了阿西莫夫在《基地》一书中所描绘的科幻故事：心理史学预见了文明的大倒退，但其研究可帮助人类去缩短那个“漫长的黑暗期”。现实中当然不存在心理史学这样的学科，我们能够寄希望的，只能是通过不断深入探索什么是科学真实，什么是人文真实，以及有没有历史发展规律，从而发现人类真实心灵的结构和意义。

第一编

哲学的童年

太初有道。对不同的轴心文明，“道”不尽相同。今天哲学终于有可能从古希腊文明对其限定中解放出来，用统一的方法面对不同轴心文明的“道”。我称之为“真实性”研究。用真实性哲学代替以往的哲学是不可避免的，否则无法克服人类今天面临的史无前例的思想困境。

第一章　超越突破和真实心灵

从一本畅销书谈起

2014年，印裔美籍医生阿图·葛文德出版了一本名为《最好的告别——关于衰老与死亡，你必须知道的常识》的书，探讨了一个在当今世界广受关注的问题——老年人的处境。在这本书中，葛文德从一个医生的角度叙述了衰老的不可抗拒。他这样描绘："这一切（作者注：身体器官的衰竭和生命的老化）都是正常现象。过程可以延缓（通过调整饮食和运动等方法），但是，无法终止——功能性肺活量会降低，肠道运行速度会减缓，腺体会慢慢停止发挥作用，连脑也会萎缩。30岁的时候，脑是一个1 400克的器官，颅骨刚好容纳得下；到我们70岁的时候，大脑灰质丢失使头颅空出了差不多2.5厘米的空间。所以像我祖父那样的老年人在头部受到撞击后，会很容易发生颅内出血——实际上，大脑在他们颅内晃动。最先萎缩的部分一般是额叶（掌管判断和计划）和海马体（组织记忆的场所）。于是，记忆力和收集、衡量各种想法（即多任务处理）的能力在中年时期达到顶峰，然后就逐渐下降。处理速度早在40岁之前就开始降低（所以数学家和物理学家通常在年轻时取得最大的成就）。到了85岁，工作记忆力和判断力受到严重损伤，40%的人都患有教科书所定义的老年失智（痴呆症）。”[①]

葛文德指出，随着年龄的增加，生理上的种种衰退不断累积，平滑的生命曲线终将戛然而止。在某种意义上，老年是一种“病”。或早或晚，我们都将遭遇老年疾病以及衰老本身的侵袭，作家菲利普·罗斯感叹道：“老年不是一场战斗，而是一场屠杀。”[②]因此，葛文德认为有必要从年老和死亡的不可抗拒来分析目前医疗系统是否合理以及养老院制度的弊病。现代社会的基本价值是个人自主，《最好的告别》花费大量篇幅去分析老年人之所以不愿意住进养老院，是因为那里缺少现代人最根本的东西——个人的自主性。[③]

葛文德认为：一个有尊严的老年人直至临死前，都应该保持自主性；目前的养老院制度是不人道的，因为其没有考虑到老年人对自身价值的需求。他通过走访发现，越来越多的老年人社区正在发生变革，领导他们的人都致力于一个共同的目标：让老年人无须因为生活需要帮助就牺牲自己的自主性。[④]

---

① 阿图·葛文德：《最好的告别——关于衰老与死亡，你必须知道的常识》，彭小华译，浙江人民出版社2015年版，第29—30页。

② 转引自阿图·葛文德：《最好的告别——关于衰老与死亡，你必须知道的常识》，第52页。

③ 阿图·葛文德：《最好的告别——关于衰老与死亡，你必须知道的常识》，第74页。

④ 美国记者谢里·芬克在评论《最好的告别》时指出：对医生而言，最重要的不是保障病人或老年人的健康和生命延续，而是确保其具备能力去过一个有意义的生活。《最好的告别》的价值在于，它为那些日益失去个体自主性的老年人提供了一个有尊严的发声机会，让我们从老年人（下接第029页脚注）

葛文德这样写道："我们所要求的就是可以做我们自己人生故事的作者。故事总在改变。在生命历程中，我们会遭遇无法想象的困难。我们的关切和愿望可能会改变。但是无论发生什么，我们都想要保持按照与自己个性和忠诚一致的方式，塑造自己生活的自由……成为一个人的战斗就是保持生命完整性的战斗——避免被削减、被消散、被征服，避免使现在的自己与过去的自己和将来想要成为的自己相断裂。疾病和老年使得战斗已经足够艰辛，我们求助的专业人士和机构不应该使之更加艰难。"①

作为一个医生，葛文德的想法无可非议，但是他回避了一个更为基本的问题：大多数老年人随着年龄的增长，必定会丧失保持自己生活自主的能力。事实上，只有少数幸运的老人，在死亡来临之前还能做今日意义上那种"自己人生故事的作者"。老年人心灵真正要面对的是当自己丧失自主能力时，仍保持生命的意义和尊严。毫无疑问，个人自主是现代价值的基础，但对老年人真正有意义的问题不是怎样捍卫这一价值，而是今日意义上的个人自主日益变得不可能时怎么办。

（上接第 028 页脚注）（而不仅是其主治医生或者家属）的视角去观察世界。（Sheri Fink, "Atul Gawande's 'Being Mortal'", *The New York Times*, https://www.nytimes.com/2014/11/09/books/review/atul-gawande-being-mortal-review.html.）我与合作者将此总结为"医生和患者想象中的角色互换"，它代表医者在治疗过程进行的一种道德修炼，也就是"大医精诚"。（金观涛、凌锋、鲍遇海、金观源：《系统医学原理》，中国科学技术出版社 2017 年版，第 222—228 页。）

① 阿图·葛文德：《最好的告别——关于衰老与死亡，你必须知道的常识》，第 128—129 页。

事实上，作为“现代人”的老年人当然知晓个人自主是人生最基本的价值，但这一价值并不是只要存在社会的帮助就一定是可欲的。我认为，当老龄化使人不可抗拒地丧失独立自主的能力时，与其想尽办法保持自己今日意义上各种自主的能力，还不如去追问：为什么个人自主是现代性之本质？它所依据的前提是什么？当衰老不可抗拒、死亡即将来临之时，人必然会回到个人自主这一现代价值产生的原点。只有回到原点，追溯个人自主的前提形成的依据，老年人才能坦然面对个人自主能力的消失，有尊严地死去。其实，自从生命在大自然中产生以来，每一个具体的生命都必然死亡。抗拒死亡是所有生命的本能，然而只有人才能理解死亡的不可避免。千百年来人都能坦然面对衰老并离开这个世界，只是个人自主成为生命的基本价值后，问题才变得一天比一天尖锐。正因为人们接受了个人自主是生命的终极目的，除了自主地享受生命的这种能力及其带来的各种乐趣外，人生就毫无意义。这时，丧失这种能力便是不可忍受的，死亡也就变得极为可怕。

我经常在想：一个生活在传统社会的老人会怎样面对个人自主能力的丧失和不可避免的死亡？答案是明确而简单的。他或是渴望自己被上帝选中，获得救赎，或是因解脱的来临而欢喜，或是在临终前去想象“一切法空”，让“自我”接近涅槃状态。一个生活在儒家传统社会中的中国老人，他至少还能在血脉的延续者身上看到死亡并不是虚无。正如一位学者所描绘的：“一个传统的中国人看见自己的祖先、自己、自己的子孙的血脉在流动，就有生命之流永恒不息之感，他一想到自己就是这生命之流中的一环，他就不再是孤独的，而是有家的，他会觉得自己的生命在扩展，生命的意义在扩展，扩展成为整个宇宙。”[①] 上述种种，对大多数一只脚已经踏入死亡阴影的传统老人而言，是高于今日意义上“个人自主性”的价值。葛文德不谈这些，仅仅注意老年人能否继续成为人生故事的主人，原因在于，这一切对现代人来说不再有意义，因为这些目标和价值不是真的。

众所周知，把个人自主作为人生最重要的价值，始于17世纪。这是现代社会兴起的标志。约翰·洛克认为，个人自主意味着个人受自己思想和判断的决定，来追求最好的事物。[②] 我要强调的是，在洛克时代并不存在老年人自主能力丧失时生命变得毫无意义的问题。因为那时的人除了是独立自主的个体外，还是信仰的载体。信仰赋予独立自主的个人以价值，使其能组成一个有诚信的契约社会。更重要的是，终极关怀的真实性（如对上帝的信仰）能使每一个人坦然面对衰老和死亡。

在本书导论中，我就指出：自轴心时代以来，人一直是三种真实性之载体，即经验、价值和终极关怀的真实性。我认为《最好的告别》的价值，是触及了现代社会的核心问题：在丧失真实的心灵之后，现代人应该怎么办？葛文德在推行让老年人获得更多自主性的养老社区理念时，已经发现：这些社区实验若要最终普及，特别是让老年人的生活变得有意义，前提是

---

① 葛兆光：《中国思想史》第一卷《七世纪前中国的知识、思想和信仰世界》，复旦大学出版社2009年版，第24页。

② 洛克：《人类理解论》上册，关文运译，商务印书馆1959年版，第234页。

破除笼罩在现代社会之上功利主义的价值观，恢复在此之前来自宗教（自然权利）或者为民族独立（某种事业）而奋斗的自由之真实性。但在宗教解魅、民族主义（或道德意识形态）不能成为最高价值的今天，这一切又如何可能呢？其实，《最好的告别》的结尾已经显示：现代人真实心灵的丧失带来了不可克服的困境。葛文德是个印度人，他的父亲是个印度教的信徒。他在全书结尾描写了自己的父亲如何在60岁时自主地、有尊严地死去，而非在医院中周身插满管子地离开人世。根据印度的古老习俗，只有骨灰被撒进恒河，故人才能得到解脱。葛文德遵从父亲的遗愿，来到恒河边，并在那里烧了香，把拌有花、草药、槟榔、米饭、葡萄干、水晶糖和姜黄的骨灰撒进了那条污染严重的大河。他还按照梵学家的指引，喝了三杯恒河水。在此之前，葛文德上网查了恒河的细菌计数，并预先服用了适当的抗生素。即便如此，由于忽略了寄生虫的问题，他还是感染了贾第虫。

葛文德这么做值得吗？也许他自己并不信奉印度教，之所以这么做，是因为觉得在这个长久以来人们一直举行这种仪式的地方，将父亲同比自身大得多的事物联结在了一起而有所慰藉。[①]然而，对于一个现代人，上述仪式性的举动却使他感染了寄生虫，这违背了生活必须遵循科学的基本原则。更重要的是，葛文德能和他父亲那样平静而又有尊严地面对死亡吗？我曾经问过一些在自己的专业领域内有一定成就的医生：如果他

---

① 阿图·葛文德：《最好的告别——关于衰老与死亡，你必须知道的常识》，第237—238页。

们在老年时丧失自主能力或身患不治之症，会怎么办？答案大多是自杀。不管这些医生在老年时会不会自杀，人失去自主性之后只能自杀的结论是从个人自主为终极意义推出的。一个不能自主的生命不值得留恋，甚至无权存在于这个人人必须自主、充满竞争的世界上。

上述价值观十分典型地反映在2019年年末暴发的新冠肺炎疫情中部分人对老年人的态度上。一些媒体报道中反复强调70岁以上感染者的致死率最高，老年人被描写成一个脆弱的、易受伤害的少数群体。这种叙述和评论强化了一些人对老年人的歧视：老年人给社会和医疗系统带来了过度的负担，满足他们的需求将损害年轻人的利益。换句话说，老年人的生命似乎无关紧要甚至是可以抛弃的，以至国际社交媒体上有人将新冠病毒称作“婴儿潮一代的消灭者”（Boomer Remover），“婴儿潮一代”指的就是当下这批在第二次世界大战后婴儿潮中出生的老人。[①] 只要去追溯这些议论的依据，就会发现：虽然他们对老年人的态度和《最好的告别》完全不同，但内部逻辑如出一辙，即个人自主是生命的最高价值，当人丧失自主能力时，生命便没有意义。

这一切使我们得出一个结论：现代性本是建立在真实心灵之上，但随着近三个多世纪以来现代社会之发展，人类真实心灵丧失了。这一切对现代性的挑战在老年问题上最为明显，但它在社

① Shir Shimoni, “How Coronavirus Exposes the Way We Regard Ageing and Old People”, *The Conversation*, https://theconversation.com/how-coronavirus-exposes-the-way-we-regard-ageing-and-old-people-135134.

会每一个领域都存在。真实心灵的丧失导致了当下不可解决的思想和社会危机，其使现代性的基石即个人自主成为空中楼阁。

哲学的转向

真实性是一切价值的基础。对于今天任何一个"生活在当下"的人，理智和常识都告诉他，唯有科学才是真实的。我们必须在科学之上追求其他价值、寻找生命的意义。心理学作为一门和人文存在交叉的科学门类，最先意识到这一点。从20世纪50年代开始，心理学家维克多·弗兰克就指出，人们出现各种心理困扰，背后都源于他们失去了意义和价值感。他将个人追求（个体存在之）意义的意志遭遇挫折定义为一种"存在的挫折"，[①] 并发现在自己的欧洲学生中，25%的人多少都有存在之虚无的症状；在他的美国学生中，这个数字则是60%。[②] 在此基础上，弗兰克提出了"意义治疗"的心理疗法，即引导就诊者寻找和发现生命的意义。[③] 显而易见，心理学作为科学的一个门类，无法承担这一任务。

近几十年来，随着宇宙学和生命科学的大发展，特别是人工智能的兴起，寻找生命的意义开始寄托在这些新兴学科之上。正因如此，多重宇宙的假说、我们生活在高等文明设置的虚拟

---

① 维克多·弗兰克：《活出生命的意义》，吕娜译，华夏出版社2010年版，第121页。

② 维克多·弗兰克：《活出生命的意义》，第130页。

③ 维克多·弗兰克：《活出生命的意义》，第136页。

世界中的想象，吸引了社会前所未有的注意力。在很多人心目中，医学的目的不仅是治病救人，还在于克服老化以无限期地延长生命。原先由宗教和各种终极关怀规定的人生意义，都落到科学肩上，科学乌托邦比以往任何时候都强大。然而，虽然现代科学技术极大地改善了“人的条件”，扩大了个人争取自主的能力，但科学从来不是个人自主这一现代核心价值的基础。当个人自主能力逐渐丧失时，本来由宗教等传统提供的生命意义，更不可能通过科学获得。对生命而言，唯一能产生意义的是科学研究本身，而不是建立在科学之上的其他东西。

其实，分析意义丧失的根源以及寻找意义一直是哲学的任务。早在20世纪初，埃德蒙德·胡塞尔在提出现象学以寻找现代哲学发展之路时，已经感觉到了自然科学的数学化与意义丧失之间存在某种联系。他认为，人们运用字母、连接符号和关系符号（如+、×、=等），按照它们进行组合的游戏规则进行运算，但赋予这一技术操作程序的原初思维被排除在外。正因如此，科学从生活世界中被抽离出来，生活的意义被抽空。[①]为了克服意义的丧失，他提出的方案是悬置一切客观的科学，不仅包括科学本身，还包括任何对科学的认识、批判和理念，[②]并转向对意识世界中的现象的研究和反思。在某种意义上，胡塞尔提出现象学是想把哲学引向意义的研究，用哲学思考来克服把一切真实性都建立在科学之上带来的意义之虚妄。

---

① 胡塞尔：《欧洲科学的危机与超越论的现象学》，王炳文译，商务印书馆2001年版，第61页。

② 胡塞尔：《欧洲科学的危机与超越论的现象学》，第164页。

近几十年来，越来越多的哲学家认识到：必须直接面对意义世界本身，即将寻找意义界定为哲学的任务。哲学研究必须从古希腊的爱智（即追求智慧或包罗万象的学问）转向意义世界。德国当代哲学家卡尔–奥托·阿佩尔提出：古代哲学注重本体论，近代哲学关注认识论，而20世纪哲学的焦点则转向语言。正如一位学者所论述的，本体论关注“什么东西存在”或者“什么是实在的基本存在形式”。认识论要确定哪些东西是我们能认识的，以及我们是怎样认识这些东西的。语言哲学或者说“意义理论”则关注我们在何种意义上能够认识存在，而意义的首要载体就是语言。[①] 因此，在一定程度上，语言哲学的兴起就是哲学研究的“意义转向”。

当代哲学的“意义转向”表达了一种良好的愿望，但什么是意义？我认为，意义是主体对对象的评价，该评价规定了主体对对象是否给予重视（以及相应的态度、行为）。[②] 意义的存在有一前提，那就是主体认为对象是真实的。当然，在很多场合，主体高度关注某些假的或真假不明的对象（如特异功

---

① 陈嘉映：《语言哲学》，北京大学出版社2003年版，第14页。

② 这里需要做出两点说明：（1）在中文里，意义和价值都是主体对对象之评价，该评价规定了主体决定如何对待对象即主体的行为方式，但意义处于比价值更基本的层次，即主体一旦认为对象无意义，即忽略其存在，不再对其进行评价了。真实性是有关意义最根本的方面。（2）在中英文翻译中，“意义”一词常对应“meaning”。后者因西方哲学的语言学转向，在很大程度上被等同于“指涉”。在我看来，“意义”的含义并不完全等同于“指涉”。鉴于“意义”这一概念在中西方语境中和不同历史时段的含义复杂多变，难以用较短篇幅加以说明，故暂时搁置讨论。关于西方哲学中意义理论的探讨，可参见“Theories of Meaning”, Stanford Encyclopedia of Philosophy, https://plato.stanford.edu/entries/meaning/。

能），认为其亦有意义，但这一切均是因为该对象和真实世界存在密切关系（或作为真实世界的补充而存在）。换言之，真实性是意义存在的前提。因此，如果不能在科学基础之上去认识超越科学的更广阔的真实性，今日的意义研究不可能有结果。其实，当哲学在古希腊文明中起源的时候，其目的是想解决人生意义的问题。古希腊哲人最了不起的贡献是把人生意义建立在对真实性的理性研究之上，无论是柏拉图的“理型”还是亚里士多德的“形而上学”均是如此。只是随着新柏拉图主义走向基督教，来自上帝的启示真理才压倒了建立在爱智精神之上的用理性追求真实性。实际上，不同轴心文明的终极关怀都建立在对真实性的认识上，并将终极关怀的真实性投入其他领域的真实性中。基督教的启示真理只是 4 种超越视野中众多对真实性的理解之一而已。

当现代科学随着天主教文明现代转型（认知理性和对上帝的信仰分离并存）而形成之际，西方哲学力图重新回到古希腊传统，但已经不可能把握对真实性进行理性探索的主流了。虽然欧陆的理性主义和英美的经验主义都想用自己的哲学解释数学和现代科学，但现代科学对真实性的追求已经不是近现代哲学所能包容的。也正因如此，胡塞尔才去建立现象学新体系，但他不知道的是，20 世纪哲学革命完全摧毁了用各种“新哲学”把握真实性之可能。

表面上看，哲学的语言转向使研究重心集中到语言，语言成为意义的载体。海德格尔这样的哲学家继承胡塞尔的现象学，通过《存在与时间》一书剖析亚里士多德对存在的困惑，用对存在的语言分析展现20世纪人在寻找的意义世界。[1]但语言之所以必定涉及意义，是因为其是一个有指涉对象的符号系统。在逻辑上，哲学的语言学分析除了关注意义世界外，必然会导致“哲学革命”。也就是说，哲学研究的语言学转向的第一步是理解人如何用符号把握世界。在海德格尔写《存在与时间》的同时，20世纪哲学革命发生了。正如我在导论中所指出的，20世纪哲学的语言学转向带来的最重要发现是，任何符号系统只能从经验世界中获得真实性，其本身并没有真实性。在立足于语言意义的逻辑经验论和分析哲学看来，形而上学和宗教命题本身是语言的误用，不可能有真实性。这样一来，除了表达科学命题的符号系统，其他符号系统都没有真实性。所谓的把握意义世界的一种新哲学，实质上是建立一个没有真实性的符号系统。20世纪哲学革命在某种意义上宣告了哲学的死亡，从而断绝了通过哲学研究寻找生命意义之路。

既然意义哲学必须建立在真实性之上，那么如果只有科学这一种真实性，所谓的意义研究只能是对科学乌托邦的各种虚假理论的概括，而在科学之上仅仅能给出科学研究这一种人生意义。今天再也不可能出现海德格尔这样的哲学家了。在让-保罗·萨特的时代，存在主义哲学盛极一时却后继无人就是一例。我认为，为了突破意义研究的困境，我们首先要做的，是去面对20世纪哲学革命施下的魔咒。难道所有符号系统真的只能反映经验的真实性，不可能具有自身的真实性吗？为此，必

① 海德格尔：《存在与时间》，陈嘉映、王庆节译，商务印书馆2018年版。

须对科学革命和哲学的语言学转向本身进行认识论研究，然后建立一种更为宽广的哲学。对于这种在深层结构上认识经验和符号（包括数学和自然语言）真实性的研究，我称之为真实性哲学。

本编的主题是“哲学的童年”，这可能会让人误以为我将分析古希腊哲学，实则不然。我要检讨的是从古希腊至今特别是现代性起源以来的哲学发展，康德哲学是本编重点剖析的对象。我认为，从真实性哲学的角度来看，欧陆理性主义、英美经验主义和康德哲学，以及20世纪哲学革命期间的所有哲学思想都可被归为广义的哲学的童年。为什么我将迄今为止存在过的哲学都称为童年状态的思维呢？既然真实性是主体对对象的一种最基本的感觉和判断，那么它属于对象和主体之间某种关系之研究，而意义世界则是指建立在这种最基本关系之上的另一种主体和对象的关系，即主体对对象的评价。时至今日，有关真实性和意义世界的学说林林总总，但没有一种研究自觉地将分析建立在探讨两者的联系之上。如果哲学家缺乏这种自觉，其学说无论在哪一方面达到何种高度，都具有童年的幼稚。正因如此，当代人对今日意义世界丧失根源的认识亦是朦胧的。

简而言之，意义丧失的根源是人失去真实的心灵，真实性哲学的宗旨是讨论在现代世界重建真实的心灵是否可能，如果这是可能的，我们又应该怎样达到该目标。这样一来，真实性哲学研究的第一步是，讨论真实心灵的结构，以及为什么现代社会兴起会导致真实心灵的解体。

传统真实心灵：真善美的统一

真实心灵起源于人类文明的超越突破。超越突破已经过去了 2 000 多年，人类不仅对真实心灵形成的过程印象模糊，而且以为"文明"生来就应如此。这表明今日的讨论必须回到传统社会形成之起点。这个起点就是人退而瞻远。所谓"退"是指人退出社会，"瞻远"是去寻找可以超越死亡的价值。经过超越突破，终极关怀的真实性产生了。

终极关怀真实性的形成有一个重要前提，那就是人认识到自身存在奇特的独立性：他必须自己一个人面对死亡。人类跨地域文明（古文明）产生之际，人只是一种社会性的存在，其认定的任何真实都离不开社会。然而，在古文明解体的巨大痛苦中，人终于认识到一个可怕的事实：他可以在社会中获得各种帮助，让群体生活成为其生命的全部意义，但当死亡即将来临时，社会不再有意义。这时，基于群体的各种真实性消失了，人必须孤独地面对死亡，寻找能克服死亡的终极意义。超越视野中终极关怀的真实性凸现了出来。

我在《轴心文明与现代社会》一书中详细分析了 4 种不同的超越视野，每一种超越视野都存在相应的终极关怀。终极关怀给出了个体生命的意义，使人可以坦然面对死亡。在超越视野的研究中，最具争议的是中国以道德为终极关怀的传统文明是否算超越视野。从希伯来救赎宗教来看，中国人以家庭伦理为终极价值，伦理是现世的，家是社会的一部分，这能算退而瞻远吗？我们不要忘记，超越突破的本质是人作为面对死亡的存在，找到一个可以超越死亡的意义。中国儒家文化以道德为终极关怀，其家庭伦理为道德规范预设中包含的“不孝有三，无后为大”，这种其他文明不存在的道德要求使个体生命通过传宗接代的升华克服了死亡。

超越视野一旦形成，就迅速被其他人接受。我们看到具有超越视野的文明取代（征服）了所有文明。然而，如果我们去研究轴心文明取代古文明（如古埃及文明）的方式，结论则令人沮丧而又恐怖，因为它所依赖的是适者生存原则。具体来说，跨地域的古文明和任何有机体一样，会随着自身无组织力量的增加而解体。任何一个没有经历超越突破的文化和跨地域的社会都会灭绝，不管其全盛时期多么辉煌。只有在那些有终极关怀的社会，即使社会分崩离析，文化也不会消失，因为它是立足于个体之上的生命意义。[①] 这一切体现在真实性结构上，就是终极关怀的真实性塑造甚至规定了价值和经验的真实性。

在所有经超越突破形成的轴心文明中，价值的真实性直接由终极关怀的真实性推出。然后，终极关怀和价值的真实性划定了认知的目的和范围，从而确立了判别各种经验是否为真的结构。这样一来，人就成为三种真实性之载体。也就是说，外部世界（经验）的真实性、人作为一个行动和价值主体的真实性与终极关怀的真实性互相整合，形成了真实的心灵。具有真实心灵的人承载着一种可继承的、不死的文化传统。这样一来，

① 详见金观涛:《轴心文明与现代社会——探索大历史的结构》，第一讲。

由终极关怀塑造的社会必定是有机体，生活在其中的人敢于面对死亡的虚无并能够克服老年的孤独。[①]

在讨论传统真实心灵时，必须强调三种真实性结构中，终极关怀的真实性主宰了价值和经验的真实性。从社会行动到纯粹的认知活动，都围绕着终极关怀的意义展开。中世纪天主教神学家经常用“科学成为神学的婢女”来说明终极关怀规定认知的目标和范围。[②]其实，天主教文明包含两种互相结合的超越视野，即希伯来救赎宗教和古希腊与古罗马认知理性，“科学成为神学的婢女”指的是两者的关系。就终极关怀的真实性直接规定经验的真实性而言，其他轴心文明更为典型。例如，印度文明以解脱为终极关怀，无论婆罗门教、佛教还是印度教，知识系统（经验）真实性结构均由解脱目标和方法规定。众

---

① 仍以老年人处境为例，传统社会的老年人生活远比现在艰苦，但不存在今日老年人的问题。例如，在中世纪欧洲，老年人的生活具有双重保障。在价值和终极关怀层面，《圣经》在多处告诫子女务必孝敬父母。如《新约·以弗所书》（6:1–3）指出：“你们做儿女的，要在主里听从父母，这是理所当然的。要孝敬父母，使你得福，在世长寿。这是第一条带应许的诫命。”在社会制度层面，老年人可以和赡养人签署协议，并得到庄园法庭的保障。（J. Ambrose Raftis, *Tenure and Mobility, Studies in the Social History of the Medieval English Village*, Pontifical Institute of Medieval Studies, 1964, pp.42-43.）在古代中国，“孝”“敬”父母是儒家伦理的核心内容，孔子在《论语·为政》中即提出：“今之孝者，是谓能养。至于犬马，皆能有养。不敬，何以别乎？”此外，如前所述，老年人一直嵌入在以家庭为核心的社会结构之中，不仅是家庭，国家也有责任设置抚恤养老的政策。如《礼记·王制》就提出：“少而无父者谓之孤，老而无子者谓之独，老而无妻者谓之鳏，老而无夫者谓之寡。此四者，天民之穷而无告者也，皆有常饩。”

② 赵敦华：《西方哲学简史》，北京大学出版社 2001 年版，第 105 页。

所周知，东晋僧人僧肇写过一篇著名的文章《不真空论》，论证佛学中的“一切法空”。他指出，“空”就是“不真”。这里，世界万物的真实性被一语点破：客观世界是假的。这一真实观与今日流行的真实观（客观实在）相反。究其根源，这是源于佛教以“解脱”为终极关怀，它规定了何为“真”。一旦将这种真实性结构投射到经验世界，就可推出一切经验事实都是不真实的。

终极关怀的真实性对价值和经验的真实性之笼罩，在儒家道德意识形态中最为形象。在儒家伦理中“真”和“诚”相联系，诚就是道德作为终极关怀的真实性。2 000 年间，儒家文化曾受到佛教的冲击和天主教文明的影响，但中国儒者的认知精神从来没有脱离以道德为中心的引力场。为了和佛教真实观相区别，朱熹倡导格物致知，穷天地万物之理的真实性。王阳明则指出外部世界的知识不足以论证道德的真实性，批评朱熹通过格致求真的虚妄。无论王阳明、朱熹的认知立场和观点有多大差异，两人在认知（经验）的真实性必须由道德的真实性规定上并无二致。明清之际，儒者反感形而上之理的空疏，追求具体经验的真实性，但考证求真仍然以道德为终极目标。考据大师戴震穷其一生都在寻求文献的真实性，表面上看，这种求真精神与今日的学术研究完全相同，但对戴震来讲，考据的最终目的是否定普遍伦理关系为真，认为只在具体的情境中的人伦关系才是真的。[①] 换言之，“求真”的终极意义还是论证

① 详见金观涛、刘青峰：《中国思想史十讲》上卷，法律出版社 2015 年版，第五讲，第六讲。

终极关怀的真实性。

在传统社会，终极关怀的真实性对价值和经验的真实性之塑造还体现在审美上。人们常说：真善美必须是统一的。其实，这十分传神地刻画了传统真实心灵是如何形成的。美是“实然之好”，善是“应然之好”，两者本毫无关系，但当终极关怀用自己的真实性规定了应然和实然真实之结构时，“实然之好”和“应然之好”互相联系甚至一致，并和终极关怀之真相统一，构成了传统真实的心灵。举个例子，在各轴心文明审美传统中，中国文化的审美精神中一直存在着两个巨大的谜题。一是在西方风景画出现 1 000 年前中国就有山水画。西方风景画是现代性的产物，为什么中国文明在现代转型前就有山水画呢？二是书法作为中国文化审美价值代表背后的精神是什么。事实上，只要理解终极关怀的真实性如何用其结构塑造其他领域的真实性，上述两个审美谜题就能迎刃而解。山水画实为程朱理学的视觉形态，它是程朱理学以道德为中心的宇宙秩序投射到绘画之结果，士大夫用画山水及观看山水画来实现道德修身。[①]

如果说中国人在山水画中看到的是道德真实支配下的天地秩序，书法则是把道德活动独特的结构投射到书写过程中。这不仅是把书写内容和道德相关联，还是把书写方式与相应的字体和道德修身对应。也就是说，道德之“真”规定了书法之“美”。中国文明终极关怀的创造者孔子曾用“博学于文，

---

① 计锋：《山水画的崛起与宋明理学》，中国美术学院博士学位论文 2014 年；金观涛：《中国画起源及其演变的思想史探索》，载金观涛、毛建波主编：《中国思想与绘画：教学和研究集》卷一，中国美术学院出版社 2012 年版。

约之以礼”和“游于艺”来表达以道德为终极关怀的生活态度，并用“从心所欲，不逾矩”作为生活中道德实践的理想状态。这正是中国书法的精神。道德是向善意志对应的一组规范，当人在规范的遵循中不会感觉到规范的限制时，这种“规范中的自由”确实表达了以道德为终极关怀所能达到的高度。汉字有固定形状和书写笔法，它与道德规范相对应，书写的流畅和“势”则与自由对应。这样，书法在整体上和向善的意志实现规范同构。[①] 早在汉代已形成代表规范的书体“隶书”和代表自由的书体“草书”，魏晋南北朝在规范中追求自由的“行书”出现，表明中国书法审美传统最后走向成熟。在书法审美标准之变迁即“晋尚韵”“唐尚法”“宋尚意”的背后，正是道德修身模式的演变。[②] 书法审美一直为道德真实所笼罩，甚至表现在革命乌托邦（即以取消一切差别的平等为终极关怀）在近现代兴起和 20 世纪草书形成新高峰的关联之上。[③]

---

① 这里，毛笔这一书写工具的独特性至关重要，它可以把书写过程保留在结果（写成的汉字）中。

② 参见金观涛：《书法起源的哲学思考》，载金观涛、毛建波主编：《中国思想与绘画：教学和研究集》卷三，中国美术学院出版社 2014 年版。

③ 真实心灵的存在同样表现在中国马克思主义者的身上。他们秉持革命乌托邦，其美学追求与终极关怀是统一的。20 世纪最重要的书法大师于右任、林散之都是写草书的。20 世纪中国书法中唯有草书达到新高度，其他书法都没有超过历史上的水平。东汉崔瑗在《草书势》中论述草书源于书写简化时，指出其“方不中矩，圆不中规”，这与儒学高度强调书写必须具有近似于“循礼”的严格规范性相反，与近现代中国革命乌托邦的“取消一切差别”则高度吻合。

事实上，上述分析可以推广到所有传统社会中去。[1]真善美的统一是轴心文明现象，它是人具有真实心灵的象征。

认知理性的解放

根据前面的描述，传统真实心灵似乎诗情画意，令焦虑的当代人羡慕不已。其实，所有传统社会经济落后、科技停滞，人的生存状态艰辛困苦，远不满足现代人认同之“人的条件”。换言之，虽然传统社会塑造了真实的心灵，但其中个体的自由被限制，认知精神被禁锢。这一切都是用终极关怀的真实性规定价值和经验的真实性之结果。

为什么会如此？终极关怀、价值和经验（认知）的真实性本来各不相同，其有各自的结构。这样，用终极关怀的真实性塑造价值和经验（认知）的真实性必定是削足就履，导致认知精神被禁锢。我们以古希腊与古罗马文明为例来分析这一点。众所周知，今日科学（或者说科学真实）即科学认知理性源于古希腊。它本是蕴含在古希腊与古罗马超越视野中的。我在《轴心文明与现代社会》一书中强调古希腊与古罗马以认知理

① 另一个例子是古希腊雕刻艺术《持矛者》，这一雕塑所追求体现的是一种比例的和谐，其不仅精确研究了身体左右两侧在采取持矛这一姿势时的解剖结构，还在探索身体各部分与整体的和谐比例。对雕刻艺术家而言，探求理想的比例系统不仅是为艺术家提供辅助的手段，还内含一种哲学追求，即存在于音乐、宇宙和万物中的和谐，能够以数学方式表达出来。这反映古希腊认知理性的终极关怀对比例的追求，塑造了艺术审美。参见 H. W. 詹森：《詹森艺术史（插图第 7 版）》，艺术史组合翻译实验小组译，世界图书出版公司 2013 年版，第 124—125 页。

性为终极关怀不同于我们今日所说的科学认知理性。它一直暗藏着另外一个维度，那就是通过认识神秘的宇宙克服死亡。今天，人人皆知科学不能解决生死问题，但它刚在古希腊起源时并非如此。在某种意义上，古希腊哲人比今日科学主义者还要“科学主义”，他们为了追求永生而沉迷于认知。无论是毕达哥拉斯创立的数学神秘教派，还是柏拉图的“理型”，甚至于亚里士多德哲学，背后之终极追求都是灵魂不朽。[①]

超越突破的本质是人从社会中走出来，寻求个体生命的最终意义（终极关怀），这种最终意义必须能够超越生死，才能塑造真实的心灵。古希腊与古罗马超越视野当然亦不能例外，认识外部世界法则（自然规律和法律）和数学能够超越生死吗？显然不能！但古希腊哲人一开始并不这样认为。[②]随着认知理性作为终极关怀充分展开，人们对自然规律和数学是什么越来越清楚，才会发现科学和数学不能解决生死问题。因此我们在讲古希腊与古罗马超越视野中以认知理性为终极关怀时，一定要将其和今日我们所知的科学认知理性区分开来。古希腊与古罗马的认知理性包含今日科学认知理性的种子，但二者有本质的不同。在古希腊与古罗马超越视野中，因终极关怀的真

① 柏拉图所说的“灵魂不朽”即具有“理性不朽”的含义。黑格尔曾对此做出阐述：“柏拉图所谓灵魂不死是和思维的本性、思维的内在自由密切联系着的，是和构成柏拉图哲学的出色之点的根据的性质，和柏拉图所奠定的超感官的基础、意识密切联系着的。因此灵魂不死乃是首要之事。”参见黑格尔：《哲学史讲演录》第二卷，贺麟、王太庆译，商务印书馆 1996 年版，第 187 页。

② 金观涛：《“自然哲学”和科学的观念——从〈继承与叛逆：现代科学为何出现于西方〉谈起》，载《科学文化评论》2009 年第 4 期。

实性对认知理性的笼罩，该种子无法长成大树。这样一来，古希腊与古罗马超越视野在展开过程中必然呈现出两种趋势：一是古希腊与古罗马将以认知理性为终极关怀作为全社会的追求，主要体现在法律和社会生活层面，科学求知（科学活动）只保留在一个小圈子中，甚至后继无人；二是科学认知活动在终极关怀的支配下异化，走向“太一”和对“一神”的信仰。事实上，这正是古希腊与古罗马超越视野中认知理性的历史命运。

众所周知，作为古希腊与古罗马终极关怀的认知理性被纳入神人同形的宗教中，城邦是其规定的有机体。虽然具有科学精神萌芽的“学园”在某些城邦中存在，但大多数认知有机体（即城邦）注重的仅仅是法律、言说和公民对城邦的责任。当地中海地区一个个城邦凝聚成罗马帝国时，认知理性作为终极关怀的展开仅仅表现在罗马法的形成上。罗马帝国作为一个擅长工程建设的大国在文明史上赫赫有名，但在法律之外的认知活动（科学）早已停止发展。更何况在罗马帝国晚期，神人同形的宗教被基督教取代。这时，古代科学一度被遗忘。这说明古希腊与古罗马超越视野同样是用终极关怀的真实性规定着经验的真实性结构。

在轴心文明中，终极关怀的真实性对经验（认知）的真实性之塑造力是如此强大，以至在传统社会，认知精神的解放几乎是不可能的。既然如此，作为现代科学的认知精神即科学认知理性是如何起源的呢？古希腊与古罗马超越视野中的认知理性如何摆脱终极关怀的引力场并发展到今日的形态？追溯认知理性的解放，可发现其是一个由如下两个阶段组成的独特过程：第一，认知理性必须先被基督教接受，我称之为文明融合即希伯来超越视野和认知理性超越视野的结合，由此形成了西方天主教文明；第二，文明融合形成的独特社会有机体在自身演变过程中发生了互相结合的两种超越视野走向分离，我称之为现代性在天主教文明中起源。这时，由于出现两种超越视野分离并存，认知理性才在多重终极关怀互相分离的张力下获得了解放，并从此开始不断扩张，形成现代科学。

首先，罗马帝国灭亡后，基督教用其终极关怀塑造社会，统一的基督教会成为西欧社会组织的架构。根据基督教义，现世没有意义，社会只是一个等待末日审判的组织。然而，在上帝对每个人进行审判这一天来临之前，大一统教会只能用法律管理社会。这时古罗马社会的私法被纳入基督教义，和法律紧密联系的认知理性亦成为基督教的一部分。这里我要强调的是，古希腊与古罗马文明以认知理性为终极关怀的最终目的本来就是灵魂永生，正是这一点使之可以和希伯来终极关怀结合。当然，在其被吸入希伯来超越视野的过程中，原来作为法律及认知理性支撑的神人同形的宗教和城邦精神被扬弃，仅仅是法律、数学和相应的认知理性构成基督教神学的认知精神。这种把上帝等同于理性之原则和启示真理共同构成了天主教神学，其对应的有机体就是西方中世纪的法治封建社会。

其次，认知理性被纳入基督教之后，尽管无须再提供超越生死的意义，但其真实性结构受到上帝信仰的束缚，即它并没有得到解放。然而，在天主教文明演变过程中，特别是法治封建社会面临内部危机时，天主教神学为了回应社会问题，其重心会在两个互相结合的超越视野中摇摆，最后导致两个超越视野的分离。随着对上帝的信仰和认知理性成为并行的存在，认知理性获得了彻底的解放。本来，认知理性处于上帝信仰的笼罩之下，其真实性不能脱离天主教神学的目标。现在终极关怀一分为二，启示真理维系着信仰的纯洁，使人可以从容地面对死亡，而认知理性则根据自身的真实性结构获得无限制的发展，再也没有比其高的真实性结构来限制它了。更重要的是，当只存在一种超越视野时，社会是某一种终极关怀规定的有机体，一旦两种超越视野分离共存，"应然社会"就不是终极关怀规定的有机体，而只能是契约社会了。市场经济可以在契约社会中无限制地扩张，独立自主的个人组成凭自己意愿改变的社会组织。在这两种动力作用下，认知理性根据自己真实性结构的扩张也就不可阻挡。上述种种变化可总结为现代性在天主教文明中起源，并将相应的变化和社会组织方式推广到所有轴心文明中。

简而言之，认知理性的解放在传统社会是不可思议的，它只能是传统社会向现代转型的结果。因为最早的现代社会起源于天主教文明，基于认知理性解放的现代科学亦起源于西方。其他轴心文明要转化为现代社会，必须让终极关怀退出政治、经济制度正当性论证并学习认知理性，即也达到认知理性和自身文明的超越视野二元（或多元）分离并存状态。这就是人们常说的传统社会通过学习实现现代化，现代科学技术在其他轴心文明中的扩张，一定和该轴心文明的终极关怀所规定的社会有机体向现代转型联系在一起。

第二章　现代真实心灵为什么走向解体

现代真实心灵及其稳定性

无论是天主教文明两种互相整合的超越视野分离并存，还是其他轴心文明在学习现代性时达到自身文明的超越视野和认知理性分离并存，都意味着传统真实心灵结构的巨变，由此形成真实心灵的另外一种形态，我称之为“现代真实心灵”。这时，认知理性的真实性结构虽不再由终极关怀规定，但人类真实的心灵并没有丧失。如前所述，真实的心灵是指人同时为终极关怀的真实性、价值的真实性和经验的真实性之载体。在传统社会，这是通过终极关怀的真实性对价值的真实性和经验的真实性塑造达到的，其后果是三种真实性结构保持一致。一旦认知理性从终极关怀的真实性的笼罩下解放出来，它就可以按照自身真实性的结构充分展开。尽管如此，人仍然是三种真实性的载体，只是真实心灵的结构和传统社会不同罢了。

真实心灵的另外一种形态——“现代真实心灵”是稳定的吗？从理论上看，这似乎没有疑问，照理说它也是可以长期保持下去的。事实上，正是这种认知理性和对上帝的信仰分离并存的结构导致现代科学的形成。众所周知，最早的现代国家是英国，它是一个加尔文宗社会。作为新教之一的加尔文宗实现了认知理性和启示真理（对上帝的信仰）的分离并存，现代性起源的国家都是加尔文宗社会。韦伯最早发现现代资本主义精神和加尔文宗新教伦理存在内在联系，学术界常称之为现代性起源的“韦伯命题”。在科学革命起源上，与之相对应的是“默顿命题”。20 世纪 30 年代，科学社会学的创始人罗伯特·默顿正处于研究生时期，他一直疑惑：为什么以牛顿力学为代表的科学革命产生在 17 世纪的英国？这就是著名的“默顿命题”。他发现当时的科学家大多是清教徒，因此将韦伯关于新教伦理的论述运用到科学史。21 世纪初，科学史学家对这一命题是否正确做了系统考察，发现促使科学革命发生的是新教徒，而不一定是清教徒。[①] 换言之，只要实现认知理性和对上帝的信仰的分离并存，认知理性就得到了解放，现代科学的形成只是其结果而已。

现代真实心灵存在两种类型。一种类型是认知理性的真实性结构虽和启示真理的真实性结构不同，但认知理性亦包含着对上帝的信仰。这种类型大多存在于现代社会起源之初，典型例子是牛顿。历史学者弗兰克·曼纽尔指出，自青少年时代开始，追求知识作为一种掌握事物的力量，以及知识作为接近上帝的手段，在牛顿身上是并存的。[②] 牛顿最广为人知的发现是万有引力定律，这项研究为将数学力学应用于自然科学奠定了

① 本-戴维：《清教与现代科学》，张明悟、郝刘祥译，载《科学与文化评论》2007 年第 5 期。

② Frank Manuel, *A Portrait of Isaac Newton*, Belknap Press of Harvard University Press, 1968, p.50.

坚实的基础。但对他而言，引力并不是自己力学世界的一个构成要素，它要么是一种超自然的力量或上帝的行动，要么是制定上帝自然之书的句法规则的一种数学结构。[①] 这里我要强调的是，认知理性在牛顿那里虽然是接近上帝的手段，但有着不同于启示真理的真实性结构。牛顿被称为“最后的炼金术士”[②]，但毫无疑问他具有现代真实心灵。

另一种类型是认知理性和终极关怀无关，大多数科学家属于此类型。他们用认知理性的真实性结构进行学术研究，但不同于古希腊哲人，他们的目的不是永生，因为在他们心中生死问题必须用另一种方式回答，那就是不同于认知理性的终极关怀的真实性。终极关怀亦是他们价值观的来源。换言之，他们同时是终极关怀的真实性和价值的真实性之载体。众所周知，20 世纪前西方大多数科学家的心灵结构中认知理性和启示真理呈分离并存状态。认知理性和启示真理的分离并存使得理性“去神学化”，但认知理性和启示真理的分离并存，可以阻止理性插手由信仰管辖的领域，从而保证科学技术和价值、信仰的平衡，也就是说，在科学飞速扩张的同时，价值和信仰的真实性仍能得到维系。

其实，这不仅是科学家的精神状态，亦是现代社会早期大多数人的心灵结构。英国作家丹尼尔·笛福在 1719 年出版的《鲁滨孙漂流记》中对当时的英国人做了精神素描。鲁滨孙在荒

---

① 亚历山大·柯瓦雷：《牛顿研究》，张卜天译，商务印书馆 2016 年版，第 17 页。

② 迈克尔·怀特：《牛顿传——最后的炼金术士》，陈可岗译，中信出版社 2004 年版。

岛上做的任何一件事情，都事先进行了充分的理性计算。譬如他在动手做一条船之前，会先计算自己是否有能力挖一条小河让其落水。鲁滨孙不仅具有高度理性精神，还表现出极强的基督信仰。假使没有基督信仰，他很可能疯掉，无法在荒岛上生存。但信仰不会干扰理性思考，基督信仰和理性是分离并存的。

现代真实心灵能否长期保持稳定，取决于认知理性根据自身真实性结构不断展开时，新知识是否和终极关怀的真实性发生矛盾。在这方面，加尔文宗虽在认知理性和启示真理互不干扰方面做得相当好，但启示真理是通过《圣经》传达的，偶尔还有认知理性和启示真理互相冲突的可能。达尔文进化论就是例子。达尔文本人并不反宗教，严格说来进化论与宗教信仰并不矛盾。[①] 但进化论直接否定了《圣经》中《创世纪》的说法，而新教徒通过《圣经》与上帝沟通，对上帝的信仰和认知理性不可避免地发生冲突。直至今天，美国进化论与宗教依旧存在

---

① 根据一项对达尔文进化论的研究，我们可以将进化论与宗教的关系归结如下。首先，达尔文发现进化论，与其宗教背景有密切关系。他的家庭深受一位论派（unitarianism）的影响，对“三位一体”的宗教观念持批判态度，但坚信上帝的仁慈是在物质世界中呈现的。这使得年轻的达尔文对物质世界中各种各样的上帝造物有浓厚的兴趣。其次，尽管达尔文的生物研究的出发点是自然神学，即凭借理性和经验建构关于上帝的教义，但自然选择理论的发现也让他逐渐失去对“神启”的信念。根据他的私人笔记，截至 1876 年，他已经失去了对全能仁慈上帝的坚定信仰，并称呼自己为一个不可知论者。参见 Momme von Sydow, “Charles Darwin: A Christian Undermining Christianity?”, in David M. Knight and Matthew D. Eddy (eds.), *Science and Beliefs: From Natural Philosophy to Natural Science, 1700–1900*, Ashgate, 2005, pp.141–156。

对立，甚至有愈演愈烈的趋势。[1]

对现代真实心灵的稳定性最大的威胁来自现代价值之核心——个人权利。吊诡的是，个人权利这一基本价值恰好来自天主教文明中认知理性和启示真理的分离并存。分析任何一个传统社会，个人自主性都不是其基本价值。为什么？因为虽然人是自由的，可以选择任何一种价值（包括终极关怀），但个体自由不能克服死亡。只有人具有真实的心灵后，作为社会价值的个人权利才能在轴心文明中起源。天主教把古希腊与古罗马文明的法律作为社会组织方法，西方成为法治封建社会。来自上帝的自然法规定了人在法律笼罩下的自主性，一旦认知理性和启示真理分离并存，社会就不再是终极关怀规定的有机体，自然法观念转化为个人自然权利的正当性。个人权利观念在传统社会现代转型中成为契约社会的核心价值——个人自由。换句话说，在现代社会个人自由构成了个人权利的主要依据。

让我们分析一下个人权利随着认知理性解放而壮大的逻辑。虽然一开始其来自上帝规定的自然法，离不开终极关怀的真实性，但只要个人自由成为核心价值，自主的个人就有了选择终极关怀的权利。这样，现代人可以有终极关怀，亦可以放弃终极关怀。价值的真实性来自终极关怀的真实性，一旦终极关怀动摇，价值必须另找真实性基础。现代真实心灵有可能变得不稳定。

---

① 陈勃杭：《未完成的对话——宗教特创论与达尔文主义之争》，载《文化纵横》2015 年第 2 期。

启蒙运动和“大分离”：理性主义的起源

个人有选择终极关怀的自由只代表现代真实心灵存在着解体的可能，并不意味着现代人必然丧失真实的心灵。然而，一旦现代性越出其发源地即加尔文宗社会，现代真实心灵的解体就不可避免，只是时间早晚的问题。为什么？因为在加尔文宗现代社会，个人权利来自自然法，它和终极关怀有关。现代社会是独立个人立约组成的契约共同体，立约是人在上帝面前的誓约即圣约（Covenant），它亦和终极关怀有关。也就是说，在现代性起源的社会，现代价值和现代社会组织原则都与西方基督教终极关怀不可分离。虽然自由的个人可以放弃终极关怀，但现代社会组织的运作在某种程度上保证了终极关怀，现代真实心灵相当稳定。然而，其他轴心文明要学习现代性，必须实现现代价值和现代社会组织原则的“普世化”。所谓“普世化”，就是和加尔文宗的终极关怀脱离关系。否则，这些传统社会无法实现现代转型。一旦现代价值和现代社会组织原则与终极关怀不存在内在联系，现代真实心灵就开始解体了。

人们都知道英国和美国是现代性起源的社会，并津津乐道于用五月花号的故事来象征加尔文宗信徒如何组织现代契约社会。1620 年 11 月，五月花号到达新大陆。一群新教徒在登陆新大陆的时候，其中的男性成员在上帝面前立约（即《五月花号公约》），要在这里建立一个公民社会，作为圣约的《五月花号公约》被视作美国宪法的前身。[①] 其实，英国更为典型。英

① 金观涛：《论社会契约论的起源和演变》，载《中国法律评论》2014 年第 1 期。

国社会现代转型始于清教（加尔文宗）革命，光荣革命的本质正是把法律立足于圣约之上。现代社会越出其发源地，传遍所有轴心文明，亦是通过英国和法国这两个主权国家的竞争开始的。当1688年英国成为最早的现代社会时，法国仍是传统天主教国家，并处于和英国的激烈竞争之中。英国因社会现代转型，经济和科技水平迅速超过法国。法国不得不学习英国，引进现代价值并向现代社会转化。然而，在法国，个人权利和认知理性与天主教相互对立。这样一来，引进个人权利和认知理性必须反对天主教，这就是导致法国传统社会现代转型的启蒙运动。启蒙运动的意义正是将认知理性和对上帝的信仰彻底分离，从此以后，现代价值系统成熟了，而且成为普世的，它们可以推动所有传统社会的现代转型。然而，启蒙运动中现代价值、认知理性和传统终极关怀处于对立位置，引进现代价值和认知理性必须反传统。这就为传统社会现代转型过程中现代真实心灵的解体埋下伏笔。

其实，早在启蒙运动开始之前，欧陆思想家就考虑过如何从认知理性推出对上帝的信仰。勒内·笛卡儿心物二分的哲学就是代表。心物二分的二元论确立了理性至高无上的地位，开启了欧陆理性主义。[①] 所谓欧陆理性主义，就是从认知理性来

① 笛卡儿对“我思故我在”的推理可以说明这一点。一方面，“我在”从“我在怀疑”导出，我在怀疑就是认知理性的出发点。另一方面，“我的本质仅在于我是一个在思想的东西这一事实”，且“只有思想不能和我分开”。（安东尼·肯尼编：《牛津西方哲学史》，韩东晖译，中国人民大学出版社2014年版，第116页。）笛卡儿由此推出上帝和世界。这里，思考本身即认知之过程。这样，一切都以认知为基础。

推出一切，包括价值和终极关怀。必须强调的是，笛卡儿哲学一开始并不反天主教。与笛卡儿同时代的法国哲学家布莱兹·帕斯卡尔指出："他（作者注：笛卡儿）在其全部的哲学之中都想能撇开上帝。然而他又不能不要上帝来轻轻碰一下，以便使世界运动起来。"[①] 也就是说，笛卡儿并未直接否定上帝，反而将上帝制定的规则视作永恒不变的，即"从上帝绝不改变，以及它总以不变的方式而行动，我们可以得出关于某些法则的知识，这些法则，我们称之为自然律"[②]。显而易见，这种建立在理性主义之上的宗教信仰并没有真实性基础。只要认知理性进一步展开，其必定反对宗教信仰。这正是启蒙运动的逻辑。

现在我们知道，为什么启蒙思想家在张扬现代价值的时候，一开始就指向颠覆宗教（彻底否定上帝的存在），并把现代价值建立在理性和科学主义之上。[③] 随着法国启蒙运动的普及，笛卡儿式的理性主义传遍整个天主教世界。在反对宗教的过程中，现代观念系统结构发生如下变化。第一，理性代替上

---

① 帕斯卡尔：《思想录——论宗教和其他主题的思想》，何兆武译，商务印书馆1985年版，第39页。

② Franklin L. Baumer：《西方近代思想史》，李日章译，联经出版事业股份有限公司1980年版，第93页。

③ 科学主义的概念有多重用法，如将科学主义与实证主义（经验主义）联系起来。本书主要在提倡和强调理性（合理性）的意义上使用科学主义一词，其可追溯至笛卡儿，他主张通过研究物质世界的运作，我们可以成为自然的主人翁。（笛卡尔：《谈谈方法》，王太庆译，商务印书馆2000年版，第49页。）这一观念在18世纪启蒙运动中得到极大发扬，许多法国哲学家甚至主张科学能够成为宗教的替代物。法国大革命期间，一批教堂还被改造成理性神殿（temple de la Raison），并出现准宗教性质的理性（科学）崇拜活动。（Mona Ozouf and Alan Sheridan, *Festivals and the French Revolution*, Harvard University Press, 1988, pp.97-102.）

帝，成为统治整个宇宙的法则，哈罗德·伯尔曼称其为自然神论，法律被视为国民公意。[①]第二，源于自然法的个人权利转化为平等、自由和博爱，以及经济自由主义。社会契约作为国民公意的达成，其本身就是善，并非来自每个个人的权利让渡。将这两点综合起来，就是对上帝的信仰和认知理性的分离并存转向两者互相对立的“大分离”运动。[②]“大分离”带来一个重要后果，就是传统社会的终极关怀不仅不参与现代社会的建构，反而被认为是反现代的。这样一来，随着现代性的展开，终极关怀和价值的真实性开始瓦解了。

或许有人会问：理性主义不是从理性推出终极关怀吗？怎么能说终极关怀的真实性一定会消失呢？如前所述，认知理性不能解决生死问题，除非生死问题已经被终极关怀解决，再让认知理性和它相联系，否则无论做什么样的推导，都不可能把终极关怀建立在认知理性上，因为两者真实性的结构不同。因此，我们可以这样概括理性主义的发展方向：由其推出的终极关怀是不稳定的，迟早会消失，但现代人又不能没有终极关怀。这时，现代性的另一要素即规定契约共同体范围的民族认同会在社会现代转型过程中力图取代终极关怀。这就是用民族主义作为个人生命的终极意义和价值的基础。在理性主义用民族主义作为现代性基础的同时，心物二分的二元论转化为现代人的宇宙观，用主观和客观的二分来把握世界的哲学产生了，其暗含着“事实是客观的，价

---

① 哈罗德·伯尔曼：《信仰与秩序——法律与宗教的复合》，姚剑波译，中央编译出版社 2011 年版，第 120—122 页。

② 关于这一“大分离”在其他文明（如中国、伊斯兰和印度）中的表现形态，请参见金观涛：《轴心文明与现代社会——探索大历史的结构》，第六讲。

值是主观的”这一主观价值论。主观价值论必然导致价值公共性丧失，价值真实性的基础亦开始解体。

因此，轴心文明现代转型过程中真实心灵的丧失具有必然性。如果没有启蒙运动，现代社会只能局限于加尔文宗社会（英、美），其他社会无法借由学习现代价值来建立现代民族国家。法国启蒙运动的意义恰恰在于将现代价值从加尔文宗中剥离出来，并加以普及。然而，现代价值系统的普世化，却对应对上帝的信仰和认知理性从分离并存转化为互相排斥的“大分离”。正因如此，民族主义和启蒙运动成为所有传统社会引进现代价值并实现社会现代转型的必经之途。但民族主义代替终极关怀成为人生终极意义会导致民族国家之间的战争，其直接破坏了现代民族国家组成的全球化秩序。民族主义带来的灾难会使人们怀疑民族主义是否至高无上，终极关怀的真实性和价值的真实性的沦丧意味着现代真实心灵是不稳定的。

上面只涉及加尔文宗以外的社会，指出其现代转型过程中面临现代真实心灵的解体，那么现代性起源社会中真实心灵是否也面临同样的命运？我要强调的是，上文在分析加尔文宗社会中真实心灵的稳定性时，只考虑其内部结构，实际上其外部结构即它们和所有现代国家之间的关系亦不能忽略。现代社会是民族国家，当各轴心文明都实现现代转型时，世界变成现代民族国家的集合。全球化作为其整体秩序必须具有正当性，这时启蒙运动所奠定的现代观念系统是所有现代社会的思想基础。[1]

---

① 对于上述历史进程的讨论，详见金观涛：《轴心文明与现代社会——探索大历史的结构》，第五讲。

也就是说，现代性起源的社会也不能保持加尔文宗信仰和现代价值分离并存的状态，加入全球化必须接受启蒙运动的结果，这使其现代真实心灵也不稳定。

经验主义和怀疑论：实然—应然、事实—价值

英、美作为现代性起源的社会，很难接受将终极关怀建立在认知理性之上。这样，当欧陆理性主义兴起时，为了与其对抗，英、美思想家必须在哲学上对现代价值和现代社会组织原则做出说明。所谓哲学说明，当然不能诉诸宗教。这时，一方面必须从认识论上指出不能从知识推出终极关怀和价值，另一方面把现代社会建立在主观价值论之上。这就是经验主义和怀疑论，其早期代表人物是大卫·休谟，后期代表人物是约翰·穆勒。休谟从两个角度质疑理性主义：第一，科学事实是“实然”，道德是“应然”，从“实然”推出“应然”是不可能的；第二，从数学和力学（这也是笛卡儿理性主义的核心）推不出因果律。自从牛顿力学诞生以来，力被视作万物运动的原因，对自然现象的因果解释取代了亚里士多德的目的论。休谟则指出，研究者实际上并不能确定自然现象是否服从因果律，只是看到一件事发生在另一件事之后而已。[①] 这两点对欧陆理性主义构成致命一击，经验主义和怀疑论一直尽可能地保护着英美社会中理性和信仰分离并存的结构，使得基督教信仰免遭

① 大卫·休谟：《人性论》上册，关文运译，商务印书馆 1980 年版，第 109—110 页。

现代科学的颠覆。

经验主义和怀疑论哲学虽然指出了理性主义的错误，但没能阻止终极关怀的真实性和社会价值公共性逐渐瓦解。为什么？只要不立足于终极关怀，证明现代价值和社会组织的正当性，就只能依赖法律实证主义和功利主义。它们都没有坚实的真实性基础。什么是法律实证主义？就是认为法律的本质只在于它是什么及如何运作，而不是应该如何。中世纪欧洲的法律（自然法）是上帝制定的法则，法律被看作一种来自终极关怀的规定。如果法律不是国民公意，又不是圣约，讨论法律只能撇开应然层面，只关注其实际如何。法律实证主义正是在这一背景下兴起的。特别是19世纪以后，英美自由主义哲学家意识到实然和应然之间的鸿沟，开始严格地区别“对”和“错”、“好”和“坏”，以及自然规律（包括理性地认识自然法则）和法律。这时，法学的重心转向法律知识的研究，只顾及法律的实然形态，而不考虑法律的应然形态。假定法律只涉及实然层面的条文制定，[①]而没有圣约和自然法背后的价值系统，一定会产生两个结果：一是法律只能基于经验的真实性，终极关怀和社会制度的联系不再存在；二是法律极容易变为统治者或立

---

① 值得注意的是，法律实证主义也受到了语言哲学的深刻影响，其代表人物赫伯特·哈特就是一例。在《法律的概念》一书中，哈特指出自己不是要给法律下一个定义，而是试图去描绘人们日常使用的“法律”这一词汇对应的规范体系，即通过对词汇的认识来加强自身对经验世界的感知。（H. L. A. 哈特：《法律的概念》，许家馨、李冠宜译，法律出版社2006年版，第13—15页。）这很近似于维特根斯坦的观点，他认为哲学家的工作是描绘人们对语言的使用。

法者的意志。[1]这一切都会导致终极关怀的真实性的丧失。

如果说法律实证主义将终极关怀从法律中剥离，[2]那么自然权利和终极关怀脱离关系后又变成了什么呢？自然权利的正当性包含着具有终极关怀的人追求个人利益，当自然权利与宗教无关时，主体自由中的个人利益和偏好只能以主观价值论为基础，[3]后果是价值的真实性的丧失。为什么？价值的真实性原本来自终极关怀，如果不从终极关怀推出价值，真实性就会被等同于公共性。公共性原本来源于真实性，而现在价值的真实性必须由其公共性来保证。一旦价值的公共性丧失，价值就亦不再是真实的了。任何价值作为主体对对象的评价，必定因人而异。价值和终极关怀无关，公共价值只能是不同个人价值偏好的合成。总而言之，一旦个人权利退化为个人利益，原本作为现代契约社会正当性基础的个人权利就变质了。大多数人的最大利益代表了个人价值之综合，功利主义起源了。当道

---

① 正如哈耶克所指出的，法律实证主义哲学“试图把所有的法律都归结于一个立法者所表示的意志。从根本上讲，这种发展情势所依凭的乃是这样一种错误的观念，即终极性的‘最高’权力或‘主权性’权力必定是不受限制的”。参见哈耶克：《自由国家的构造问题》，载冯·哈耶克：《哈耶克论文集》，邓正来选编/译，首都经济贸易大学出版社 2001 年版，第 151 页。

② 美国法哲学者布莱恩·贝克斯指出，法律实证主义在法律研究中追求的是被认作现代社会理论之基础的东西：社会制度能够以一种客观的方式来研究，不受偏见与意识形态的左右。参见布莱恩·贝克斯：《H. L. A. 哈特与法律实证主义》，周林刚译，载中国法学网，https://iolaw.org.cn/showNews.aspx?id=12603。

③ 关于“个人权利”观念的起源的详细论述，请参见金观涛：《轴心文明与现代社会——探索大历史的结构》，第五讲。

德的基础是功利主义时，很多荒谬的伦理问题就会出现。[①]与此同时，抽象的个体起源，成为现代社会制度正当性的最终根据。[②]

众所周知，功利主义既可以为自由社会做正当性论证，亦可以成为极权主义的理论基础。19世纪穆勒提出功利主义，本是为了证明民主政治和市场经济的正当性。市场选择是将每个人的选择合成的结果，代表了绝大多数人的最大利益。但是，如果市场经济出现问题，功利主义强调绝大多数人的长远利益，它很容易成为接受极权主义的意识形态前提。功利主义和法律实证主义在价值上的不稳定性，源于其缺乏真实性，这与现代真实心灵丧失是联系在一起的。

对于现代性起源的社会，为什么真实心灵一定会消失呢？关键在于，加尔文宗社会必须和其他现代社会一起加入全球化秩序中。这时，如果现代价值和现代社会组织原则的普世性得不到承认，且无法脱离与宗教信仰的关系，其一定会变成一种

---

① 举个例子，哲学家菲莉帕·富特于1967年提出过一个“有轨电车难题”：假设你看到一辆刹车坏了的有轨电车，即将撞上前方轨道上的五个人，而旁边的备用轨道上只有一个人，如果你什么都不做，五个人会被撞死。你手边有一个按钮，按下按钮，车会驶入备用轨道，只撞死一个人。你是否应该牺牲这一个人的生命而拯救另外五个人？这个伦理学思想实验是荒谬的，其将大多数人的幸福视作道德。这种道德观是不成立的，例如在古罗马斗兽场中，人与兽、人与人的搏斗会给现场所有人带来快乐，但我们能因此说人与兽、人与人的搏斗是道德的吗？

② 如罗尔斯所指出的，功利主义“通过公平和同情的观察者的想象把所有的人合成为一个人”，却“并不在人与人之间做出严格的区分”。（约翰·罗尔斯：《正义论》，何怀宏、何包钢、廖申白译，中国社会科学出版社1988年版，第24—25页。）这很容易对个人的权利和自由造成威胁。

特殊的民族主义，和其他现代国家的民族主义发生冲突。这种特殊的民族主义一方面带来全球民族国家秩序的不稳定性，另一方面导致加尔文宗国家内部的撕裂。这正是我们在 20 世纪直至今天现代性展开过程中所看到的，英国脱离欧盟，美国社会精英阶层和基层民众观念日益对立。事实上，在和全球化的冲突中，加尔文宗社会的终极关怀必定是不稳定的。只要新一代接受教育，接受现代价值和现代社会组织原则具有普世性，并与宗教无关，他们只能认同现代价值和现代社会组织原则的正当性基础是价值事实二分即“价值为主观，事实为客观”。这种情况下，终极关怀和价值都没有真实性，唯有经验具有真实性。换言之，人已经不是三种真实性的载体，现代真实心灵已经解体了。

随着现代性的进一步展开，经验的真实性亦一步步地消失，现代性的阴暗面逐渐显露了出来。早在启蒙运动中，经验的真实性已被等同于客观实在。表面上，现代科学建立在客观实在的真实性之上，但随着 20 世纪科学革命的进行，相对论和量子力学成为现代科学的基石，客观实在论受到越来越大的冲击。[①]21 世纪的今日，客观存在的真实性正在虚拟世界和量子通信的冲击下风雨飘摇。[②] 在一个真假不分的世界里，不会有

① 对此，我在第三编中会有详细论述。

② 例如，任天堂公司开发的一款流行游戏《精灵宝可梦 Go》，用户只需用手机摄像头扫一下现实世界，手机屏上就会显示小精灵站在相应现实世界的位置。尽管在这款游戏中，我们尚能区分真实和虚拟世界，但它反映出真实和虚拟世界日益融合的趋势。随着这一进程的深化，经验（客观）的真实性的边界会越来越模糊。

是非，也不会有真正的道德感和生命的尊严。当三种真实性都消失时，人类将回到轴心文明以前的心灵状态。

为什么韦伯先知先觉

在一定程度上，韦伯是最早对现代真实心灵丧失之困境有所感知的思想家。他在提出工具理性作为现代性基础的同时，明确意识到现代社会虽然允许科学无限扩张和生产力超增长，但是一个丧失了生命终极意义的世界。

韦伯夫妇曾于 1904 年游历美国。在美国经验的刺激下，1905 年韦伯完成了《新教伦理与资本主义精神》，在该书中，韦伯已经看到现代真实心灵丧失带来的精神危机，并将现代社会比作铁笼。[①] 作为一个民族主义的自由主义者，韦伯当时还可以从德意志文化中找到慰藉。虽然韦伯深感现代化就是美国化，但德国是一个路德宗社会，缺乏加尔文宗的圣约观念，现代价值整合只能依靠民族主义。[②] 第一次世界大战以后，韦伯

---

① 在《新教伦理与资本主义精神》中，韦伯对现代社会的前景做出了悲观的预测："没有人知道，将来会是谁住在这个牢笼里？在这惊人发展的终点，是否会有全新的先知出现？旧有的思维与理想是否会强劲地复活？或者！要是两者皆非，那么是否会是以一种病态的自尊自大来粉饰的、机械化的石化现象？果真如此，对此一文化发展之'最终极的人物'而言，下面的这句话可能就是真理：'无灵魂的专家，无心的享乐人，这空无者竟自负已登上人类前所未达的境界。'"（马克斯·韦伯：《新教伦理与资本主义精神》，康乐、简惠美译，广西师范大学出版社 2007 年版，第 188 页。）

② 关于路德宗社会的现代转型，参见金观涛：《轴心文明与现代社会——探索大历史的结构》，第五讲。

越来越感到德国在政治上必须学习美国，但民族主义的丧失使其立即感到现代价值无法实现自我整合的危机，这是与终极关怀退出现代社会同等可怕的事情。有政治哲学家如此描绘当时韦伯的处境："韦伯游弋在一条狭长的山脊上……山脊的一侧是丧失意义的深渊，山脊的另一侧是救赎之允诺的深渊，两者都豁然张开。韦伯想要避免使科学掉入这两个深渊，并且在这两个深渊面前保卫科学。"[①]

这里与丧失意义的深渊并存的另一个深渊是什么呢？它就是极权主义的诱惑。第一次世界大战以后，反犹主义甚嚣尘上，马克思列宁主义兴起并开始走向实践。韦伯厌恶反犹主义，且一生都在与马克思对话。韦伯虽然欢迎俄国1905年的改革，但作为一个民族主义的自由主义者，并不认同列宁和十月革命。[②]第一次世界大战之后，他热衷于民主政治，建立一个强大的德国仍然是他毕生的愿望。但如前所述，如果没有圣约观念，从逻辑上讲，只能借由民族主义来整合现代价值系统。这时，社会平等将取代个人自由，契约社会将沦为道德理想国，个人自由被扼杀。韦伯充分意识到了另一个深渊的可怕。他英年早逝，没有充分感受到极权主义对人类的压迫，如果他多活20年，对纳粹兴起的态度会是什么？这一点无法判断，但他毕竟是第一个认识到现代性困境的人。

---

① 特拉夫尼：《苏格拉底或政治哲学的诞生》，张振华译，华东师范大学出版社2014年版，第46页。

② 韦伯在1905—1906年和1917年针对俄国革命写过一系列评论文章，参见马克思·韦伯：《论俄国革命》，潘建雷、何雯雯译，上海三联书店2010年版。

第一次世界大战爆发后，韦伯做过两场报告，一次题目是“学术作为一种志业”，另一次题目是“政治作为一种志业”。这两场报告的内容十分典型地刻画了韦伯认识到现代性基础时内心的复杂情感。在《政治作为一种志业》中，韦伯直言对极权主义的警惕，他提出：“在决定政治所须满足的伦理要求的时候，政治运作的特有手段是以武力在背后支持的权力这一事实，难道毫无特殊的意义？我们难道没有看到……斯巴达克团的意识形态党人，正是因为使用了政治的这种手段，达到了和任何军国主义式的专政者完全一样的结果？……所谓‘新道德’绝大多数的代表人物，在批评他们的对手时所发的论战言论，与随便一个群众鼓动者的叫骂方式，又有什么不同？有人会说，他们的意图是高贵的。那很好！但我们谈的，是他们使用的手段和工具。他们所攻击的对方，同样可以宣称——并且从这些人的观点看来同样诚实——他们终极的意图也是高贵的。”[①]

《学术作为一种志业》则指出现代人只能以学术研究作为生命的意义。韦伯论述道：“我们的时代，是一个理性化、理智化，尤其是将世界之迷魅力加以祛除的时代；我们这个时代的宿命，便是一切终极而崇高的价值，已自社会生活隐没。这时，个人如果不以追求知识为生命终极意义，只能回到不断私人化的传统终极关怀中，而无法在现代性的公共追求中找到生命的永恒意义。”韦伯进一步指出：“对于我们时代的这种命运，

① 韦伯：《学术与政治》，第257页。

谁若无法坚毅承担，让我们对他说：您还是安静地、不要像一般回头浪子那样公开宣传，而是平实地、简单地回到旧教会双臂大开而仁慈宽恕的怀抱中去吧！”[①] 在这场演讲中，韦伯明确意识到：自启蒙时代直至19世纪，现代化等同于驱除蒙昧的黑暗。虽然现代社会降临了，但是黑夜并没有过去。这里所讲的黑夜，就是终极关怀的真实性和价值的真实性的消失。人若要追求真实的意义世界，只能去认知，即以认知理性为生命的意义，除此之外，其他意义都不具有真实性。显然，韦伯这里讲的认知，既包括科学，也涵盖人文社会。

然而，现代人真的能以认知理性作为人生的终极意义吗？狭长山脊上那条自由（自主）个人追求真实之路不会越走越窄吗？韦伯没有想到的是，即使以认知理性作为生命的终极意义亦是不可靠的。因为到21世纪，一切不同于自然科学研究的人文社会研究都将失去真实性。即使在自然科学领域，真实和虚假之间的界限也日益模糊。正当韦伯去世之际，哲学革命爆发了。20世纪哲学家认识到人是用符号把握世界的，符号只能从经验中获得真实性，其自身没有真实性。哲学革命还得到一个令人恐怖的结论：自然科学用逻辑语言把握客观世界，人文社会研究用自然语言把握对象，由于自然语言包含逻辑语言，不同于自然科学的人文社会研究并无自己独特的真实性。这等于宣布：当人文社会研究和科学不同时，其不具有真实性。一个人文社会学者即使想以学术为业，亦不可能！

---

① 韦伯：《学术与政治》，第190—191页。

“哲学之死”及其回光返照

哲学的语言学转向以不可抗拒的力量席卷整个思想界。逻辑经验主义和分析哲学如秋风扫落叶般把形而上学驱赶出学术圈，它们虽然在理解什么是现代科学方面遇到意想不到的挫败，但迅速占领了学院。20 世纪哲学革命后，哲学研究变成了语言分析。除了一些专门领域如科学哲学和政治哲学在学术界还占一席之地位外，欧陆理性主义和英美经验主义开启的哲学之路似乎走到了尽头。由于科学哲学不能理解相对论和量子力学带来的革命，新的科学成果日益神秘化。[①] 这表明，即使科学真实正处于一个自我解体的过程中，来自古希腊的哲学向来以认识真实作为自己的任务，当现代真实心灵解体，真实性似乎不存在时，哲学本身亦不再有意义。西方哲学家干脆称之为“哲学之死”。

1961 年，德国哲学家威廉·魏施德出版了《通向哲学的后楼梯》，他列举了 34 位西方哲学家，借由对这些哲学家的定位来勾画哲学在西方的出现、发展和日益衰老。魏施德在讨论泰勒斯作为哲学诞生的代表人物时写道：“人到暮年，特别是预感到生命快要结束的时候，也许会在某个宁静的时刻，回想一下自己的童年。哲学也是如此。到现在它已经两千五百多

---

① 例如高能物理一个非常热门的研究领域是“超弦理论”，尽管该理论有非常精妙的数学结构，但一直没和实验结合起来。因此，对这一理论的科学性一直存在较大的争议和分歧，甚至有美国物理学家批评道：弦理论的兴起，同时也是现代科学的衰落。参见 Lee Smolin, *The Trouble with Physics: The Rise of String Theory, the Fall of a Science, and What Comes Next*, Houghton Mifflin Harcourt, 2007。

岁了，预言它行将就木的也大有人在。今天从事哲学研究的人，一定会觉得这是一件艰难的，有点老态龙钟的事业。从这种感觉中会产生一种回忆往昔与寻根的欲望。抚今追昔，感慨万端：在那个年代，哲学曾年轻力壮，充满活力地活跃于现实之中。”①

在一定程度上，《通向哲学的后楼梯》可以算作魏施德为现代哲学所写的一个死亡的葬礼篇。魏施德列举的34位哲学家大致可被划分为5个部分：第一，古希腊与古罗马哲学家（8人）；第二，基督教哲学家（6人）；第三，理性主义、经验主义和怀疑论哲学家（8人）；第四，德国观念论及其批判（和变种）哲学家（11人）；第五，语言和分析哲学家（1人）。书中主要人物（近2/3）活跃于17世纪到20世纪，他们的思想代表了“现代哲学”，特别是从牛顿发表《自然哲学的数学原理》一直到20世纪的当代哲学。这也是哲学衰亡的过程。

如果从真实心灵解体的角度看这些哲学家，魏施德的描述更显得触目惊心。如索伦·克尔凯郭尔这位存在主义哲学家被魏施德称为“上帝的间谍”，因为克尔凯郭尔曾经说道：“我好像是个为某个至高无上者服务的间谍……我的侦探任务是，存在怎样才能与认识、按照基督的要求去生活怎样才能与基督教义融为一体。”②这番言辞针对的正是19世纪基督教信仰越来越表面化的现象，也就是西方哲学中终极关怀的真实性开

① 威廉·魏施德：《通向哲学的后楼梯》，李文潮译，辽宁教育出版社1998年版，第3页。

② 威廉·魏施德：《通向哲学的后楼梯》，第251页。

始死亡。维特根斯坦作为语言和分析哲学的代表人物，在书中是哲学之死的宣告者，在他之后再也没有代表性的哲学家可选。[①]

魏施德对现代哲学的定位确有预见性，虽然1961年（该书的初版时间）是西方福利社会兴起的年代，当时西方社会热衷于存在主义，强调现实的荒谬、个人自由和主观经验。[②]新

① 霍金也持类似观点，他指出："从亚里士多德到康德的伟大哲学传统以整个宇宙的真理为己任，而到了20世纪，哲学探索的领域竟抽缩得如此狭窄，不啻堕落……哲学剩余的唯一工作就是语言分析。"参见史蒂芬·霍金：《时间简史》，许明贤、吴忠超译，上海三联书店1993年版，第154页。

② 当时还出现存在主义和马克思主义的结合，代表人物是存在主义哲学家萨特。美国马克思主义理论家乔治·诺瓦克在1978年的一篇文章中，简述了萨特走向马克思主义的历程："萨特的发展尤其自相矛盾。在非唯物主义思想家——胡塞尔和海德格尔的支配下，他制定了原初的存在主义思想作为对马克思故意的挑战。在《虚无与存在》（1943年）和《唯物主义和革命》（1947年）中，萨特表示其哲学作为辩证唯物主义的一个替代。而后在20世纪50年代后期，他发生了转变并拥抱了马克思，至少在口头上——对他来说，如他在最近出版的自传中所解释的，马克思主义比客观世界具有更强烈的现实性。他最近的哲学论文《辩证理性批判》（1960年）的第一部分已被翻译为英文，其标题是'搜索一种方法'。在该文中他表示存在主义是马克思主义的一个分支，存在主义渴望重新激活和丰富马克思主义。这样一来，40年代那些谴责辩证唯物主义作为人类自由的敌人是错误的存在的现象学家，现在建议去结合马克思主义和存在主义。"引自本文的中译本，参见乔治·诺瓦克：《马克思主义与存在主义》，洪燕妮译，孙亮校，载《吉首大学学报（社会科学版）》2013年第4期。另一位存在主义哲学的代表海德格尔在1966年发表的《哲学的终结和思维的任务》一文中，也特别肯定了马克思主义在哲学变革上的重要地位："随着卡尔·马克思业已完成的对形而上学的颠覆，哲学已经完成了它的最后可能性，步入了最后的阶段。"转引自赵敦华：《哲学是否会终结？》，载爱思想网，http://www.aisixiang.com/data/105453.html。

马克思主义学者已感到哲学落后于科学，虽然其学说仍是人们关注的对象。[①]这一切最后都指向哲学的死亡，但有一件事情是魏施德始料未及的：随着 1968 年全球反叛运动退潮，以及存在主义、新马克思主义的衰落，1970 年后，西方世界和中国社会对康德哲学的兴趣再一次燃起，这是现代哲学一次影响深远的回光返照。事实上，这场回光返照的出现正是对于现代价值系统的危机（特别是真实性丧失）的响应。

在《通向哲学的后楼梯》一书中，康德哲学只被匆匆带过。在魏施德看来，这只是西方哲学发展的一环，实在想不出康德哲学再次勃兴的原因。1970 年以后，当西方价值系统面临全面危机，法律实证主义和功利主义陷入困境的时候，为什么西方世界会出现重回康德的趋势呢？“文化大革命”结束以后，中国思想界同样兴起一股“康德热”，这又是为什么呢？我认为，原因是现代人亟须重新寻找现代真实心灵，建立真善美统一的哲学，而康德哲学提供了一个可能的答案。

---

① 法国马克思主义哲学家路易·阿尔都塞在 1968 年接受的一次访谈中提出：“哲学的诞生（透过柏拉图）始于数学领域的开发。它被物理领域的开发带来变革（transformed）（透过笛卡儿）。今天，它透过历史领域被马克思所开发而被革命化。这个革命称为辩证唯物主义。”即便如此，阿尔都塞也不得不承认哲学落后于科学，他认为：“哲学的变革经常是伟大科学发现的回响。因此，在实质上，它们是在事件发生后引起的。因此，在马克思主义理论里，哲学落后于科学。我们还知道有其他理由，不过，在目前，这个理由是具支配性的。”引自路易·阿尔都塞：《来日方长——阿尔都塞自传》，蔡鸿滨、陈越译，上海人民出版社 2013 年版，第 383 页。

第三章　20世纪对康德哲学的期待

公共性丧失和康德的“第三批判”

较早意识到必须回到康德哲学的是中国人熟知的政治哲学家——汉娜·阿伦特。阿伦特目睹了纳粹德国和苏联社会的巨大灾难，在批判极权主义的同时，开始思考现代社会往何处去的问题，在这一过程中她意识到康德哲学的重要性。

阿伦特作为20世纪最具原创性的思想家之一，发现现代人日益退出公共领域是极权主义兴起的关键原因。为什么现代性在展开过程中会引发公共领域的萎缩呢？原因是在个人追求多元价值的过程中，价值本身缺乏公共性，随之而来的一定是真实性的消失。阿伦特的两部名著——《极权主义的起源》和《反抗“平庸之恶”》，已经为中国人所熟知。这里要讨论的是阿伦特晚年的一项未竟事业，也就是她在临终前几年回归康德哲学的努力。

阿伦特认为重塑现代政治哲学的希望在康德的“第三批判”（《判断力批判》）中，为什么是“第三批判”呢？因为康德在《判断力批判》中论证了判断的先天公共性。古希腊作为传统社会，其城邦公民是社会有机体的组成部分，背负着无限的政治责任。现代个人则不同，既有权参与政治，也有权退出政治，这是一大进步。但由此产生一个问题：越来越多的现代人退出政治，导致公共领域发生萎缩，给极权主义以可乘之机。也就是说，正因为价值的多元化追求并未衍生出价值的公共性，公共领域才会萎缩。

在阿伦特看来，每个人必有一死，如果个人不注重价值的公共性，不能在公共领域保留自己的痕迹，那么个人自由就没有永恒意义，现代社会（民主政治）的基础也会被颠覆。然而，阿伦特认为这种情况是可以避免的，因为康德的“第三批判”已经证明个人价值的追求中必定存在公共性（先验的统一性）。《判断力批判》的核心观点是，判断力是“把特殊思考为包含在普遍之下的能力”[①]，正是这种先天能力保证了个人判断（审美只是其中一部分）的公共性。阿伦特在完成《人的境况》以后，穷其所有精力寻找这种规定人之存在的先天限定，将其视为未来新政治哲学的基础。遗憾的是，阿伦特尚未完成这一工作就去世了。特别值得一提的是，晚年阿伦特计划完成《判断》一书（作为《心智生活》的第三卷），她在书中试图论证当意愿（个人价值追求）充分展开时，康德所揭示的判断先天具有的规定性如何保障个人多元的价值追求不会导致其丧失公共性，其最终指向的政治目标则是全球和平与民主政治。

阿伦特去世以后，还有一页稿纸留在打字机上。她如此叙述自己对新的现代政治哲学的期待：“《判断力批判》是（康德）伟大著作中唯一一部以世界以及让（复数 / 多元化的

① 康德：《判断力批判》，邓晓芒译，人民出版社 2004 年版，第 13 页。

[plural]）人成为适合该世界栖居者的那些感觉和能力为出发点的著作。或许这还不是政治哲学，但它肯定是政治哲学的必要条件。由于对一个世界（这个地球）的共同占有而相互连接起来的人们，在他们的诸能力和调节性的交往和交流中，如果能够发现确乎存在着一种先天的原则，那么就可以证明，人（man）本质上是一种政治性的存在。”[①] 也就是说，民主政治应该与市场经济一样，都是现代社会的必然形态。

政治哲学基础的改变：对自然法的再定位

事实上，阿伦特对康德《判断力批判》的研究直到 1982 年才被整理出版，并引起关注。[②] 康德哲学复兴的主要表现不是对《判断力批判》的再研究，而是对《实践理性批判》的重视，也就是对康德道德哲学的研究。20 世纪 70 年代英美政治哲学开始了道德哲学的转向，其基础都是康德学说。美国学者罗纳德·德沃金就是这方面的代表。

德沃金是位政治哲学家，也是位法学家，被称为当代自然法学的代表。作为一位法学家，德沃金高度强调法律背后的精神是个人权利，某部法律如果不能保卫个人权利，就是无意义的、不正当的。早期现代社会的思想家把自然法视作契约社会

① 汉娜·阿伦特：《康德政治哲学讲稿》，曹明、苏婉儿译，上海人民出版社 2013 年版，第 204 页。

② 汉娜·阿伦特：《康德政治哲学讲稿》，中文版序言。该书英文版最早在 1982 年由芝加哥大学出版社出版。

正当性的来源，但自法律实证主义兴起后，这一点不再被法学家注重。德沃金则逆潮流而动，再一次强调个人权利是法律的基石。[①] 他通过大量案例证明，无论法律在逻辑上如何自洽，只要其违背了个人权利，即便以增加社会福利为理由，也是不正当的。[②]

德沃金开启了一个回归自然法的进程，但是这里的自然法与现代社会早期的自然法有根本不同。后者背后是上帝，即我曾反复强调在美国建立的过程中，拥有自然权利（17 世纪的自然法）的个人通过圣约建立政治共同体（立宪）。前者的背后则没有任何宗教因素。德沃金对平等十分关切，并视之为一种“至上的美德”（Sovereign Virtue）。平等成为其权利观念的

---

① 德沃金认为权利是个人与生俱来的“王牌”，不是政府恩赐之物；“根据建设性模式，自然权利的思想并不是一个十足的玄学概念”；“这个理论把权利看作是自然的，而不是法律的或者习惯的”；“任何以权利为基础的理论都必然认为权利不仅仅是有目的的立法产物，或者明确的社会习俗的产物，而是判断立法和习俗的独立根据”。转引自高鸿钧：《德沃金法律理论评析》，载《清华法学》2015 年第 2 期。

② 因此，德沃金将原则和一般意义上的规则区分开来，他举过一个例子：1889 年，在著名的里格斯诉帕尔默案中，纽约的一家法院必须判决，在祖父的遗嘱中指定的继承人（即使他为这项继承把他的祖父杀了）是否还能根据该遗嘱继承。该法院开始推理时承认：“的确，对关于规定遗嘱制作、证明和效力以及财产转移的成文法，如果拘泥于字面意义进行解释，并且，如果这些成文法的效力和效果在任何情况下都不能够予以控制或者修改时，应该把财产给予凶手。”但是该法院继续指出：“一切法律以及一切合同在执行及其效果上都可以由普通法的普遍的基本的原则支配。任何人都不得依靠自己的诈骗行为获利，亦不得利用他自己的错误行为，或者根据自己的不义行为主张任何权利。”因此，该凶手不能继承遗产。引自罗纳德·德沃金：《认真对待权利》，信春鹰、吴玉章译，上海三联书店 2008 年版，第 42—43 页。

重要内容，形成一种以平等为本的自由主义理念。由此，他为现代自然法提供了一个替代上帝的新价值基础——作为道德的个人权利，即个人受到平等对待的权利，这一权利的地位远远超过了其他所有种类的价值。

众所周知，道德是向善的意志。“善”是个人内心所体验“好”的普遍化。然而，普遍化只能达到公共性，无法证明道德是真实的。道德的真实性来自终极关怀的真实性。例如，基督教的道德是神授之法，当上帝不存在时，道德也就没有真实性。德沃金把个人权利作为新道德，并没有解决其真实性问题。在此意义上，德沃金只能把自己的理论建立在康德的道德哲学之上，因为在西方现代哲学中，唯有康德哲学克服了道德真实性来源的困难。正如加拿大学者莱斯利·阿瑟·马尔霍兰在《康德的权利体系》中所说，“法权是先天有效的原则”，从它可以推出个人权利为正当。[①]

德沃金是一位法学家，没有在权利作为道德必须具有真实性上方面做太多思考。[②]他关注的是从个人之“好”推出“善”的方式。显而易见，存在着两种外推方法。一种是弱外

---

① 莱斯利·阿瑟·马尔霍兰：《康德的权利体系》，赵明、黄涛译，商务印书馆2011年版。

② 德沃金曾总结过自己与康德在思想上的联系：“康德是自由主义者，在这一点上我与他是一致的。另外，康德信奉个人主义的政治观，他主张人是目的不是手段，所以个人不是集体的工具。在这一点上，我与他的政治信仰也是一样的。但是康德是18世纪的学者，我是21世纪的人，我们面对着不同的问题。另外，康德是建构主义的，而我则是现实的自由主义者，是一个道德的现实主义者。”引自徐品飞、张嶂、肖明：《德沃金复旦讲学纪要》，载《清华法学》2002年第1期。

推——“己所不欲，勿施于人”（个人权利的道德属性正来自“弱外推”）；另一种是强外推——“己欲立而立人”。中国儒家讲究忠恕之道，“恕”是“己所不欲，勿施于人”，而“忠”则是“己欲立而立人”。如果个人权利是新的道德，就必须满足“道德是由‘好’的普遍化得到的”这一强外推基本结构，德沃金正是这样做的。他主张所有人都有权去追求自己认为有意义的人生，将个人价值（好）普遍化，由此得到的就是普遍之“善”。这样一来，契约的正当性也就源自道德，德沃金称之为公平的自由。[①] 据此，政府行为和立法必须满足两个道德原则：一是对每个人“重要性和关怀的平等”，政府在公共资源和机会的分配上必须平等对待一切公民；二是“具体责任”，政府的政策应当使公民对自己的选择负责任。[②]

这些推导看上去很有道理，但将现代政府和政治归为道德实现，在熟悉德治传统的中国人看来，显得有些奇怪。其实，把个人权利等同于道德，除了面对真实性问题外，还存在结构性困难。德沃金把“同等对待不同的偏好（个人之好）”合成普遍之善时，为了避免自相矛盾，将人的价值取向分为个人偏好和外在偏好。那些涉及对其他人评价（行为）的偏好是外在偏好，其不能用“同等对待不同的偏好（个人之好）”的原则加以普遍化，因此不属于善的范畴。这种对偏好的筛选虽然避

① 德沃金在分析罗尔斯的社会契约论时提出，只有具备道德人格（平等尊重的权利）的人，才能够签订社会契约。参见罗纳德·德沃金：《认真对待权利》，第243—244页。

② 罗纳德·德沃金：《至上的美德——平等的理论与实践》，冯克利译，江苏人民出版社2008年版，第5—8页。

免了理论不自洽，但会带来两个问题。第一，任何一个人都无权要求另一个人服从规则，规则是众人订立的一个契约，而服从契约的精神最初源自宗教的道德价值。从德沃金作为个人权利的道德中，无法推出遵守契约的必然性。第二，把权利视为善，必须满足“善具备可欲性”这一前提。在市场经济中，财富分配必然会导致贫富差距，而市场经济又被视作每个人争取自由、实现个人价值最大化的结果。这样一来，一旦贫富差距出现，德沃金的理论就无法达到逻辑自洽，当贫富的两极分化严重到一定程度时，个人的生存极有可能出现问题。作为善的个人权利就会丧失可欲性。

总之，道德的有效性需要两个前提：一是道德内容的可欲性；二是道德规范的普遍性，每个人都必须对自己行为的后果负责任。德沃金把权利等同于道德，忽视了第一个前提。也就是说，如果将追求美好人生的权利作为一项新道德，权利清单（内容）不能仅仅限于伯林的“消极自由”。20 世纪 30 年代西方经济大萧条中，大量人士非自愿失业，他们在市场社会中无法维系基本的生存，追求美好人生的权利对他们有意义吗？为了保证个人权利这种新道德的可欲性，不能将其简单地视为“善”。[①] 现代社会的价值基础必须具有某种比“善”更复杂的结构。

---

① 德沃金似乎也意识到了这一问题。据此，他才强调公共资源的平等分配，并成为社群主义的代表人物。然而，社群主义已是自由主义的边缘，再往前走就和社会主义差不多了。

《正义论》和文化相对主义

事实上，把个人权利等同于善在政治哲学上是不能成立的。为了寻找现代契约社会的非宗教基础，还得重新开辟道路。这就是英美政治哲学另一个代表人物约翰·罗尔斯的探索，《正义论》自此登场。在讨论罗尔斯哲学之前，先来区分一下“正义”和“善”的基本差异：“善”是“好”的普遍化，“好”是每个人凭自己内心体验就可判定的，其成立不必借助外部标准。“正义”与“善”不同，它虽然也属于道德范畴，但不是每个人凭自己内心就可完全知晓的，其界定必定要借助某种外部因素。罗尔斯想象不同个人在“无知之幕”（Veil of Ignorance）下制定契约，由此得出“平等的自由”和“差异”的原则：一方面是“平等地分配基本的权利和义务”，每个公民都能平等地享有一系列基本自由；另一方面是“社会和经济的不平等（例如财富和权力的不平等），只要其结果能给每一个人，尤其是那些最少受惠的社会成员带来补偿利益，它们就是正义的”。[①]

罗尔斯用无知之幕下想象的契约来推出“正义”，这显然不同于德沃金将个人之“好”普遍化为“善”。在罗尔斯的理论中，既然“正义”来自“无知之幕”下想象的契约，作为某种契约的“正义”必定是每个立约者都可以接受的，即在每个

① 约翰·罗尔斯：《正义论》，第12页。

人看来都是“好”的，因此“正义”必定包含了“善”。[①]《正义论》从“平等的自由”和“差异”原则推出现代社会的价值基础，使得政府在市场经济无法保证个人基本生存能力的时候具备展开救济的正当性。

《正义论》虽然极富创造性，但在现代社会基础论证上仍存在问题。个人权利是制定想象的契约之前提，当然也是正义的、必须满足的条件，但如何界定个人权利呢？它是一种新道德吗？罗尔斯没有明确的论述。本来个人权利具有一种不等同于道德的正当性，它来自宗教。一旦抽去其宗教根基，个人权利只能等同于个人利益。这样一来，《正义论》对现代社会价值基础的界定依旧属于功利主义。[②]

或许有人会说，虽然罗尔斯对权利的看法是功利主义的，但《正义论》用想象的契约推出了“平等的自由”和“差异”

---

① 罗尔斯社会契约论中的原初状态与古典契约论中的自然状态有一个显著不同：在古典契约论中，立约者订立契约是在自我利益驱动下逃避自然状态，希望进入一个更好的状态；在罗尔斯的理论中，立约者是为了自我利益，在公正的社会契约固有的约束下，寻找最好的结果。但因为“无知之幕”的存在，立约者对可能是自己区别于同伴的特征一无所知，一个人的最优结果其实也就是所有人的最优结果。参见迈克尔·莱斯诺夫：《社会契约论》，刘训练、李丽红、张红梅译，江苏人民出版社 2006 年版，第 146 页。

② 英国学者迈克尔·莱斯诺夫认为不能排除功利主义，使得罗尔斯的正义原则是有缺陷的。在罗尔斯的社会契约论中，立约者在无知之幕下做出选择，而这一选择之所以能使所有人受益，是因为其还隐含另一个原则，即立约者的选择是出于自己会处于社会最底层的恐惧，但立约者完全可能进行某种程度的冒险，做出不同的选择。此外，如罗伯特·诺齐克所指出的，一旦撤除无知之幕，不可能指望罗尔斯的差异原则被这些理性的、关心自己利益的人接受。以上内容皆引自迈克尔·莱斯诺夫：《社会契约论》，第 157—159 页。

原则，现代社会的价值基础是正义，正义虽不同于善，但仍是一种新道德。这不是完成了现代性的再论证吗？确实，正义是道德，但《正义论》对现代社会的正当性论证中，个人权利仍是正当性的最终根据。为什么？关键在于，在罗尔斯的理论中，正义来自想象的契约，契约的正当性仍基于个人权利。如果个人权利不是道德，立足于功利主义，它只能是“利”，由“利”推不出“义”。也就是说，如果订契约本身不具有超越个人利益的正当性，想象的契约不可能是一种新道德。这样一来，对现代社会正当性的论证，仍没能逃离功利主义的引力场。

进一步而言，能否把罗尔斯《正义论》中的价值基础视为传统社会的个人道德呢？如果是这样，虽然可以推出正义是一种道德，但会带来一个严重后果，那就是文化相对主义。人类历史上道德一直是传统文化的核心部分，不同的文化有不同的道德。西方道德来自基督教，中国道德来自儒家的伦理，伊斯兰社会道德来自《古兰经》。既然其他文化都有各自的道德来源，那么如何证明《正义论》界定的正义高于各个传统社会的道德呢？自从用新道德支撑现代性的政治哲学诞生以来，文化相对主义就在西方大行其道。现代价值的普世性逐渐消失，现代和传统的差异被文化多元主义掩盖了。这样一来，现代社会就降格为和形形色色的传统社会并列的存在，再也不是高于传统社会的轴心文明进一步的演化目标。

为什么不能用道德内容的不同来界定现代和传统本质的差

异呢？因为道德是向善的意志，这是权利不可能具有的。[①] 罗尔斯并非不知晓自己的理论面临的问题，一开始，为了和功利主义拉开距离，他强调自己的理论源于康德。因为早在 1970 年美国学者杰弗里·墨菲在《康德——权利哲学》中就把法律的基础归为所有人同意，开启了法哲学的社会契约论路向。[②] 然而，随后罗尔斯就发现《正义论》背后仍是功利主义，其后期理论开始直接诉诸社群和“重叠共识”来界定正义。在《政治自由主义》一书中，他将“重叠共识”定义为“由所有合乎理性却又相互对立的宗教学说、哲学学说和道德学说组成”。[③]

总之，在西方哲学关于自然权利的论证中，一旦把个人权利从自然法中解放出来，如果不想接受功利主义和法律实证主义，只能把它视作道德，这样就必定要回到康德哲学。因此，不管德沃金和罗尔斯对康德的个人喜好如何，其探索最终还不得不回归康德哲学。[④]

---

① 或许有人会这样论证：我们可以把道德分成不同等级，个人权利作为规则的道德高于其他道德，故亦是超越文化的普世价值。关键在于，道德是向善的意志，追求个人权利不能归为向善的意志，因为个人的自由意志是“真”的基础，而“真”不等同于“善”。

② 杰弗里·墨菲：《康德——权利哲学》，吴彦译，中国法制出版社 2010 年版。

③ 约翰·罗尔斯：《政治自由主义（增订版）》，万俊人译，译林出版社 2011 年版，第 13 页。

④ 西方哲学家如果希望认真对待个人权利，从哲学上论证作为道德的个人权利的意义，并建构出一套内在自洽的权利理论，就必须返回到康德哲学中。不仅对德沃金的批评证明这一点，在哈特、罗尔斯和诺齐克的讨论中，康德关于目的自身的论证往往无法回避，这就表明康德道德哲学是把个人权利等同于某种道德时必须借用的框架。

新康德主义、新儒学及其他

对康德哲学的关注不仅发生在西方，也出现在中国思想界。新儒学奠基人牟宗三就是代表人物。牟宗三在50岁以后，一方面翻译《纯粹理性批判》《判断力批判》并注释康德的道德哲学著作，另一方面开始系统尝试融合康德哲学和儒家道德哲学，他立足于康德“现象”和“物自身”的区分，将其改造为“两层存有论”，以此重建儒家的“道德的形上学”。他认为，“现象界”对应于带有“执着性”的“感触直觉”，“物自身界”（睿智界）对应于“无执着性”的“智的直觉”。牟宗三指出，在康德那里只有上帝才有智的直觉，人只有感触的直觉。上帝是无限的、圆满的，而人则是有限的、缺漏的。中国道德文化则不是这样。牟宗三以为中华文化传统强调人虽有限而可以无限，人经由心性修养的功夫，不只可以安身立命，更重要的是人能有其智的直觉，由此牟宗三将康德三大批判消融于中国传统儒道佛之中，实现了新儒学的“两层存有论”建构。[①]

为什么牟宗三要模仿康德哲学并建立新儒学的形而上学体系呢？关键在于，在新文化运动用科学颠覆中国传统终极关怀后，新儒学意图再次确定儒家道德的真实性，因此一定要面对现代性的挑战。康德被视作现代道德哲学的创立者，他提出道德的基础是形而上学。在牟宗三看来，只有用康德哲学的结构来讨论儒学的基础，儒家道德哲学才是现代的。

---

① 林安梧：《新儒学理论系统的建构——牟宗三“两层存有论”及相关问题检讨》，载《杭州师范大学学报（社会科学版）》2013年第2期。

台湾新儒家大多延续了牟宗三的努力，在研究新儒学的同时，也研究康德哲学。[①]

中国大陆思想界“康德热”比海外和中国台湾地区晚，直至“文化大革命”后期康德哲学才引起社会的关注，[②]代表性事件是李泽厚《批判哲学的批判》一书的出版。[③]该书从马克思主义的实践概念角度解读康德。正如刘再复所概括的：“李泽厚通过对康德的重新思考，通过建构主体性实践哲学和主体性的实践美学的重大命题，做了一次嫁接马克思主义实践哲学和康德主体性哲学的重大尝试。”[④]在某种意义上，《批判哲学的批判》代表着“文化大革命”结束后中国大陆哲学界再一次意识到哲学的重心是主体研究。众所周知，自新文化运动以来，儒家伦理遭到全面否定，由革命的乌托邦理想取而代之，成为中国社会的新道德。“文化大革命”结束以后，中国大陆的革命乌托邦理想解体。这时，为了重新界定道德，必须强调主体在马克思主义中的位置。由此看来，台湾和大陆思想界前后重视康德哲学，都和中国社会在现代转型中对终极关怀的再思考有关。

其实，对康德哲学的重视还涉及更广、更深的层面。新康德主义的兴起就是例子。新康德主义流行于19世纪70年代到

---

① 例如，台湾新儒家李明辉在个人著述之外，还翻译了大量的康德形而上学著作，其中包括《通灵者之梦》《道德底形上学之基础》等。

② “文化大革命”期间还有一部康德著作问世，参见郑文光：《康德星云说的哲学意义》，人民出版社1974年版。

③ 李泽厚：《批判哲学的批判》，人民出版社1979年版。

④ 刘再复：《李泽厚美学概论》，生活·读书·新知三联书店2009年版，第83—84页。

20 世纪 30 年代，其包括以赫尔曼·科恩、保罗·纳托普为代表的马堡学派，以及以威廉·文德尔班、海因里希·李凯尔特为代表的巴登学派。马堡学派更关注认识论和逻辑学，试图寻找一种认识论上的清晰明了和方法论上的精确。[①] 这尤其反映在他们对数学的重视上。马堡学派立足于 19 世纪科学的大发展，对什么是数学给出了康德式的回答。他们认为数学研究的是可能性，也就意味着其研究对象不一定是客观存在的。例如，纳托普认为数是思想最纯粹、最简单的产物，其与任何存在物都无关，仅与纯粹的思想规律有关。科恩也提出自然数作为对象，具有同一的思维形式和最少的客观性。他的自然数理论预设了任意对象形成的可能性，也就是建构任意多的对象是可能的。换言之，既可以用同一个自然数 1 指涉任意的对象，也可以将任意数量的对象集合成一个新的对象（通过“+”的运算）。[②] 他们主张在阐明数学和数学的可能性的基础上，勾勒宗教、艺术等知识部门的结构。

巴登学派则将康德学说应用于当代文化议题的研究之上。[③] 例如，文德尔班试图把康德的批判主义原则推广并应用于研究自然科学之外的知识领域，从价值观点出发重新确定哲学研究的功能。他区分了判断与评价，主张从回答“对象是什么”转

---

① “Neo-Kantianism”, Internet Encyclopedia of Philosophy, http: //www.iep.utm.edu/neo-kant/#H5.

② Jarmo Pulkkinen, “Russell and the Neo-Kantians”, *Study in History and Philosophy of Science*, Issue 1 (2001).

③ “Neo-Kantianism”, Internet Encyclopedia of Philosophy, http: //www.iep.utm.edu/neo-kant/#H5.

到回答“对象应当是什么”，即从判断转到评价，由此把认识论的根本问题归结为价值和评价问题。他认为，哲学只有从价值角度才能完成康德未能完成的任务，即将自然科学与伦理学、美学以及其他历史文化科学整合起来。[①]

寻找重建现代真实心灵的方法

综上所述，阿伦特回到康德，是想在《判断力批判》中发现价值必不可少的公共性。德沃金和罗尔斯对康德《实践理性批判》的重视，源于否定法律实证主义、告别功利主义后必须确立个人权利的真实性。中国思想界之所以再次对康德有兴趣，是因为其在社会现代转型过程中意识到抛弃传统终极关怀的危机，以及在现代社会建立终极关怀的渴望。新康德主义继承康德哲学对数学、道德和价值的分析，用整全性理论回应现代性展开后的各种问题，是想重建真善美统一的哲学。所有这些探索有一个共同的指向，那就是在康德哲学中发现重建现代真实心灵的思想资源。

为什么人们认为康德哲学中存在着相应的资源呢？这和康德哲学诞生的背景有关。哲学界通常将康德哲学定位为超越理性主义和经验主义的探索。康德试图在推出现代价值的同时恢复价值、终极关怀的真实性，这种尝试只有康德做过。这样，只要碰到现代真实心灵解体造成的问题，就只能到康德哲学中

---

① 涂纪亮：《新康德主义的价值哲学》，载《云南大学学报（社会科学版）》2009年第2期。

找资源。让我们回顾现代真实心灵解体的逻辑。现代真实的心灵起源于认知理性和对上帝的信仰的分离并存，来自自然法的个人权利和源于圣约的契约成为现代价值和现代社会组织原则。个人权利、立约（法律）只有和终极关怀相互脱离，才能普世化，但它们的普世化必定面临真实性丧失。当时康德意识到这一问题的严重性，他认为可以用自由意志自愿服从的理性规范来推出道德和个人权利。康德认为，“善”往往表现为命令，“恶”则表现为禁令。也就是说，法律是否定性的规范，道德是肯定性的规范。这样一来，只要个人权利是自由意志自愿服从理性和普遍规范，法律和道德的基础都可由自由理性的自律得到。这既是对个人权利和法律真实性的再论证，也是在现代社会对终极关怀的重新安顿。

换言之，现代真实心灵之丧失源于启蒙运动中欧陆理性主义导致的“大分离”，以及英美经验主义和怀疑论无法响应“大分离”带来的挑战，康德哲学恰恰想在这两种主流思潮之外另开新路，以寻找现代普世价值的真实性。然而，由于历史原因，这种方法没有被人们理解。为了更清晰地说明这一点，我把西方现代思想的演变概括成图 1-1 所示的结构。图中顶部和底部的线索，代表了社会思想演变的主流，即现代价值在现代性起源社会的演变，以及启蒙运动对它的再塑造。现代社会起源于天主教文明，其实现了认知理性和希伯来宗教的整合。唯名论革命强调只有个体才是真实存在的，认知理性得到解放，由此催生了加尔文宗和路德宗。加尔文宗直接孕育出最早的现代社会，产生了现代真实的心灵。顶部的线索表明：在启蒙运动影响下，为了使现代价值与宗教脱离关系，加尔文宗社会中出现了经验主义思潮，由经验主义进一步衍生出功利主义和法律实证主义。功利主义和法律实证主义的盛行最终导致现代真实心灵的解体。

图 1-1 中底部的线索是以天主教为意识形态的社会在启蒙运动中走向“大分离”，催生了以笛卡儿为代表的欧陆理性主义哲学。它又是民族主义、追求平等和科学主义的母体。现代性沿着民族主义、追求平等和科学主义的展开，在 20 世纪导致两次世界大战和冷战，真实心灵的丧失不可避免。

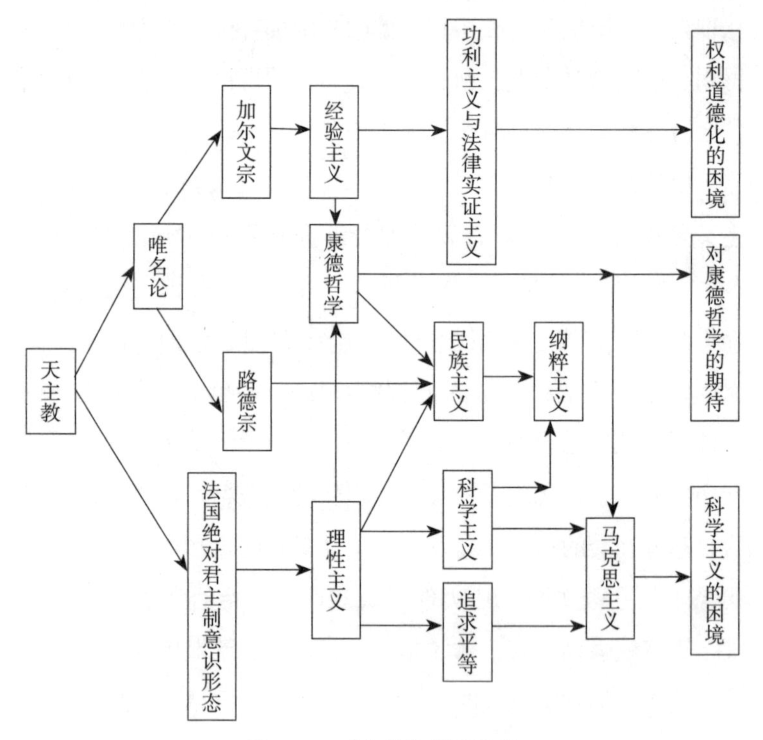

图 1-1　对康德哲学的期待

康德哲学处于两条主线之间，作为社会思想，它当时不能与理性主义和经验主义相匹敌。《纯粹理性批判》和《实践理性批判》分别问世于 1781 年和 1788 年，这时法国大革命的烈焰已被启蒙运动点燃。《判断力批判》发表于 1790 年，当时法国大革命已经开始，欧陆理性主义借启蒙思潮之势所向披靡。19 世纪康德哲学在德国开启了观念论传统，德国又因观念论和浪漫主义结合，迅速孕育出德意志民族主义和黑格尔主义。前者通过德意志民族国家改变了 19 世纪的世界，后者促成了马克思主义的诞生，笼罩20世纪上半叶的社会主义国家。[①]换言之，正因为图 1–1 所示康德哲学和德国民族主义及马克思主义的特殊纠结，在现代性展开过程中，康德思想不可避免地被湮没，直至冷战结束以后，其意义才在现代性探讨中凸显出来。

我认为，必须把作为社会思想和作为方法的康德哲学区分开来。作为社会思想的康德哲学只是德国观念论的源头，其意义在于催生了德国民族主义和马克思主义。在 20 世纪再次引起关注的则是作为方法的康德哲学。康德为了创立观念论，使用了独特的方法。其一方面涉及数学和经验、人文和科学之间的关系。另一方面，这种方法在整体结构上还预示了 20 世纪哲学的语言学转向带来的巨变。这样，康德在现代真实心灵刚刚面临解体的可能时提出了一个解决方案。两个世纪后，当现代真实心灵真的已经解体时，作为方法的康德哲学就显示出独

① 关于这一问题的详细讨论，请参见金观涛：《轴心文明与现代社会——探索大历史的结构》，第五讲。

特的意义。

日本哲学家安倍能成有一个著名的比喻：康德哲学是西方哲学史上的一个“蓄水池”。康德之前的哲学都流向康德，康德之后的哲学都从康德哲学流出。“蓄水”主要指的是康德哲学积蓄了一些问题，之前哲学的所有问题都在这里集中起来了，并且得到了解答。但这些解答同时又引发了一系列的新问题，给后人带来了思考的话题。[①] 就现代真实心灵的探索而言，情况确实如此。

因此，为了讨论现代真实的心灵是否可以重建，我们必须先研究康德哲学的方法和整体结构。

---

① 引自邓晓芒：《〈纯粹理性批判〉讲演录》，商务印书馆 2013 年版，第 6 页。

第四章　康德哲学的宏伟结构

康德哲学诞生的背景

康德哲学中蕴含的方法能否真的带领人类走出现代真实心灵消失的困境呢？为了更好地理解这种方法，我必须先以简短的篇幅勾勒出康德哲学的整体结构。康德哲学向来以难懂闻名，其之所以难以为今人所欣赏，是因为康德用了很多形而上学的概念和论述。其实，康德哲学之意义在于其宏伟壮丽的理论结构，而非具体论述正确与否。换言之，这座哲学大厦上沾满了形而上学的污泥。接下来我尝试用高压水龙头冲掉这些污泥，以呈现出康德哲学的宏观结构。在此之前，有必要先介绍下康德哲学的诞生背景，以理解其问题意识的历史和思想根源。

康德出生于1724年，这时牛顿的《自然哲学的数学原理》出版已30多年了，经典力学的世界观已经建立，启蒙运动刚刚开始。1804年康德去世，这一年正值法国大革命冲击欧洲，天主教文明开始现代转型。也就是说，康德在世的80年恰逢欧陆理性主义如日中天，并有可能压倒英美经验主义的时期。如前所述，笛卡儿作为欧陆理性主义的代表人物，创立了解析几何，开启了用数学精神（几何般清晰的思考）来解释自然现象、自我意识以及人类社会制度和行动的思想理论，并用其取代历史上遗留下来的（亚里士多德式）形而上学。康德是在对牛顿用数学精确地解释天体运行规律的惊异中长大的，目睹了法国启蒙运动中理性对天主教传统的颠覆。作为一个力图用启蒙运动的火焰取暖而不是被其焚毁的哲学家，康德毕生致力于重建形而上学，维系西方现代性中对上帝的信仰和认知理性分离并存的结构，从而保持真善美的统一。

需要强调的是，康德生活在科学和经济远比英国、法国落后的边远地区——德国柯尼斯堡，在那里可以知晓现代科学的成果，也会受到法国越来越激进的启蒙思潮影响，但身为一个"乡下知识分子"，康德只能作为现代科学研究和启蒙运动的旁观者而存在。[①] 可以说，康德在发表《纯粹理性批判》以前所做的任何工作都是不重要的。

康德从事的第一项研究工作是"活力"的测量，1749 年他完成了处女作《活力的真正测算》，实际上是参与"应该用 mv 还是 mv^2 作为能量表达式"的争论。康德在开展该项研究时，不知这个问题已被法国科学家解决了。此外，康德还发表过《一般自然史和天体理论》（1755 年）、《把负数概念引入哲

---

① 德国历史学家赖因哈特·科塞雷克把 1750—1850 年称为世界历史的鞍型期。（伊安·汉普歇尔-蒙克主编：《比较视野中的概念史》，周保巍译，华东师范大学出版社 2010 年版，第 2—3 页。）我认为科塞雷克通过概念史的分析得到的结论对德语区的欧洲更为合适。因为这正是德意志民族国家建立前的 100 年。当时德国的经济和科学远比法国和英国落后，但在思想上受到现代观念的巨大冲击。德意志民族国家建立前，日耳曼诸邦已建立了统一的现代教育制度和法律系统。康德正活跃在这一时期的前半段。

学的尝试》（1763 年）、《试论大脑的疾病》（1764 年）等科学研究成果。此外，当时特异功能在欧洲非常流行，康德研究了各种特异功能记录，并写了一篇《以形而上学的梦来阐释一位视灵者的梦》（1766 年），证明特异功能是不可靠的。以上是康德在 50 岁以前所做的研究，其中诸如宇宙起源的星云说之类的猜想虽不无原创性，[①] 但这些研究之所以被后人记住，只是因为它们是康德所著，而非源于其本身在现代科学确立中的地位。1770 年，康德获得柯尼斯堡大学的教授职位，开始了“沉默的十年”，酝酿《纯粹理性批判》。

康德思想的成熟是受到两件事情冲击的结果：一是休谟经验论对笛卡儿理性主义的批评，二是卢梭思想的刺激。分析这两次冲击的含义对理解康德哲学极为重要。前文已经详细描述过休谟对笛卡儿理性主义的质疑，康德曾表示：“就是休谟的提示在多年以前首先打破了我教条主义（作者注：欧陆理性主义）的迷梦，并且在我对思辨哲学的研究上给我指出来一个完全不同的方向。”[②] 卢梭对康德的巨大影响，则集中在法国启蒙运动对个人自主性的注重。康德意识到个人自由是现代价值系统（特别是个人权利）的核心，立足于这一价值的契约社会具有无可置疑的正当性。康德虽然不同意法国大革命这种建立现

---

① 曼弗雷德·盖尔：《康德的世界》，黄文前、张红山译，中央编译出版社 2012 年版，第 315—319 页。

② 曼弗雷德·盖尔：《康德的世界》，第四章、第五章、第六章。

代社会的方式，但完全接受了启蒙价值。[①]

康德的目标是重建形而上学，一方面响应休谟的怀疑论，另一方面找出不同于欧陆理性主义的哲学作为现代价值的基础。我认为，康德通过对亚里士多德的形而上学进行以人为中心的"认识论"转向，建立了一种以"判断"为基础的新哲学，力图重新证成现代性，给出一种真善美统一的理论。[②]这一切造

---

① 康德是启蒙价值的支持者，他在1784年的一篇文章中写道："公众之自我启蒙是更为可能的；只要我们让他们有自由，这甚至几乎不可避免。"但与此同时，他并不赞同革命的方式："凭着一场革命，或者将摆脱个人独裁及贪婪的或嗜权的压迫，但绝不会产生思考方式的真正革新，而是新的成见与旧的成见一起充作无思想的大众之学步带。"（康德：《康德历史哲学论文集》，李明辉译注，联经出版事业股份有限公司2013年版，第28—29页。）在法国大革命之后，尽管康德一直保持关注和支持，但在1797年出版的《道德形而上学》中，他对于处决路易十六一事依旧持有不同意见："对这样的处死的赞同实际上不是出自一个想当然的法权原则，而是出自对也许有一天东山再起的国家对人民进行报复的恐惧，而且采取那种正式的处死，也只是为了赋予那种行为以惩处的色彩，因而赋予一种司法程序的色彩（这样的程序就不会是谋杀了），但这样的掩饰是不成功的，因为人民的这种僭越还是甚至比谋杀更可恶，在此这种僭越包含着一个原理，这个原理甚至必然会使得重建一个被颠覆的国家成为不可能的。"（康德：《道德形而上学》，张荣、李秋零译，载《康德著作全集》第6卷，中国人民大学出版社2007年版，第333页。）对于康德的这一复杂态度，哲学家托马斯·西博姆认为根据康德的理论，革命本身并不具备道德正当性，但革命者及其支持者在这一过程中一直试图建立一个共和体制，康德支持的是他们的奋斗目标和理念。（Thomas Seebohm, "Kant's Theory of Revolution", *Social Research*, Vol. 48 (1981).）

② 康德将形而上学比喻为一只船：休谟是将他的船弄到岸上（弄到怀疑论上）来，让它躺在那里腐朽下去；而自己是给它一个驾驶员，这个驾驶员根据从地球的知识里得来的航海术的可靠"原理"，并且备有一张详细的航海图和一个罗盘针，就可以安全地驾驶这只船随心所欲地到任何地方去。参见康德：《任何一种能够作为科学出现的未来形而上学导论》，庞景仁译，商务印书馆1997年版，第9—12页。

成康德哲学的复杂性及其深刻的内在矛盾：一方面，形而上学已经过时，是一种早已死亡的分析方法；另一方面，康德利用形而上学的认识论转向，开启了现代哲学。直到今天，西方哲学家依旧认为严格的道德论证无法离开形而上学。

“三大批判”的结构

康德在处于土崩瓦解的形而上学中注入了哪些新要素，从而使其“起死回生”，成为一种能够容纳现代性的哲学呢？这就是“先验观念论”。暂且撇开“先验观念”是什么不谈，“先验观念论”一个极为重要的功能是成功响应了当时科学革命对哲学的挑战。康德哲学并没有像经验论和怀疑论那样，仅仅划清“应然”和“实然”、“事实”和“价值”之界限，以防止科学进入终极关怀和价值领域就心满意足了。它将理性归为某种先验观念，实现了本来以宇宙为中心的理性向以人的主体为中心的转化。康德认为自然科学（物理学）和数学本是同源的，它们都蕴含在理性之中。[①] 这也就解释了为何牛顿力学可以用数学来认识天体运行，引发了近代科学革命。据此，康德哲学重新界定了道德的基础和终极关怀的位置，再一次像亚里士多德的形而上学那样，实现了真善美的统一。

---

① 根据康德的定义，“数学和物理学是理性应当先天地规定其对象的两门理论的理性知识，前者完全是纯粹地规定，后者至少部分是纯粹地、但此外还要按照不同于理性来源的另一种知识来源的尺度来规定”。参见康德：《纯粹理性批判》，邓晓芒译，人民出版社 2004 年版，第 11—12 页。

由此可见，先验观念论的意义是在欧陆理性主义和英美经验主义的对立中找到一条新路，把两者都超越了。正因如此，康德哲学才能在理性主义和经验主义沿各自内在逻辑展开都碰到困境时，成为20世纪晚期的期待。康德超越两者的做法是实现理性中心的转化，这必须通过批判欧陆理性主义展开其哲学论述。康德哲学在人类思想史上第一次开启了思想理论的"批判范式"。从中国马克思主义中走过来的读者或许对批判哲学印象深刻，实际上它是康德创造的。我要强调的是，"批判范式"本是在欧陆理性主义具有不可动摇地位时，通过剖析其内在缺陷彰显自己主张的一种方法，而不是批判本身一定会导致创新。

为什么康德的主要哲学著作叫"三大批判"？这是因为他致力于否定欧陆理性主义，所以，只有以欧陆理性主义为标靶，才能看清康德哲学的论述方向。

根据欧陆理性哲学，数学是理性的纯粹形态，用它来推出自然规律就是自然科学（物理学），[①] 牛顿力学就是例子。理性不仅支配着人类对宇宙的认识，还可规定终极关怀。康德对此的否定就是《纯粹理性批判》，也就是"第一批判"。按照欧陆理性主义，理性在人类社会中的表征是法治、个人权利和道德

① 这集中反映在笛卡儿的"普遍数学"观念中，笛卡儿将其界定为"可以解决秩序和度量所想知道的一切"的普遍学科，其包含着其他学科（如算数、几何学、天文学、音乐、光学等）"之所以也被称为数学组成部分的一切"，以及人类理性的初步尝试，是一切学科的源泉。参见笛卡尔：《探求真理的指导原则》，管震湖译，商务印书馆1991年版，第16—18页。

规范，现代社会本质上是建立在理性之上的制度和社会行动。对其进行反思即重新界定“实践理性”，这构成康德的“第二批判”。欧陆理性主义不仅主张知识和社会必须处于理性的主宰之下，还提出审美和艺术也必须是理性的。17—18世纪欧洲绘画和音乐的主调都是理性主义，情感在西方艺术传统中被认为是边缘低下、难登大雅之堂的。对此进行再思考就是康德的《判断力批判》，也就是“第三批判”。简而言之，康德哲学的本质正是破除理性主义用理性（数学和基于几何公理的推理）笼罩一切领域的谬误，指出理性在认知、实践和审美中各自的位置与前提。

三大批判的基础是“第一批判”。因为康德在《纯粹理性批判》提出了先验观念论，以澄清数学和自然科学（物理学）的关系，从而重建了新的理性哲学。为了说明这一点，我必须先简略介绍牛顿力学的主要成果及其对当时欧陆思想界的巨大冲击。牛顿力学可谓是横空出世，在短时间内建立起用几何和数学方法证明天体运动规律的精美理论。自亚里士多德以来，力学（特别是天文观察，也就是数理天文学）十分强调观察的精确性，而以欧几里得《几何原本》为框架的数理推导，特别是公理化论述更多地被等同于心灵的建构。牛顿以《几何原本》为模板将数理天文学公理化，写出了《自然哲学的数学原理》一书。力学居然通过牛顿三定律公理化了！这有点匪夷所思，并不容易为时人所接受。

实际上，牛顿力学直到18世纪40年代才逐渐被欧洲社会普遍接受，《自然哲学的数学原理》1687年首版大约只印了

300本，而欧陆科学界对这本书的态度也以批评为主。后来牛顿对书稿进行了修订并增补了注解，于1713年和1726年分别出了第二版和第三版。1729年这本书由拉丁文翻译成英文，之后又翻译成法文。1739—1742年，两个法国牧师出版了该书第三版的注释版，也就是所谓的“耶稣会注释版”。自此之后，这本书才得到广泛流传。[①] 牛顿力学被普遍接受与一件事有关：牛顿在《自然哲学的数学原理》一书中指出，根据万有引力原理，地球的赤道半径略长，两极的半径略短，地球的形状是椭圆的而非圆的。[②]1735—1744年，法国巴黎科学院执行了一项探测计划，以检验牛顿理论。如果地球是椭圆形的，同样弧度在赤道附近和极区附近所对应的弧长会不同，实验的结果是高纬度地区（芬兰）的弧长小于低纬度地区（秘鲁）的弧长，牛顿的预言得到最终证实。[③]1744年康德正值大学生涯，可以想象这项探测结果对康德心灵的震动有多么巨大，而康德的大学老师兼学术引路人马丁·克努岑，借给康德自学的第一本书就是牛顿的《自然哲学的数学原理》。[④]为什么一个纯粹的几何和数学层面的心灵创作居然能与自然

---

① “Newton’s Philosophiae Naturalis Principia Mathematica”, Stanford Encyclopedia of Philosophy, https://plato.stanford.edu/archives/win2008/entries/newton-principia/#ThrEdiPri.

② 详见牛顿：《自然哲学的数学原理》，赵振江译，商务印书馆2006年版，第508—518页。我在第二编中会详细论述牛顿力学在近代科学确立中的地位。

③ “Isaac Newton”, Stanford Encyclopedia of Philosophy, https://plato.stanford.edu/entries/newton/#NewWorInf.

④ 曼弗雷德·盖尔：《康德的世界》，第32页。

界的天体运动相吻合？这构成康德先验观念论诞生的重要历史和思想背景。

哲学的"哥白尼革命"

在数学家心目中，即使没有自然科学实验，数学表达依旧为真。问题的难点在于，牛顿力学通过结合数学符号推理和科学经验观察居然可以预见自然科学（物理学）定律。对此，康德将数学和自然科学（物理学）统一在"先天综合判断"的原则之下，康德在《纯粹理性批判》中把数学界定为关于人先天具有的整理感觉模式（先天直观形式，即时间与空间）的知识。[①] 数学之所以可以被用于认识宇宙规律，是因为感觉经验被纳入先天的整理经验模式（时间与空间）之后，才能产生确定的知识。这一感性必须与理性结合才能产生关于对象的知识，即自然科学知识。[②] 在此意义上，客观的"物自身"永远是不

---

① 康德举过一个例子：我们通过在纸上画一个三角形（经验性直观）来构造三角形的数学概念，在经验直观层面，三角形存在大小、边长、角的差异，但在数学知识中，这些不会改变三角形概念的差异都会被抽象掉。参见康德：《纯粹理性批判》，第 553 页。

② 这里所谓的康德"理性"包含知性和理性两个范畴。简而言之，康德区分了感性、知性和理性，即"我们若是愿意把我们的内心在以某种方式受到刺激时感受表象的这种接受性叫作感性的话，那么反过来，那种自己产生表象的能力，或者说认识的自发性，就是知性。我们的本性导致了，直观永远只能是感性的，也就是只包含我们为对象所刺激的那种方式。相反，对感性直观对象进行思维的能力就是知性"。而"知性尽管可以是 （下接第 102 页脚注）

可知的，科学只能解释现象。换言之，康德在这里用“经验”或“现象”来确定了理性的边界。[①] 此外，康德还借此一举回应了休谟对因果律的质疑，因为因果性来自理性，同时又通过“物自身”的不可知化解了理性主义中科学对宗教的直接否定。

更重要的是，康德由此实现了理性中心的转化。理性原本是整合数学、宇宙和人类社会法律的客观外在的法则，这时却

（上接第 101 页脚注）借助于规则使诸现象统一的能力，而理性则是使知性规则统一于原则之下的能力。所以理性从来都不是直接针对着经验或任何一个对象，而是针对着知性，为的是通过概念赋予杂多的知性知识以先天的统一性，这种统一性可以叫作理性的统一性”。（康德：《纯粹理性批判》，第 52 页，第 263 页。）正如黑格尔所指出的：“康德是最早明确地提出知性与理性的区别的人。他明确地指出，知性以有限的和有条件的事物为对象，而理性则以无限的和无条件的事物为对象。”（黑格尔：《小逻辑》，贺麟译，商务印书馆 1980 年版，第 126 页。）换言之，康德是将过去哲学讨论中的“理性”分解为了“知性”和“理性”的部分，由此实现了理性中心的转化。由于本书重点在于为读者勾勒康德哲学的基本结构，为了避免烦琐概念使用带来的混淆，这里统一用“理性”来指代康德关于知性和理性的讨论。借用邓晓芒的说法，“知性或者可以称为理性知识，广义的理性知识包括知性和理性”。（邓晓芒：《〈纯粹理性批判〉讲演录》，第 25 页。）我在方法篇中将指出，理性本质上是数学符号真实的代名词，更广义上说，它是真实性结构的符号系统。康德对“知性”和“理性”的区分，实则表明这一符号系统既可以反映经验世界，也可以与经验没有任何联系。

① 康德认为自然科学的发现源于（先天的）理性强迫自然回应自己的问题，而不是让自然牵着走。即“理性必须一手执着自己的原则（唯有按照这些原则，协调一致的现象才能被视为法则），另一手执着它按照这些原则设想出来的实验，而走向自然，虽然是为了受教于她，但不是以小学生的身份复述老师想要提供的一切教诲，而是以一个受任命的法官的身份迫使证人们回答他向他们提出的问题”。参见康德：《纯粹理性批判》，第 13 页。

变成人处理感性知识的一种模式，人自此成为科学理性的中心。[①]康德自称这是哲学从“地心说”向“日心说”的大转化，也就是将理性（认识论是其一部分）从符合客体转向以个人主体为中心。[②]康德哲学因此被视作哲学界的“哥白尼革命”。

问题在于，康德的先验观念论对吗？难道数学真的是“先天综合判断”？天体运行符合数学定律是人用理性处理感性知识的结果吗？这种对数学、科学和因果律的认识是否正确？事实上，数学和现代科学的本质是如此深奥，远不是康德时代可以回答的。但康德将《纯粹理性批判》称为理性主义的“哥白尼革命”，[③]这并非虚言，因为它虽然在科学上不正确，但有助

---

① 邓晓芒指出：“康德所做出的一个惊人的革命就在于把数学（算术和几何学）与知性脱钩，而划归‘感性’。这种理解与当时几乎一切理性派和经验派的哲学家都是完全不同的。康德在《纯粹理性批判》的‘先验感性论’中提出，纯粹数学之所以可能的条件在于认识主体中的先天直观形式，即时间和空间，时空不是概念，而是直观。而直观对于我们人类只能是一种感性的接受能力，因为我们只是在时间和空间的形式下才能够接受一切感官杂多的材料。所以数学的直观并不是智性的直观，而是属于感性的直观，当然不是感性直观的内容，而是它的形式，又叫作‘纯粹直观’。但纯粹直观最终不能离开‘经验性直观’而有任何意义，数学知识只是作为可能经验的形式、即自然科学（物理学）知识的形式才能被看作是知识。”参见邓晓芒：《康德的“智性直观”探微》，载《文史哲》2006 年第 1 期。

② 康德：《纯粹理性批判》，第 15 页。

③ 康德的原话是：“这里的情况与哥白尼的最初的观点是同样的，哥白尼在假定全部星体围绕观测者旋转时，对天体运动的解释已无法顺利进行下去了，于是他试着让观测者自己旋转，反倒让星体停留在静止之中，看看这样是否有可能取得更好的成绩。现在，在形而上学中，当涉及到对象的直观时，我们也能够以类似的方式来试验一下。”引自康德：《纯粹理性批判》，第二版序言，第 15 页。

于建构容纳现代性的哲学。这种颠倒的真正价值是康德据此提出了他的“第二批判”，即《实践理性批判》。

根据康德的“第一批判”，理性是人先天具有的，这样一来，法律和道德的存在并不是理性主义所说的外在理性法则（自然法）在人心中的反映，而是人的一种先验观念。据此，康德实现了一个哲学上的伟大跳跃，即人必须将理性上升到自觉层面，意识到自己应当服从理性（包括理性规定的法则）。“实践理性”是指人意识到自己必须自觉遵循道德规范，人的道德自律成为理性的最高实现，其基础是人的自由意志。更重要的是，只有这种自律才能证明人是自由的。如果沿用亚里士多德的“目的因”（万物趋向自己的目的）的提法，道德（理性）本身就是目的。如此一来，道德价值在现代社会中获得了新的位置，真善美的统一由此具备了基础。

“第二批判”全面展开了休谟“实然”不能推出“应然”的观点，指出理性的社会实现，其本质是自由的个人遵循道德，并服从正义的法律。道德和自由是无法认识和证实的，其只具备实践的可能性。这与宇宙法则以及用理性认识宇宙（实然的世界）是两回事。康德在历史上最早把道德定义为向善的意志，从而将“道德律令”和“自然法则”区分开来，道德哲学从此诞生，这是一件划时代的事。

在古希腊哲学中，追求道德和认知理性（自然规律）不可分离。基督教则将道德视作神授之法。唯有康德通过“第二批判”才建立起基于形而上学的应然世界法则。从此以后，无论是正义的法律，还是自然法、人权，抑或是伦理美德，都可以立足于实践理性，与神学无关。这无疑为整个现代价值系统找到一个与笛卡儿理性主义完全不同的基石，其建立在个人自由和主体性之上，且与理性主义的一元论划清界限。现代价值系统最初只能立足于宗教和理性的分离并存，宗教是道德和个人自由不可抽离的基石。康德将现代价值系统归为独特的、理性的形而上学分析，这样一来，康德哲学中科学（认知）理性和实践理性亦呈分离并存的结构，康德哲学的信奉者可从两个方向走向上帝：一是作为“道德律令”的道德，二是神秘的“物自身”。[①]一种可以容纳现代心灵的哲学出现了。

“第三批判”进一步将“第一批判”和“第二批判”对认知理性的限制扩展到人类生活的其他领域，从而阐明“第一批判”和“第二批判”的关系。《判断力批判》由《审美判断力批判》和《目的判断力批判》两部分组成。前者属于艺术哲学，讨论判断的本质和普遍性；后者进一步凸显出主体内在的自由，论证道德追求和自由互为前提。如果用人们熟悉的说法来解释，“第一批判”的内容是“我能知道什么”，“第二批判”的内容是“我能做什么”，“第三批判”的内容是“我能期待什么”。三者共同构成了“人作为人的条件”，即“人是什么”。[②]其中，个人自由成为整个哲学系统的“拱顶石”。

康德的墓志铭是《实践理性批判》中的一句名言：“有两样东西，人们越是经常持久地对之凝神思索，它们就越是使内心充满常新而日增的惊奇和敬畏：我头上的星空和我心中的道

① 艾伦·伍德：《康德的理性神学》，邱文元译，商务印书馆 2014 年版。

② 曼弗雷德·盖尔：《康德的世界》，第 1 页。这里可将其概括为对真善美的思考。

德律。”[1] 这句话道出了康德哲学的精神：第一，康德实现了真善美的整合，星空和道德都是永恒的、值得探索和敬畏的对象，二者不同貌，但同源，而美学则是作为“真的哲学”（星空）和“善的哲学”（道德）的逻辑延伸；第二，17 世纪最令人惊奇的事情是数学在自然科学研究中的运用，康德凭借先验观念论证明数学和自然科学（物理学）本质上的一致性，对此做出令当时人信服的解释。

为什么康德能够制造“旷世奇迹”

在历史上，康德第一个用“判断”而不是“本体”作为哲学的基础。在亚里士多德的形而上学传统中，判断只是知识表达的形式（先天逻辑），它没有被单独抽出作为哲学的基础。正如一位学者所说，康德借重他那个时代依然流行的逻辑形式的研究方法：凡是知识都具备逻辑判断的形式，用符号语言表达为“S 是 P”。换言之，普遍有效的知识是一种“判断”，确定判断的性质就是研究的第一步。[2] 此外，康德进一步提出先验（而非先天）逻辑，即逻辑虽然在经验之先（先天），但必须与经验相结合。借用邓晓芒的说法，“先天的”是说我们在一件事情发生之前就可以先天地断言它；“先验的”除了指可以先天断

① 康德：《实践理性批判》，邓晓芒译，人民出版社 2003 年版，第 220 页。

② 陈虎平：《康德〈纯粹理性批判〉的基本取向》，载亨利 · E. 阿利森：《康德的先验观念论——一种解读与辩护》，丁三东、陈虎平译，商务印书馆 2014 年版，译序。

言外，还是关于这个断言在经验上如何可能的知识。[1]

一旦以“判断”为哲学基础，康德哲学大厦的结构就很容易理解了。从内容上，可以把判断分为先天的（不借助任何经验的）和后天的（必须借助特定经验的）两类。[2]在（逻辑）推理过程中，又可把判断分为分析的（谓语P的内容已经包含在主语S中）和综合的（谓语P给主语S增加了新的内容，即P外在于S，但又与S有联系）两种。[3]这样，数学和自然科学属于先天综合判断。[4]接着康德指出判断的形式有“量”（全称、特称、单称）、“质”（肯定、否定、无限）、“关系”（定言、假言、选言）和“模态”（或然、实然、必然）四个方面，每个方面又各含三个部分。[5]这样，也就得到12组

① 邓晓芒：《〈纯粹理性批判〉讲演录》，第16页。

② 康德举过一个例子，我们可以从先天或纯粹直观中构造一个圆锥，但这个圆锥的颜色只能由后天或经验的直观给予出来。参见康德：《纯粹理性批判》，第15页。

③ 康德：《纯粹理性批判》，第8页。一个世纪后，德国数学家弗雷格给出了进一步的定义：分析命题是依赖一般逻辑法则和定义而得以确证的命题；综合命题是依赖特殊科学的原理得以确证的命题。转引自安东尼·肯尼编：《牛津西方哲学史》，第156页。

④ 在康德哲学中，只存在先天综合、先天分析、后天综合这三类判断，那为什么没有后天分析呢？康德举过一个分析判断的例子：一切物体都有广延，这个判断只需要从“物体”这个概念中就可以得出，这时候它不需要有任何外在的、经验性的证据。换言之，一切分析判断都是先天的。参见康德：《纯粹理性批判》，第9页。

⑤ 有学者如此描述这些判断形式或范畴：“不同判断类型的划分承袭了当时的逻辑学家的做法。例如，把判断区分为全称判断（‘人皆有一死’）、特称判断（‘有人终有一死’）和单称判断（‘苏格拉底是会死的’）在当时是老生常谈了。同样，逻辑学家也把判断划分为肯定的（‘灵魂是可 （下接第108页脚注）

纯粹概念的范畴，康德用“判断”重建了哲学，这是一座包含逻辑、理性和一切范畴的宏伟大厦。[1]

为什么用“判断”作为哲学基础会有如此功效？这是因为“判断”在亚里士多德形而上学中占据特殊的位置。两个判断之间的推理属于形式逻辑（三段论），判断哲学必定以形式逻辑作为其理想形态，而形式逻辑是西方哲学传统中第一个力图用形而上学来理解数学真实的观念系统。我在第二编中将详细论证，亚里士多德发明以三段论为中心的形式逻辑，是为了把基于柏拉图理型论的古希腊数学（几何）方法纳入形而上学。这样一来，康德的先验观念实际上是把柏拉图理型论纳入人的心灵中：一方面，这使得亚里士多德的形而上学成为先验观念的一部分；另一方面，判断的哲学由于其自身的性质，具有某种程度的现代色彩。第一点保证了康德哲学能够实现真善美的整合；第二点使得康德哲学今天仍有吸引力，创造了其包含的形而上学至今没有被否定的旷世奇迹。

为什么可以这样讲？一方面，“判断”无疑是以主体为中心的，而且有着“S 是 P”这样的基本结构，其中 S（主语）

（上接第 107 页脚注） 朽的’）、否定的（‘灵魂不是可朽的’）和无限的（‘灵魂是不朽的’）。再者，判断可以是定言的（用康德的例子，‘存在着完满的正义’）、假言的（‘如果存在完满的正义，则冥顽不灵的恶人将受惩罚’）或选言的（‘世界要么根据难以理解的偶然性而存在，要么根据内在的必然性而存在，要么根据外在原因而存在’）。”引自安东尼·肯尼编：《牛津西方哲学史》，第 161 页。

① 关于康德“第一批判”的研究，可系统参考亨利·E. 阿利森：《康德的先验观念论——一种解读与辩护》。

和 P（谓语）是符号所指涉的不同对象。“S 是 P”构成了康德哲学的基石，而上述判断的基本形态是以语言学和主体存在为前提的，这使其具有不同于形而上学的现代哲学性质。研究者由此可对“事实判断”、“逻辑判断”和“价值判断”做本质的区别，建构不同的哲学分支，并且可以把现代符号学研究引进判断哲学中。

另一方面，“S 是 P”来自亚里士多德的逻辑学，其表达的原本是理型之间的关系。康德将其转化为判断的理性形态，本来形而上学中客观存在的理型就变成了约束判断的先验观念了。需要说明的是，尽管今日“观念”（idea）一词确实可追溯到柏拉图的“理型”（ideal），但康德开创的观念论和古希腊的理型有本质的不同。理型是客观存在的，即使它在亚里士多德以后演变为经验理性亦是如此。康德观念论的核心是离不开主体的先验观念。正因如此，康德用观念论批判理性主义时，必须颇为费心地与爱尔兰哲学家乔治·贝克莱的主观唯心主义划清界限。但一旦划清界限，康德就在理性主义和经验主义的对立中找到一条构建现代真实心灵的道路。根据上述分析，我们可以把康德哲学定位为亚里士多德形而上学的认识论转型。既然康德哲学的整个内容继承了亚里士多德的形而上学，我们就能理解其中最困难的问题：支配所有判断的先验原则是什么？在今日哲学家看来，这个问题没有太大意义。既然判断是哲学的出发点，那么哲学家要做的是去寻找支配不同类型判断的原则，而不是去寻找存在于所有判断之中的先验原理。当判断来自亚里士多德形而上学时，问题就不同了。亚里士多德把理型视为万物最后趋向的最终目的，当理型转化为先验观念时，它必定仍然支配着判断。所以，康德一定要找到支配一切判断的先验原则。

康德的答案是指涉的有效性和普遍性。因为“S是P”的终极意义只有两种可能，一是指涉本身，二是任何判断都被纳入可普遍化的框架，因为在古希腊哲学中任何理型必须先是普遍的。而且，判断的本质是把理型转化为先验观念，判断的机能也就必定受制于“自然的形式的合目的性”。此外，道德作为向善的意志，虽然是实践理性，但离不开感情和价值，因为“善”是“好”的普遍化，“好”直接与感知愉快相关。这样一来，判断哲学还必须处理人的价值判断中的先天限定。因此，“第三批判”是“三大批判”的中心环节，唯有判断力才能将理型转化为先验观念，判断力的形成受到“目的因”（理型的自我实现）的支配，[①] 以上构成了康德哲学方法的基础。

综上所述，康德哲学作为亚里士多德形而上学的认识论转型，在深层结构上具有现代哲学倾向。如果用今天准确的语言来表述康德哲学对形而上学之改造，可以发现它存在两个基本的潜在发展方向：一是将哲学论述符号化，二是把数学等同于逻辑。为什么可以这样概括？只要把判断作为哲学的基础，在

---

① 正因如此，黑格尔认为康德哲学是目的论的。他如此评论康德目的论式的判断力：“康德开始从这样的原则去看有生命的东西，在有生命的东西里，概念或普遍性包含在特殊性内。作为目的，这普遍性不是自外而是自内决定着个别的和外在的东西，决定着有机体各部分的构造，这就是说，个别的方面自然而然地就适应目的。”（黑格尔：《美学》第一卷，朱光潜译，商务印书馆1996年版，第72页。）

“S 是 P”的基本表述中，S（判断的主语）和 P（判断的谓语）都必须是符号，并被用以指涉不同的对象。这样，只要把思维严格化，就会发现哲学论述的正确与否，首先取决于符号系统表达是否有意义。换言之，哲学只要发生语言学转向，并研究符号和指涉对象之间的关系，就能确认哪些哲学问题是有意义的，哪些是没有意义的。更重要的是，在“S 是 P”的基本表述中，蕴含着三段论形式逻辑。此外，康德把数学视为先天综合判断，其潜台词是把数学等同于逻辑。因他认为凡是知识都具备“S 是 P”的逻辑判断形式。数学和自然科学知识则是其中一个分类（先天综合判断）。可以说，把数学视为先天综合判断，恰恰是 20 世纪关于数学基础讨论中逻辑主义的“数学即逻辑”这一基本观点的含混表达。众所周知，哲学研究的语言学转向以及对数学基础的大讨论正是从 20 世纪初开始的，它们的不断展开给人类思想以巨大冲击，奠定了当代哲学的方向。

第五章　先验观念论的错误和“康德猜想”

哲学的“语言学转向”及其后果

虽然我强调康德哲学具有当代色彩，但这并不意味着其与20世纪哲学新方向存在着直接的关系，而是指语言分析和数学基础研究都直接对准康德的先验观念论。相比其他哲学，康德哲学更容易接受语言分析和数学基础研究的检验。如果在检验之后，它依然屹立不倒或有意义，则更能说明康德哲学在寻找现代性基础中的地位。

哲学的语言学转向带来了怎样的后果？在语言哲学家看来，语言存在的前提是用符号指涉对象，任何一个符号和被指涉对象之间的对应关系只是约定，而不是符号本身有什么神秘的性质。约定有任意性，语言只能用符号系统中符号之间的关系来表示对象之关系，用符号系统的结构（语法）来描述外部世界的法则。维特根斯坦正是通过这一点发现我们的语言和世界同构，并实现了20世纪哲学革命的：任何语言表达的命题和推理要能成立，其相应的符号指涉必须有意义。一旦拿这个标准检查形而上学，就会发现其大多数命题和论证都不能成立。20世纪哲学研究最重大的发现就是形而上学的错误，除了在哲学史探讨中还能有一席之地外，形而上学应该退出理论研究。

简而言之，既然语言是用符号系统表达对象，逻辑推理实为符号系统中符号的包含关系和符号的等价所取代。人们通常认为把握对象的符号系统存在着两种类型：第一类是（指涉和推理）严密而准确的，数理逻辑是典型代表；第二类是含混不准确的，即自然语言。自然语言包含逻辑语言，即两者是有重叠的。形而上学问题及其思辨大多是自然语言含混造成的结果，一旦将符号所指、能指及推理严格化和准确化，形而上学的论证和命题几乎都不成立。形而上学命题必须被取消，因为其来自自然语言的误用。

举两个例子。一个是黑格尔的辩证法，他主张矛盾无处不在，认为随便用一个现实例子都能对此予以证明。例如“玫瑰是红的”，他强调这一论断本身就蕴含矛盾。“玫瑰”是某个东西，“红的”是另外一个东西。一个东西居然可以同时是两个东西，这不正是“矛盾无处不在”的明证吗？黑格尔的思想很深刻，但在上述举例中犯了一个重大错误，他没有想到上述“矛盾”是自然语言含混造成的。在“‘玫瑰’是某个东西”和“‘红的’是另外一个东西”这两个句子中，“是”都表达了“同一性”。但“是”还可表达“类属性”，即所指对象属于某一类，并非具有同一性。“玫瑰是红的”这一论断中的“是”，是指类属性，而非同一性。黑格尔认为“一个东西同时是两个东西”，是自然语言含混（“是”有两种意义）带来的错觉，而非真实如此（即“一个东西同时是两个东西”）。这种逻辑含混所引发的错觉在中国战国时期公孙龙的“白马非马”说中就有所体现，辩证逻辑利用自然语言的含混提出的问题和推出的结论毫无价值。

另一个例子是鲁道夫·卡尔纳普对笛卡儿的“我思故我在”论断的批评。他举过一个例子：“I am hungry”是一个符号串，它包含符号串“I am”。根据逻辑，可以从一个符号串为真推出其包含的符号串也为真。但这并不意味着后一个短语“I am”可以从前一个短语“I am hungry”推出。原因何在？前一个短语中“am”是谓词，后一个短语中“am”是动词。这里“动词”（am）在没有“谓词”的地方冒充“谓词”，造成推导的错觉。卡尔纳普论证道：“从‘我思’得到的结论不是‘我在’，而是存在着思维的东西。”[①] 这个例子暗示笛卡儿“我思故我在”也犯了形而上学思考的错误。

笛卡儿“我思故我在”的论断代表了独立主体意识之发现，其内容深刻而复杂。作为欧陆理性哲学的开山鼻祖，笛卡儿虽然对数学的清晰性赋予理性，但在“何为自我”的论证中仍然使用了形而上学的方法，这种思辨模式通过康德哲学一直延续到 20 世纪。卡尔纳普的批评对笛卡儿虽然是不公正的，但他指出的问题在以形而上学为基础的哲学著作中比比皆是。形而上学和辩证思辨中的大多数概念和问题是自然语言含混造成的，作为一种理性论证完全没有意义。在数理逻辑和语言分析中，哲学命题成为语言分析的组成部分，形而上学被取消了。正因如此，在今天的学科分类中，哲学被划分至人文（历史）语言的研究类别中。

---

① 洪谦主编：《逻辑经验主义》，商务印书馆 1989 年版，第 29 页。

如前所述，20世纪哲学之死，指的是哲学语言学转向导致人文世界真实性的解体。所有人文历史及哲学讨论用的都是自然语言，20世纪哲学革命的主要观点就是符号离开其指涉对象便无真实性可言，既然自然语言包含逻辑语言，逻辑语句的真实性来自自然科学，那么人文世界就并不存在自然科学之外的真实性结构。这样，不同于自然科学的其他理论还有必要存在吗？换言之，就哲学发展的内在动力而言，哲学之死的直接原因正是语言分析指出了形而上学没有意义。康德提出的先验观念论，引发出一系列重要哲学流派，构成了洋洋大观的德国观念论传统，无论是黑格尔哲学还是存在主义，其基本论述都是形而上学式的。因此，作为哲学语言学革命的代表人物，维特根斯坦就成为哲学死刑的宣判者，故其后再无形而上学的哲学家可选。

形而上学“冻土层”的融解

这时，康德哲学又如何呢？形而上学的认识论转型仍然是形而上学，上述所有批评对康德哲学同样成立！康德哲学中存在相当多概念如“物自身”“合目的性”“质料”“绝对”等，虽然从形而上学的角度看来十分严密和深奥，但是这些词汇和相应观念（论断）要么让人根本不知道在指涉什么，要么实际上都没有意义。[①] 奇怪的是，20世纪对形而上学的否定，很少

① 这种含混性也反映在《纯粹理性批判》问世之初引发的各种互相矛盾的争议，奥地利哲学家卡尔·莱因霍尔德在一篇评论文章中总 （下接第116页脚注）

涉及康德，特别是没有波及康德哲学的基本结构。

为什么会如此？我们必须意识到康德哲学中的形而上学论述和一般形而上学有所不同。康德“三大批判”的基石是“第一批判”，用先验观念论证数学和自然科学（物理学）同源是康德哲学的出发点，正是通过该论断，康德实现了理性中心的转化。康德哲学大厦是否成立，取决于先验观念是否真的存在。只要数学即逻辑这一论断正确，先验观念论把数学视为先天综合判断，这一观点即使有问题，也可以通过再解释和数学基础研究达成一致。这样一来，康德哲学的整体结构就和其他形而上学拉开了距离。换言之，尽管依附在康德哲学整体结构上的很多命题和论述是自然语言含混造成的，它们可能没有意义，但其结构本身有着深刻的内涵，是值得今天进一步研究的对象。因此，尽管20世纪逻辑经验主义者在攻击形而上学的同时，也在质疑数学是先天综合判断的观点，如弗里德里希·弗雷格认为数学（算数）是先天的和分析的，但其依旧延续了康德先验逻辑论规定的逻辑结构，用弗雷格自己的说法是“成功

（上接第115页脚注） 结道：“《纯粹理性批判》——独断论者说它是怀疑论者跃跃欲试之举，企图破坏一切知识的确实可靠性；怀疑论者说它是一件胆大妄为的假想玩意儿，想在原先体系的废墟上建立起新型的独断主义来；超自然主义者说它是巧妙的阴谋诡计，想抽掉宗教的历史基础，而毫无论战地就建立起自然主义来；自然主义者说它是挽救奄奄一息的信仰哲学的新支柱；唯物主义者说它是唯心论者对物质现实性的抗辩；唯灵论者说它是将一切现实都隐匿在经验领域的名义下，而局限形体世界的一种无法明辨的限制。”转引自威尔·杜兰特：《哲学的故事》下，金发燊等译，生活·读书·新知三联书店1997年版，第51页。

地改进了康德的观点”。[①]

另一个重要原因是从19世纪以来康德学说的核心一直被认为是道德哲学。在关于道德基础的研究中，因为从“实然”不能推出“应然”，道德哲学不能用研究实然世界即科学使用的准确符号语言，故直至今日仍必须依靠形而上学分析。20世纪70年代后政治哲学和道德哲学向康德的回归，即证明了这一点。换言之，由于道德哲学研究尚未找到可以取代康德形而上学的分析工具，道德形而上学至今仍存在于大学哲学系伦理学教学和研究中。

我可以这样形容康德哲学在今日世界的处境：一方面，在形而上学纷纷解体的历史潮流中，康德的道德形而上学本是出于道德哲学的需要而被特意封存的冻土层；另一方面，人们认为在先验观念论中可能蕴含着支撑现代性并实现真善美互相整合的基本结构。正因如此，从20世纪70年代到今天，人们都在通过对康德哲学的现代诠释，力图使得现代价值系统的大厦能通过形而上学的冻土层找到自身的基础，但令人深思的是，半个多世纪过去了，这方面的努力乏善可陈。

如果总结以康德哲学为基础的现代性探讨，可以发现：虽然康德哲学今天仍是代表真善美互相整合的宏伟体系，但它离我们的时代越来越远。为什么会如此？自20世纪70年代政治哲学家试图在其中打入支撑现代性大厦的柱石，以重建现代普世价值和道德的基础以来，常常会出现一种吊诡的情况：在施

① G. 弗雷格：《算数基础》，王路译，商务印书馆1998年版，第122页。

工过程中，会看到冻土的迅速融化，却没有找到支撑现代性的结构。这时必须将柱石建立在更深的地层中，但随着打桩的进一步深入，同样只见冻土的融化而找不到其立足的结构。

如前所述，康德用道德哲学来论证个人自由。从“第一批判”推出“第二批判”出于如下思路：既然宇宙法则（物理世界的规律）和数学法则同源，它们都立足于先验观念，那么人应该自觉遵守来自理性的规范（道德）。这里，个人自由等同于道德自律。如果用该观点来探讨个人自由的基础，立即就会碰到不可判定的问题：追求个人自由和追求道德，哪一个更为基本？显而易见，没有自由就不会有道德。每个人只有意识到自己是自由的，个人意志才能指向善（因为自由意志也可以指向恶）。如果个人是不自由的，道德自律毫无意义。康德将自由与道德自律视作等价，这里的所有论证都立足于先验观念论。但是，在先验观念论中，作为价值的自由和向善的意志不能区分。这时，自由（而不是道德）作为应然的前提是什么？康德哲学不能回答。如果从“第三批判”的判断的“合目的性”中寻找答案，会出现同样的问题。也就是说，政治哲学不能在康德的道德形而上学中找到个人权利作为不等同道德的现代社会正当性的基石。[①]

① 如果人权只是一种新道德，立即就会导出人权不是普世价值的结论，因为道德是文化性的；如果不是，个人应该追求自由吗？形而上学冻土层的融化迫使学者从康德哲学更广的论述中寻找答案，但随着支撑现代性大厦的柱石往康德哲学深部进入，同样的问题会再一次发生。例如，康德哲学主张个人尽了义务以后才有权利，这与中国人的权利观一模一样。它完全不能解释为何个人权利是一种不等同于道德的正当性。

同样的困境也发生在康德的道德形而上学本身之中。在康德哲学中道德规范和自然法则都来自先天观念，[1]它们是永恒不变的，所以康德的道德形而上学无法讨论道德规范变迁的问题。康德通过理性围绕中心的转化，界定人应该自觉遵循代表理性的道德规范，在这一推理模式中，“善”这一价值是由道德规范产生的，故康德在道德形而上学中强调“善”不能独立于普遍的道德规范而存在，且认为这是“善”无可改变的属性。此外，康德为了把道德规范和法律都吸纳进实践理性，认为两者在价值上同源，法律（自然法权）从属于道德。[2]根据中国文明的历史经验，向善的意志和某种普遍规范之间没有必然的逻辑联系，否则我们就无法理解为什么以道德为终极关怀的中国文明在2 000年历史中曾发生两次道德规范的巨变，而向善的意志（以善为终极关怀）却从未变过。中国作为一个道德哲学极为发达的文明，其历史经验早已证明：一旦法律从属于道德，法律就变味了。中国传统社会的法律一直从属于道德，现代极权主义则把法律等同于立法者的意志，个人自由在其中荡然无存。而且法律只能是被制定出来的，西方法治传统中最重要的原则“法律必须被发现”也就丧失了基础。

---

① 在康德看来，“善的意志”本身就是最高的善，也是其余一切善的条件。那什么使得这一意志本身就是善呢？有学者举过一个例子来说明康德的这一观点：杂货商可能出于自利而诚实，慈善家因他人的满足而快乐，这些在康德看来都是善。但只有不是出于个人偏好，而是义务去行善，善的意志才能显现。例如，一个人失去生命所有的意义，只求一死，但依旧遵守道德法则，保存生命，这就是善的意志。（安东尼·肯尼编：《牛津西方哲学史》，第178页。）

② 康德：《道德形而上学》，第221页，第247—248页。

数学等于逻辑?

为什么康德哲学不能满足当代人的期待?我认为问题出在康德的先验观念论中。如前所述,如果数学等同于逻辑,只要把逻辑视作先验观念,数学也必然是先验观念。哲学家喜欢将人视作会使用符号的动物,形式逻辑是符号包含和等价取代,如果这等同于数学,那么"人是会使用符号的动物"这一论断就可推出先验观念的存在。因为掌握符号的能力一定包含对符号包含关系的使用和等价变换的能力,这样一来,只要将使用符号定义为人先天的能力(人的本质),一个需要不断探索的先验观念"世界"一定存在。

然而,一旦证明数学不等同于逻辑,使用符号的能力并不等同于数学能力,康德的先验观念论立即就失去了意义。作为形而上学的认识论转向,德国观念论也就被彻底证伪。这件事恰好发生在20世纪上半叶,它能帮助我们理解为什么在被封存的康德道德形而上学的冻土层中,找不到现代价值系统的坚实基础。

实际上,当19世纪数学家发现非欧几何时,康德把数学视为先天综合判断的错误已十分明显了。举一个例子,"两点之间直线是最短的线"似乎能够证明康德视数学知识为先天综合判断的正确性,因为该判断中主项有"直"这一概念,它不包含量,只包含质。其谓语中的"短"是涉及量的概念,不能从主项分析得出,只能由直观得到,故该判断是综合的。[1] 在

---

① 康德:《纯粹理性批判》,第9页。

非欧几何发现前，上述分析似乎无懈可击，但一旦有了非欧几何的知识，立即就能发现上述观点是错误的。在（包含非欧几何的）一般几何学中，“直线”是用最短线来定义的，而且只能用最短线来定义。人只要生活在非欧几何空间，立即就会发现“直”这种被康德视为来自“先天直观”的“质”根本不存在。其实，即使在欧几里得几何空间中，“直”是某一种质的规定也是假象，因为它就是对最短线的意识，正如我们在日常生活中把线“拉直”实际上就是寻找最短线那样。但康德生活在人类知晓非欧几何之前，用形而上学方法（理型）来理解几何，只能得到上述似是而非的结论。

事实上，数学论断中任何可导出的结论一定蕴含在前提中，康德把数学视为先天综合判断，这是根本不能成立的。该错误的根源是把“判断”分为“分析的”和“综合的”，这本来自形而上学传统。20 世纪逻辑经验主义已经认识到这一点，取消二分法规定的“判断”被“陈述”取代，正是形而上学被否定的一个重要例子。但逻辑经验主义者依旧没能回答数学是什么，下面我们来看一个例子，这就是维特根斯坦和“计算机之父”艾伦·图灵的分歧。

20 世纪 30 年代末维特根斯坦重返剑桥大学后，开设了一个研究数学基础的哲学讨论班。当时数学奇才图灵正好在剑桥大学国王学院工作，他参加了该讨论班。图灵和维特根斯坦就“什么是数学推理”发生激烈的争论。在图灵看来，数学推理必须像做实验一样从已知的前提中推出未知的事物，证明过程对应着有效的递归程序。维特根斯坦不认同图灵的观点，认为数学证明只是重新规定符号的意义，而不是发现了未知的东西。[①] 谁的观点是正确的呢？当然是图灵。为什么？维特根斯坦对数学的看法是"语法式"的，这和将推理视为形式逻辑如出一辙。那时的图灵已提出了图灵机的概念，发表了有关图灵机不能判定自己是否停过机的数学证明（万能计算机不存在），对"什么是数学推理"一清二楚。[②] 图灵在与维特根斯坦发生争论后，就不去那个讨论班了，他认为维特根斯坦根本不懂数学。然而，当时没有计算机，图灵的思想并没有被社会承认。

维特根斯坦是20世纪公认的哲学天才，连他都不能理解图灵在讲什么。由此可见，数学证明是形式逻辑这一旧式信念是何等顽固。图灵思想的哲学意义则要等到21世纪才被人重新认识，哲学家和认知科学家丹尼尔·丹尼特在评价当时名不见经传的图灵与维特根斯坦之争时曾十分感慨地说："图灵貌似天真，但他给后世留下了计算机，而维特根斯坦呢？他给我们留下了，呃……维特根斯坦。"[③]

"康德猜想"：数学符号真实和科学经验真实同源

我要强调的是，无论"第一批判"受到何种修正，先验观

① 瑞·蒙克：《维特根斯坦传——天才之为责任》，王宇光译，浙江大学出版社2011年版，第421—425页。

② 我在第三编和方法篇中会详细讨论这一问题。

③ 转引自尼克：《对掐——维特根斯坦和图灵》，载《东方早报·上海书评》2012年11月18日。

念都不存在。这样一来，判断背后不可能存在某种先天规定。“第三批判”主张一切判断（包括审美判断）乃是“把特殊思考为包含在普遍之下”亦不能成立，并在美术领域遭到了证伪，这就是不断壮大的现代艺术和20世纪30年代盛极一时的超现实主义艺术运动。

文艺复兴以来，一个不争的事实是，人类有着共同的审美标准，否则康德也不可能提出审美判断的公共性。但在现代艺术兴起以后，审美判断的先天公共性开始遭到挑战。在此，我用美术史来检验康德“第三批判”，一方面是因为绘画更典型地代表了判断（它大多不是用符号做出的）；另一方面是鉴于美术史有一个从理性走向非理性的历程，这与康德哲学从理性判断扩展到一般判断相似。

从19世纪中叶到20世纪30年代，现代艺术的发展经历了两个阶段，两个阶段的分水岭是第一次世界大战。19世纪以前，西方绘画一度被理性主义笼罩，从文艺复兴到启蒙运动，非理性都不是画家表达的对象。从印象派开始，画家开始在画中表达自己独特的感觉。相对论提出四维时空以后，立体派意图在画中表达多维空间。然而，纵观现代绘画的展开过程，虽然理性对绘画的限制不再如以前那么严格，但审美标准的公共性依旧是大致存在的。

第一次世界大战作为民族主义（启蒙运动和理性主义的产物）支配下民族国家间的毁灭性战争，对欧洲人造成巨大的心灵冲击。战争结束后，几乎所有西方艺术家都走向了怀疑理性甚至反理性，认为人的本性是非理性的，加上弗洛伊德学说的流行，非理性和反理性成为绘画表达的主要对象。从此以后，绘画再也没有共同的审美标准。超现实主义的代表人物马塞尔·杜尚将小便盆作为艺术品，称其为“喷泉”，这是审美标准丧失公共性的标志性事件，也就是说审美的公共性绝不来自判断的先验普遍性。

从达达主义、抽象主义到超现实主义的西方艺术潮流，是对康德“第三批判”一次无情的检验。康德在“第三批判”中强调，即使去除其中的理性成分，个人的判断也具有公共性。人的欲望或者情感，一旦变成判断，就一定受制于“先验观念”。据此，审美判断一定具有某种普遍标准。每一个画家在表现其非理性、梦幻般的感觉时，只需要认定自己的画作是成功的，这是一个被表达的判断。但事实证明：无论画家多么优秀，自以为作品多么成功，其他人却不一定知道画家要表达什么，判断公共性的丧失在超现实主义艺术品中比比皆是，保证非理性判断之公共性的先验原则的存在遭到质疑。[①]

如果我们立足于20世纪数学基础研究的巨大进步和现代艺术的兴起来审视康德哲学的整体结构，会感到深深的遗憾。先验观念不存在使得康德哲学的基础解体了，运用数学之所以能把握宇宙规律并预见我们不知道的自然现象，并不是因为科学经验被纳入先验观念，而神秘不可知的“物自身”更是子虚乌有。康德整合真善美的宏伟大厦只是一个形而上学的遗物，或者人为的误会罢了。

---

① 更详细的讨论请参见司徒立、金观涛：《当代艺术危机与具象表现绘画》，中国美术学院出版社2018年版。

那又如何看待康德的“第二批判”？康德把道德视为向善的意志，这无疑是对的。康德进一步指出道德规范是理性的，这是第一次对道德做出科学的界定，但论述的前提有问题，因为“第二批判”的基础是“第一批判”。康德认为时间和空间的观念以及自然现象必须用因果律来解释（包括天体运行符合数学法则），这都是把感觉纳入先天具有的理性框架的结果。这里假定了自然规律和道德律同源，它们都来自先验观念。换言之，我们头顶星空遵循的自然规律和我们心中的道德法则，两者同属理性处理之感觉，应该存在某种联系。其实，两者并没有逻辑上的相关性。

为什么？道德律实为主体对可控制行为规定的法则，这种人为的约束和自然规律完全不是一回事。康德虽然知道实然和应然之间存在着鸿沟，也了解从“存在自然规律”到“人意识到必须道德自律”是一个巨大的飞跃，但应然世界的法则和实然世界的规律是否真的存在某种隐秘的关联呢？康德并不敢断然否定，“第二批判”一直为其中的联系纠结不已。其实，两者之间不存在任何关联，这对了解中国社会和文化的研究者来说是显而易见的。自孔子确立以道德为终极关怀，孟子进一步提出义利之辨，中国儒生的道德追求就符合康德实践理性的全部要求。对道德律的自觉服从塑造了中国文化独特的常识理性精神，但这种常识理性和科学理性不是一回事，其以常识和人之常情作为合理性的最终根据。正因如此，中国传统社会技术再发达，亦不能独自孕育现代科学。对现代性的核心价值（个人权利）亦如此，至今中国知识分子仍在为中国文化精神推不出西方现代法权观念而苦恼。换言之，如果把道德律从西方转换到中国，所有疑问就一清二楚：中国人自觉服从该文明创造的道德律，它和天体运行遵循的数学法则一点关系都没有。

我要强调的是，即使康德的“第二批判”本身无大问题，但它的正确性和康德哲学的整体结构无涉。“第二批判”看起来是从“第一批判”推出的，这源于先验观念论的错觉。这一切使得康德的道德形而上学不能运用到其他文明的道德研究中，亦不能为现代价值系统提供新的基础。本来欧陆理性主义刚形成时，旨在把自然规律和现代价值系统直接建立在外部世界的理性本质之上，休谟的经验论和怀疑论指出此路不通。康德的“哥白尼革命”则可归为确立“意志主体相对于一切知识与一切对于实有之思辨性构作所具有的优越地位”。[①] 这响应了休谟问题并找到了建立容纳现代真实心灵的道路，但因先验观念不存在，这场“哥白尼革命”并没有真正发生。这确实令人沮丧。

上文将康德哲学比作一个充满形而上学污泥的宏伟结构，指出只要用高压水龙头对其进行冲洗，该结构就能显现出来。现在看来，该结构有严重缺陷，甚至是不能成立的，其所谓的“雄伟壮丽”又有什么意义呢？我认为康德的“第一批判”实际上是提出一个猜想，它由两个基本观点组成：第一，康德意识到数学符号真实和科学经验真实同源（即数学和自然科学或物理学同源），甚至是同构的；第二，既然两者同构，因数学

---

① 里夏德·克朗纳：《论康德与黑格尔》，关子尹译，同济大学出版社 2004 年版，第 44 页。

真实并非来自科学经验，并且和人的主体有关（人的先天直观形式），那么科学必定以人为中心，这样一来，证实现代价值并实现真善美统一的哲学一定可能建立。先验观念论本是用形而上学的认识论转型来实现该猜想，随着这一尝试的失败，康德哲学立即被打回原初状态：它仍然只是一个猜想而已！

即便如此，这仍是一个极为重要的猜想，其意义在于提出：只有立足于“数学符号真实和科学经验真实同源”才可以回答什么是科学真实，以及为何现代科学和现代价值最早起源于天主教文明。随着科学研究的进展，今天我们已经可以避免形而上学的错误，知晓数学的基础是什么。这样一来，只要结合 20 世纪对科学之认识，深入分析为何数学符号真实和科学经验真实总是同源，康德当年的猜想就可以成为一条通向真理的道路，即有可能真正实现与康德期待的“哥白尼革命”等价的事业。一旦完成了理性中心从宇宙到个人主体的转化，整合现代科学、现代价值系统和人文历史的新哲学就有可能被发现。总之，今天要想重建具有现代真实心灵的真实性哲学，必须从“康德猜想”再一次出发，这才是 20 世纪下半叶以来人们对康德哲学期待的真正意义。

告别童年：从“康德猜想”再出发

今天人类的思想正面临一个和康德出生时有点相似的年代。如前所述，康德是在对牛顿用数学如此精确地解释天体运行规律的惊异中长大的。然而，随着牛顿力学宇宙观的普及，科学和数学真实都被归为经验（客观存在）真实，康德的惊异被社会忘却了，康德猜想再也没有人重视。直到20世纪相对论和量子力学的建立，“科学真实究竟是什么”这一康德时代最重要的问题再一次摆在了哲学家面前。

十分明显的是，相对论和量子力学的原理不同于牛顿力学中的规律，其似乎很难用直观的“力”和物质的“客观实在论”来把握，却十分明确地建立在数学真实之上。人们再一次生活在新的物理现象可以被现实世界不存在的数学原理解释甚至预见的惊奇之中。更重要的是，除了对现代价值基础的寻找外，在很多基本问题上，我们仍然必须进行如同康德哲学那样同时面对科学问题和哲学问题的整全性研究。

举一个有代表性的例子。为什么只能用因果性而不是目的论来解释自然现象？这本是康德时代哲学家必须面对的问题，今日再一次凸显了出来。自牛顿力学建立后，因果律不仅是自然科学的金科玉律，而且日益笼罩人文社会研究，但在人文社会研究中因果解释并不总是对的。例如对个人的行为和社会行动来说，目的（观念）论解释有时比因果解释更正确。正如今日在判断某一凶杀案是否为真时，必须寻找行动者的目的，如找不到杀人动机，很可能导致冤假错案，历史上重大事件的解释亦如此。其实，亚里士多德就是用目的论来理解自然现象的，万物趋向自然位置就是达到其目的的过程，它不仅解释了为什么石头往下掉（自然位置在地心），还解释了为什么火和热空气上升。如前所述，因果解释取代目的论解释源于牛顿力学的巨大成功。从今天的眼光来看，当时自然现象的因果解释实际上只是力学解释而已。

而20世纪后的自然科学再也不能回避这个问题了。狭义相对论建立在光速不变这一前提之上。根据速度的相对性，超光速肯定存在。如地球自转一周，极遥远的星系相对于地球的转动速度一定超过光速。但相对论认为，这种超光速运动没有自然科学的意义。相对论所谓的光速不变是指光速是信息传递的极限速度，否则就会违反因果律。这里，相对论的宇宙观建立在自然现象必须用因果律解释这一前提之上。为什么自然现象必须用因果律解释呢？这是一个哲学问题。自牛顿力学建立以来，它被普遍接受。至于为什么会如此，只有康德哲学对此做过研究。今天离开康德哲学我们仍不知道如何响应休谟问题，即认定因果解释一定高于目的论解释。形而上学的解体证明先验观念不存在，如果因果律不是先验观念，它又是什么呢？由此可见，当20世纪牛顿力学被相对论和量子力学取代时，我们必须再一次寻找把科学和人文结合起来的整全性解释。

自然科学、人文研究再一次回到整全性的探讨，意味着哲学向康德时代回归。自17世纪在天主教文明中起源以来，现代科学和现代价值系统的展开必然意味着它们与其母体的分离，各自开始独立地发展。一开始哲学同时面对如下三个问题：第一，必须找到现代价值的非宗教基础；第二，现代科学作为现代性的一部分，是和现代性同时成熟的，哲学应说明科学是什么；第三，为了保持真实的心灵，在真善美不断分裂成互不相关的领域时，必须重新理解它们之间的内在联系，即进行科学、人文和艺术的整合，寻找一种统一的真实性哲学。然而，差不多所有的现代哲学都没能同时面对上述三个问题，提出整全性的解决方案。原因很简单，因为科学是什么与现代价值的非宗教基础以及人文和艺术能否整合，是完全属于不同领域的问题。这三方面的研究表面上是完全无关的。这样一来，随着“大分离”的展开，哲学研究越深入，越会失去整体性。康德哲学之所以成为欧陆理性主义解体后差不多唯一的例外，是因为它没有受到意义世界“大分离”的影响。它是现代价值系统和现代科学诞生之初第一个同时回答上述三个问题的整全性哲学系统。

牛顿撰写《自然哲学的数学原理》时，第一个现代社会（英国）刚刚建立，现代科学和现代价值系统蕴含在加尔文宗之中，我们可称之为现代性的童年。康德哲学为了响应牛顿力学而形成了支撑现代性的整全性哲学，亦可以称之为力图用形而上学包容现代性之哲学，这也是真实性哲学的童年。1952年，爱因斯坦在为牛顿《光学》一书所撰的序言中写道：“幸运的牛顿，幸福的科学童年！”[①]爱因斯坦的感慨完全可被用于康德哲学。康德是幸福的，因为在他建立真实性哲学时，牛顿力学所发现的科学经验真实和数学符号真实同构显而易见，康德利用形而上学的认识论转型达到真善美的统一，这在他那个时代是容易被人理解的，因为亚里士多德的传统并没有被忘却。今天要重建统一的真实性哲学则要困难得多，但我们毕竟有过康德这样的先行者，可以借鉴康德哲学建立的历史经验。

从“康德猜想”再出发重建真实性哲学，第一步就是研究

① I. 牛顿：《光学——关于光的反射、折射、拐折和颜色的论文》，周岳明、舒幼生、邢峰等译，科学普及出版社 1988 年版，第 1 页。

现代科学兴起的历史。如果数学符号真实确实和科学经验真实同源，那么在现代科学形成特别是物理学发展的历史中，我们一定能看到数学真实所扮演的不可取代的角色，甚至整个物理学（全部科学）史都是数学史。这样，我们必须将研究视野首先集中在科学史和科学哲学中，在那里取得突破后，再转到人文价值和终极关怀中。

总之，沿着“康德猜想”前进，这不仅意味着令康德惊异的问题对我们仍然存在，而且将同样指引着我们。我们所应做的，除了排除形而上学的错误，还要吸收 20 世纪的成果。至于 20 世纪所谓的哲学已死，实际上只是形而上学的破灭罢了。既然真实性哲学从未真正建立起来过，又谈何失败呢？换言之，这一切实际上只是哲学应该告别童年而已！现代哲学必须如凤凰涅槃，在 21 世纪的思想废墟之中浴火重生。

第二编

数学真实和科学真实

唯有历史才能使真相显形，即使对真实性本身亦如此。科学真实一直深藏在数学对自然现象的把握中。在历史上，它曾两次被归为经验真实。第一次是亚里士多德提出物理学和形而上学（物理学之后），当科学成为物理之时，数学变为逻辑的延伸。第二次是牛顿力学的巨大成功，科学成为关于客观实在的知识，数学则变成研究数“数”和空间经验的学问。直到相对论和量子力学成为科学的基石，这一切才有可能改变。然而，要从这一巨大而久远的幻梦中醒来，还有待于科学史研究揭示真实性错觉形成的过程。

第一章 《几何原本》之谜

如何证明"康德猜想"

从康德猜想出发，重建真实性哲学，第一步是证明科学和数学同源，并揭示科学真实的本质。所谓"证明"存在两条途径：一是从历史出发，看事实是否真的如此，即在科学史证明科学和数学同源的过程中，揭示科学经验和数学符号的真实性在历史上呈现出某种同构性；二是找到一种理论上可行的分析方法。其中，第二条途径从未有人开辟过，我将在第三编中提出一个初步的研究方向，并在《真实性哲学》第二卷即方法篇中予以详细讨论。现在先从第一条途径开始。

我发现，科学真实最早来源于数学真实，然后由于某种原因总是被归为一种经验真实。亚里士多德时代，科学被称为物理学，而数学经常被归为逻辑（甚至是形而上学）的一部分。启蒙运动之后，"客观实在"成为经验真实的代名词。与此同时，一种观念日益流行并笼罩我们至今，那就是数学是一门研究客观世界的空间形式和数量关系的学问。[①] 在历史上，科学真实的每一次革命性拓展（"科学革命"），都伴随在观念的层

---

① 关于这种数学观念的流行，最典型的例子是维基百科有关数学的词条。详见"Mathematics", Wikipedia, https: //en.wikipedia.org/wiki/Mathematics。

面上，从科学经验真实中解放出数学真实，但科学革命之后，数学真实又会在观念上被等同于科学经验真实，正因为这种情况在历史上反复出现，时至今日，科学真实仍被错误地等同于客观实在。对科学真实的误解是今天建立真实性哲学、重塑真实心灵的主要障碍。破除该障碍是找到当代真实性哲学基石的前提。因此，我首先要讨论观念史上数学真实是如何被想象成科学经验真实的。[①]

现代科学起源于西方，最早孕育在古希腊文明中。为什么其他文明（特别是中华文明）没有独立孕育出现代科学？这就是著名的李约瑟问题。这个问题可以从不同方面回答，如果从观念史层面分析，该问题可以大大简化。因为现代科学即是“科学真实”，它只能起源于数学真实，而数学真实的观念孕育在古希腊文明中，它是古希腊与古罗马超越视野的重要组成部分。正因如此，只有通过回顾古希腊至今科学发展的历程，才能看清楚科学真实和数学真实的关系。我可以这么做，出于特定的历史机缘。早在20世纪70—80年代，我和刘青峰就在研究李约瑟问题。我们发现，古希腊的几何学是现代科学的模板。20世纪80年代，刘青峰在《让科学的光芒照亮自己——近代科学为什么没有在中国产生》一书中，系统地分析了现代科学如何在古希腊欧几里得《几何原本》的示范下形成，即现代科学各门学科之建立实际上是把古希腊几何学中获取数学真实及

---

① 为行文便利，本编会交替使用“数学真实”与“数学符号真实”，两者的指涉对象相同，但科学真实不同于科学经验真实，其是数学符号真实与科学经验真实互相维系之整体。科学经验主要对应科学观察、实验活动。

整理知识的原则运用到各自领域中。[①]

1989 年我和青峰刚到香港中文大学工作的时候，陈方正是该校中国文化研究所的所长。我们经常一起到香港赛马会的餐厅吃饭，“科学起源之谜”是我们在饭桌上反复讨论的问题。当时我问方正：欧几里得《几何原本》为什么会突然冒出来？这让人百思不得其解，没有任何一个古文明出现过这样的著作，它简直像是来自外星！我们之所以如此惊叹于《几何原本》的出现，是因为它是现代科学神奇的种子。一旦有了这粒种子，只要有合适的社会条件，它就会长成大树。对现代科学形成来说，最难研究的是其种子如何出现。陈方正退休以后，开始撰写《继承与叛逆——现代科学为何出现于西方》一书，他在这本书中基本弄清楚了《几何原本》这一现代科学的种子的来源。他认为，古希腊哲学存在长期被忽略的一面，那就是把数学等同于理性。古希腊甚至存在过“科学革命”，当时的科学革命实际上就是数学革命。欧几里得的几何学理论就是其结晶。[②] 在此意义上讲，现代科学只能起源于西方。本编的内容延续了我和陈方正、刘青峰的相关研究，结合以往的工作和相关文献，我做了进一步的理论探索。

科学的自相似性

20 世纪 80 年代，我和刘青峰在讨论《几何原本》对现代

① 刘青峰：《让科学的光芒照亮自己——近代科学为什么没有在中国产生》，新星出版社 2006 年版。

② 陈方正：《继承与叛逆——现代科学为何出现于西方》，生活 · 读书 · 新知三联书店 2009 年版。

科学的示范作用时，发现最难的是说明什么是“示范”。当时我们不得不借助库恩的“范式”理论，即将一门学科的知识形成方式运用到新领域，从而产生另一门学科，这样两门学科因示范作用存在同构。然而，当时我们对科学发展中究竟有没有“范式”持怀疑态度。确实，如果考虑不同学科之间的关系，很多时候一门学科是建立在另一门更基础的学科之上的。在这个意义上，现代科学的所有学科组成一个不可分割的整体。分析整体的某个部分和其他部分，以及包含它在内的更大部分的“同构”，即有着某种相同的生成原则，几乎是不可能的。实际上，这个困难直到今天才得到克服。这就是运用“分形”原理来表达现代科学及其各学科之间的关系。1975 年法国数学家本华·曼德尔布洛特建立分形理论，如今其已成为一门很重要的数学门类，被广泛运用于宇宙学、物价和气候理论等研究领域。现在我将其运用到科学史研究中。[①]

为了说明这一点，我先简单介绍一下自相似原理。如图

---

① 1967 年曼德尔布洛特发表了一篇论文指出：海岸线作为曲线，我们不能从形状和结构上区分这部分海岸与那部分海岸有什么本质的不同，而且海岸线在形貌上是自相似的，也就是局部形态和整体形态类似。（Benoit Mandelbrot, “How Long is the Coast of Britain? Statistical Self-similarity and Fractional Dimension”, *Science*, no.3775 (1967).）曼德尔布洛特从中建立了分形几何。他指出：“分形指的是具有以下特点的几何图形，或者自然物体：（A）图形或物体的各部分与整体形式结构相同，不过它们的大小不同，并且可以有轻微的变形。（B）不论考察的层次如何，其形式要么极不规则，要么极不连续或者是破碎的。（C）它包含一些‘特殊的元素’，其等级变化极大并包含极宽广的范围。”（B. 曼德尔布洛特：《分形对象——形、机遇和维数》，文志英、苏虹译，世界图书出版公司 1999 年版，第 125—126 页。）

2–1 所示，几何图形 F 的结构是自相似的，即其任何一部分都与整体相同。其之所以自相似，是因为每一部分的生成都遵循同样的原则。该原则如下：A 是条直线，在 A 上面画个三角就形成 B，在 B 的每条边上各画一个三角就生成 C，依此类推，可以得到图形 D、E、F。F 的每一个局部结构和整体一模一样，所以说它是自相似的。

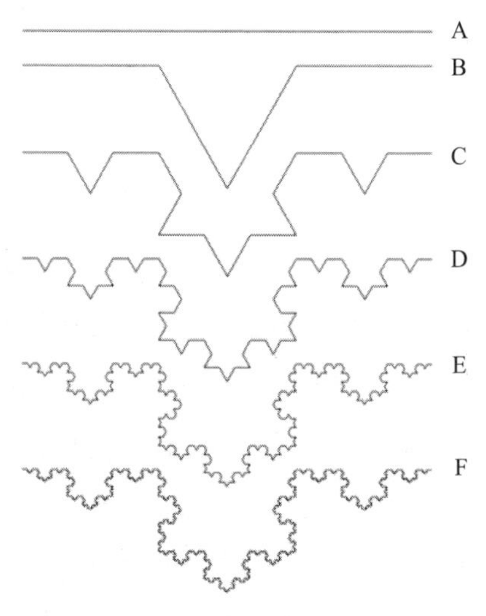

图 2–1　自相似结构的生成原理

几何图形 F 就是最简单的“分形”（Fractal），其任何一个部分的结构之所以与整体相同（即所谓“自相似”），是因为系统形成遵循如下原则。首先用某种方法处理该系统（如一线段 A），其次对得到的新系统（有一个三角之线段 B）的每一个和原系统相同的部分（B 中四个线段）仍实行同一操作。我们得到一个更新的系统（C），再对 C 中各个部分（线段）做同样的操作，以此类推。这里，自相似源于同一原则对系统整体及其新形成之部分一次又一次的运用。一旦弄清楚了自相似原理，现代科学各个门类为什么存在着同构就一清二楚了。众所周知，任何一门现代科学的形成，往往从认识某些特定事实开始，然后从众多的事实中抽出定律，再从各种定律中发现可以作为公理的更普遍的法则。这样一来，某一门现代科学作为某一对象的知识系统，都有从公理推出定理，再从定理解释事实之结构。虽然现代科学不同分支的内容千差万别，但它们都有上述结构，故可以说同构，或整体与部分是自相似的。[①] 换言之，所谓科学不同门类的同构，或现代科学整体和其组成部分之自相似，指的正是下述方法在不同知识领域或同一领域不同层次的反复运用：（1）发现一组普遍适用的原理（公理）；（2）由这些普遍原理推出规律（定理）；（3）用定理和公理进行解释的现象，我们称之为在特定前提下由该学科法则推出之事实。

那么，为什么要用上述方法处理各领域的知识？因为唯有如此，这一知识系统才为真。至于为什么如此，我在方法篇中才能回答。现在我要强调的是，今日这一众所周知的科学规范性要求并不是自明的，其建立相当艰难，而且需要一个榜样来

① 其实，不仅物理、化学这些学科如此，这种结构还可推广到所有科学门类中去。例如，生物学（达尔文进化论）与物理学的研究对象不同，但都具有从公理推出定律的结构。在某种意义上，已经成为现代科学一部分的任何学科都如此，如现代心理学、经济学中亦可发现这种隐含的结构。需要注意的是，因为医学至今并不是基于某些公理之上的理论体系，故尚不属于科学范畴。参见金观涛、凌锋、鲍遇海、金观源：《系统医学原理》，第三章。

示范。这个最早的榜样就是《几何原本》。众所周知，人类各大文明均有几何知识，但唯有古希腊文明几何知识才被组织成如《几何原本》这样的结构，它可如同图 2–1 分形那样组织并产生人类所有对自然界之经验知识，这就是现代科学。由此看来，前面所说科学起源于古希腊固然没错，但太过宽泛。实际上，现代科学的起源正是《几何原本》在各种知识系统形成中的示范作用。如果用武侠小说中的武功比喻现代科学，现代科学的奥秘就记载于《几何原本》这部神奇的武功秘籍之中。

神奇的武功秘籍

欧几里得是古希腊数学家，曾受业于柏拉图学园，后应埃及托勒密国王邀请，从雅典移居亚历山大，从事数学教学和研究工作。今日流传的欧几里得事迹大多不可考，但可以确定的是他留下的《几何原本》。正是在该书的示范作用下，数理天文学诞生了，托勒密的《大汇编》亦成为武功秘籍的附加部分。古希腊与古罗马文明消亡以后，《几何原本》和《大汇编》一直保留在阿拉伯文的文献中，直至文艺复兴前几个世纪才被再一次植入西方天主教文明。哥白尼到意大利比萨留学的时候，《大汇编》的完整版才刚被翻译成拉丁文。牛顿力学的兴起则源于这些武功秘籍的进一步放大并再次发挥作用。近代科学的代表人物——从伽利略、开普勒到牛顿，都受到《几何原本》的影响。爱因斯坦的相对论和量子力学的背后，同样存在欧几里得几何学理论的影子（见图 2–2），正因如此，今天科学家把物理学理论称为几何式的。

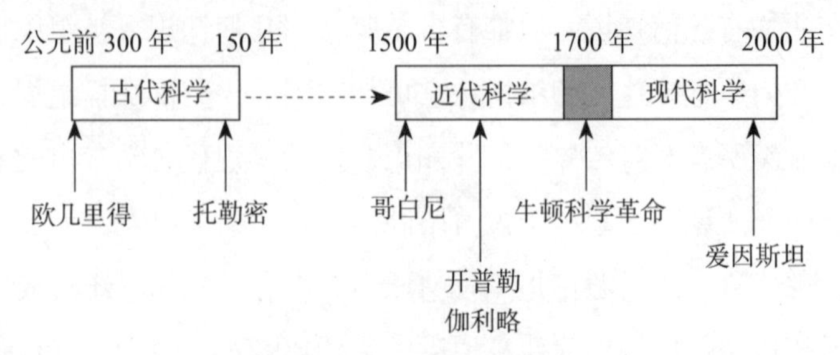

图 2–2　西方科学传统

图片来源：陈方正 2012 年 8 月中欧商学院演讲 PPT（演示文稿），笔者对原图做了调整和简化。

关于牛顿力学的建立如何源于《几何原本》示范作用的放大，我会在后面的章节详加分析。据说牛顿一辈子只笑过一次，这发生在他担任卢卡斯讲座数学教授期间，有一个学生问牛顿：欧几里得的《几何原本》是否值得一读？这时牛顿笑了，《几何原本》怎么会不值得一读呢？[①] 牛顿的《自然哲学的数学原理》一书，就是仿照《几何原本》的形式写成的。在科学史上，许多科学家都效仿《几何原本》，说明自己的研究结论是如何从最初的几个作为自明公理的假设中逻辑地推导出来的。量子力学和相对论也是如此，爱因斯坦甚至将《几何原本》称为"神圣的几何学小书"，认为"这本书里有许多断言，比如三角形的三条高交于一点，它们本身并不是显而易见的，但却可以很可靠地加以证明，以至于任何怀疑似乎都不可能"。在牛津大学的一次演讲中，爱因斯坦还提出："如果欧几里得未

① 恩斯特·费雪：《从亚里斯多德以后——古希腊到十九世纪的科学简史》，陈恒安译，究竟出版社股份有限公司 2001 年版，第 205 页。

能激起你少年时代的热情，那么你天生注定不是一个科学思想家。”[①] 晚年爱因斯坦在写给好友的信中，非常清楚地说明了他对于科学理论构造的观点，那就是科学源于公理体系（见图 2–3）。这一观点来自欧几里得几何学。

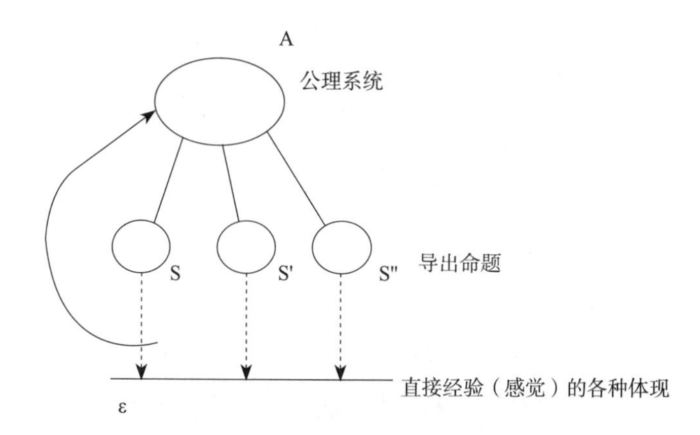

图 2–3　科学源于公理体系

图片来源：爱因斯坦：《关于思维同经验的联系问题——1952 年 5 月 7 日给 M. 索洛文的信》，载《爱因斯坦文集》第一卷，许良英等编译，商务印书馆 2010 年版，第 729 页。

正因为欧几里得《几何原本》中蕴含现代科学分形成长的自相似原则，在某种意义上《几何原本》传入另一文明并对其知识系统起到塑造作用，可以视为近代科学在该文明出现之标志，中国就是明显的例子。据考证，该书部分内容传入中国的时间很早，在 13 世纪就与阿拉伯数学一起传入中国。[②] 但上

---

① 沃尔特·艾萨克森：《爱因斯坦传》，张卜天译，湖南科学技术出版社 2012 年版，第 17 页。

② 沈福伟：《中西文化交流史》，上海人民出版社 1985 年版，第 274—275 页。

文所说的示范作用不是指知晓其中某些内容，而是其整个思维方式。事实上，在 1607 年由利玛窦口述、徐光启笔授的 6 卷本《几何原本》中译本出现前，中国人对这种思维模式是完全陌生的。徐光启的译本是根据德国人克拉维乌斯校订增补的拉丁文《几何原本》（15 卷）译成的，故 17 世纪亦被普遍视作中国最早接触西方近代科学的时期。[1] 根据我与刘青峰的观念史研究，这一观点是正确的，因为它和中国用“格致”指涉西方近代科学同时发生。[2] 更重要的是，徐光启翻译的只是《几何原本》前半部分，后半部分（共 9 卷）由清代数学家李善兰和英国人伟烈亚力合作译出。[3] 这里面的 200 年时间差正意味着中国接受现代科学的延误。[4] 徐光启对《几何原本》的评论极高，他说道：“此书有四不必：不必疑，不必揣，不必试，不必改。有四不可得：欲脱之不可得，欲驳之不可得，欲减之不可得，欲前后更置之不可得。有三至、三能：似至晦实至明，故能以其明明他物之至晦；似至繁实至简，故能以其简简他物之至繁；似至难实至易，故能以易易他物之至难。易生于简，简生于明，综其妙在明而已。”[5] 杨振宁由此指出徐光启清楚地

---

① 杨振宁：《近代科学进入中国的回顾与前瞻》，载《世界科学》1993 年第 9 期。

② 详见金观涛、刘青峰：《观念史研究——中国现代重要政治术语的形成》，法律出版社 2009 年版，第九章。

③ 杨振宁：《近代科学进入中国的回顾与前瞻》。

④ 吊诡之处在于，《几何原本》在中国传播的历史就是中国科技落后的历史。刘青峰在《让科学的光芒照亮自己》中提出，这与中国独特的科学技术结构有关。

⑤ 徐光启：《几何原本杂议》，载王重民辑校：《徐光启集》上册，上海古籍出版社 1984 年版，第 77 页。

明白“欧几里得和中国学者在逻辑思考方面的基本分异”。[①]

科学起源于数学真实

《几何原本》属于数学著作，现代科学起源于这一本独特的数学书，这意味着科学真实最早被包含在数学真实中。什么是“数学真实”？我在第三编和方法篇中会给出其严格定义，现只做简单说明。人们通常将数学之真归为逻辑推理及逻辑自洽，其实，这并不正确。只要分析《几何原本》的结构，立即可以看到这一点。《几何原本》共有13卷，其主要内容由三部分组成：一是平面几何与立体几何，二是数论，三是代数方程或代数几何（见表2–1）。纵观《几何原本》的三部分内容，能得出如下结论：第一，《几何原本》没有将亚里士多德发现的三段论作为讨论内容，推导方法不是重言式的形式逻辑法则，即其讨论的是数学，而不是逻辑；第二，虽然《几何原本》中存在计算，但它更关心普遍命题，其核心是数学推导；第三，由于该著作并非单纯的几何，而是由几何学、数论、代数几何包括普遍方程求解三部分组成，其推导方式对这些不同的领域都适用，这是一种从自明的公理推出定理或结论的“公理系统”方法。[②]上述三个特征代表了这部武功秘籍的精神，我们

---

① 杨振宁：《近代科学进入中国的回顾与前瞻》。

② 对于如何认识《几何原本》存在不同观点，如数学史家卡尔·B. 博耶认为《几何原本》事实上是一本教科书：“《几何原本》并不像人们有时候所认为的那样，是一部所有几何知识的概要，而是一本涵盖所 （下接第146页脚注）

可以从中了解数学真实是什么。

表 2–1 《几何原本》的内容

	卷	内容
几何学传统	1	定义、公设与公理；直线与三角形；平行线；面积
	3	直径、切线
	4	圆、内接及外切多边形、正五边形问题
	5	普遍比例理论
	6	比例理论应用于平面几何；二次方程通解
	11	立体几何学定义；直线形体
	12	曲面面积及体积
	13	五种正多面体；外接球面
数论传统	7	定义；最大公约与最小公倍数；比例理论之适用；素数问题
	8	级数；复比例
	9	平方数、立方数、因子分解；素数数目无限定理；几何级数和；完整数
	10	无理数论：无理根分类。此为诸卷中最长者

（上接第 145 页脚注）有初等数学的基础教科书——换句话说，它涵盖了算术（英国人所谓的‘高等算术’、美国人所谓的‘数论’那种意义上的），综合几何（点、线、面、圆和球），以及代数（不是现代符号意义上的，而是披着几何外衣的等价物）。要注意，计算的艺术并不包括在内，因为它不属于大学里讲授的内容；也不包括圆锥曲线或高次平面曲线，因为这些是更高级数学的组成部分。普罗克洛斯把《几何原本》跟数学其余部分的关系描述为字母表中的字母跟语言的关系。”参见卡尔·B. 博耶：《数学史（修订版）》上卷，尤塔·C. 梅兹巴赫修订，秦传安译，中央编译出版社 2012 年版，第 121 页。陈方正则认为“和一般印象相反，它既非纯粹几何学著作，也不是初级教材，更非原创性专著。它其实是将前此所有已知数学成果加以编撰，并且纳入同一逻辑结构的集大成之作”。（陈方正：《继承与叛逆——现代科学为何出现于西方》，第 191 页。）不论这些评价有多大差别，《几何原本》具有上述三个特征及其方法的示范作用，都是大家公认的。

（续表）

	卷	内容
几何代数学传统	2、6	代数恒等式；正方、长方与曲尺面积；完成平方解二次方程

资料来源：陈方正：《继承与叛逆——现代科学为何出现于西方》，第195页。笔者对其做了调整和简化。

表面上看，上述三个特征平淡无奇。其实只要稍加分析，就可以看到数学真实神奇的性质，因为它并不等同于逻辑推理以及逻辑自洽对应的真实性。也就是说，通常人们注重的“重言式类的包含及自洽”不代表数学的精神。如果没有逻辑，我们该如何进行推理呢？《几何原本》当然不是反对形式逻辑，虽然数学推理的每一步都包含形式逻辑，但其有效性依赖某种整体结构——公理化的推理方法，而不是重言式的形式逻辑。

早在古希腊，哲学家就知道，下述类似于三段论的推理不是基于形式逻辑：如果B的面积是A的2倍，C的面积又是B的2倍，则C的面积是A的4倍。也就是说，$2\times2=4$不能从三段论推出，至于为什么如此，古希腊哲学家不能回答。因为其涉及自然数计算，到20世纪才知道，自然数计算不能用逻辑导出。那么数学计算是不是可以归为经验推理呢？也不是！为此，让我们回到《几何原本》的第二个特征。欧几里得在《几何原本》中不是以计算为中心，而是以推出普遍命题作为目标。什么是不等同于计算的普遍命题之推理？下面举一个素数的例子。

素数又叫质数，它们只能被1和自身整除。由2开始，3、

5、7、11、19、23 这么一路延续下去，从前一个素数求出下一个素数，这是计算。但素数有多少个呢？这个问题无法由经验计算回答，但欧几里得在《几何原本》已经证明了素数有无限个。[①] 自此之后，有关素数的普遍命题就成为数论研究的重要组成部分，有很多命题至今都没有解决。孪生素数猜想就是其中之一。所谓“孪生素数”是指两个素数前后有差值为 2，比如（3，5）、（5，7）、（11，13）、（17，19）、（29，31）、（41，43）。如果一直列举下去，我们可以发现其分布越来越稀疏，但似乎始终存在。孪生素数猜想是：孪生素数有无穷多对，不管其分布多么稀疏。这一猜想至今都没有得到证明。[②] 这个例子明确反映出数学推理的性质：第一，即便现实世界中研究者用再多的计算机来算，也不可能求出所有孪生素数，即它不

---

① 《几何原本》第九卷包含的命题 20 指出：“预先给定任意多个素数，则有比它们更多的素数。”也就是说，“欧几里得在这里给出众所周知的基本证明：素数的数量是无限的。证明是间接的，因为它显示，假设素数的数量有限会导致矛盾。设 P 是所有素数（假设其数量有限）之积，考虑到数 N=P+1。现在，N 不可能是素数，因为这与 P 是所有素数之积这个假设相矛盾。因此，N 是合数，且必定能被某个素数 p 除尽。但 p 不可能是 P 的任何素因子，因为那样一来它和 N=P+1 矛盾。因此，p 必须是一个不同于积 P 的所有因子的素数；因此，P 为所有因素之积这个假设必定为假”。引自卡尔 · B. 博耶：《数学史（修订版）》上卷，第 131—132 页。

② 美国华裔数学家张益唐在证明该猜想上迈出了关键性一步。2013 年 4 月 17 日，他向《数学年刊》（*Annals of Mathematics*）的投稿证明孪生素数对之间的间隙都小于 7 000 万。论文发表后，7 000 万很快被缩小到 246。只要这一间隙不是 2，我们都不能说孪生素数猜想得到了最后的证明，但确实有了巨大进展。参见 Alec Wilkinson, “Yitang Zhang's Pursuit of Beauty in Math”, *The New Yorker*, https://www.newyorker.com/magazine/2015/02/02/pursuit-beauty。

是经验所能证明的；第二，只要数“数”这件事是真的，孪生素数的猜想就能被推理证明是否成立，即推出的结论也是真的。《几何原本》蕴含一个未曾言明的前提：在数学真实的结构中，前提为真，结论就一定为真。“前提为真”往往是显而易见的，但结论的真实性并非如此。换言之，数学真实强调真实性具有某种公理化的整体结构。

在自然数研究中发现这种不同于形式逻辑又超越出经验之“公理系统”推理方式，似乎并不太困难。奇妙的是，这种推理方法能从自然数领域延伸运用到线段测量和图形关系中，这才是《几何原本》的核心观点。也就是说，根据《几何原本》的第三个特征，这种基于“公理系统”真实性的推理方法可以运用到所有知识系统中。正因如此，它才是现代科学的种子，即现代科学真实起源于数学真实。为了剖析数学真实颇为奇妙的内在结构，让我们回到历史脉络中，分析欧几里得几何学在古希腊文明中是如何形成的。

第二章　数学真实的显现及其命运

数学真实的起源

至此我们可以得出一个结论：正是上述《几何原本》的三个特征使其成为现代科学的种子。这样一来，只要能揭示相应的三个观念是如何起源的，就可以知道现代科学种子形成之过程。显而易见，《几何原本》的三个特征中，代表第一、第二个特征之观念可以从自然数研究中得出来，第三个特征相应观念的形成比较难。于是，对科学种子起源的研究必须分两步进行，第一步是确定代表前两个特征的观念在《几何原本》中起源的过程，第二步是分析第三个特征相应观念出现之条件。

在研究前两个特征相应观念的起源过程时，必须指出这是毕达哥拉斯的贡献。关于毕达哥拉斯其人，我们只能从亚里士多德和柏拉图的著作中看到他的踪影。[①] 毕达哥拉斯的形象之所以模糊，除了出于文献的缺失外，还因为他创立了一个学派，

---

① 亚里士多德在《形而上学》一书中这样介绍毕达哥拉斯学派及其观点："在这些哲学家以前及同时，素以数学领先的所谓毕达哥拉斯学派不但促进了数学研究，而且是沉浸在数学之中的，他们认为'数'乃万物之原。在自然诸原理中第一是'数'理，他们见到许多事物的生成与存在，与其归之于火，或土或水，毋宁归之于数。数值之变可以成'道义'，可以成'魂魄'，可以成'理性'，可以成'机会'——相似地，万物皆可以数 （下接第 151 页脚注）

其具有秘密的和集体主义的特征，所有的知识和财产都是共有的。[①]今日看来，毕达哥拉斯学派由人类历史上最早的数学家组成。他们在研究数论，思维模式和今日数学家一样，但他们结合成一个神秘的宗教团体，用数学研究追求永生。最重要的是，他们比今日数学家更雄心勃勃，认为整个宇宙是“数学”的，这就是他们当时研究的自然数。换言之，毕达哥拉斯的重要性不仅在于这个人，而是其学派已经实现了自然数研究的公理化，并在此基础上将这种公理化方法推到更广的领域。在某种程度上，他们已完成现代科学种子观念起源的第一步，并力图迈出第二步，即他们提出了“万物皆数”的观念。

事实上，只有从自然数出发，不等同于形式逻辑的推导以及推导以证明普遍命题为真才是可能的，但这一步通常都会被局限在数学家专业群体中，因此和第一步相比，更重要的第二步，即通过公理化方法推出普遍命题并将其用到自然数以外的所有其他领域。这正是毕达哥拉斯学派在古希腊文明中的重要性。“万物皆数”观念之形成一方面意味着人类最早在自然数中发现数学真实，另一方面表明人类力图用这种推理结构解释

（上接第150页脚注）来说明。他们又见到了音律的变化与比例可由数来计算，——因此，他们想到自然间万物似乎莫不可由数范成，数遂为自然间的第一义；他们认为数的要素即万物的要素，而全宇宙也是一数，并应是一个乐调。他们将事物之可以数与音律为表征者收集起来，加以编排，使宇宙的各部分符合于一个完整秩序；在那里发现有罅隙，他们就为之补缀，俾能自圆其说。”引自亚里士多德：《形而上学》，吴寿彭译，商务印书馆1995年版，第12页。

① 卡尔·B. 博耶：《数学史（修订版）》上卷，第58—59页。

世界上的所有事物。毕达哥拉斯学派把奇数视为阳刚的，把偶数视为阴性的，然后用奇数和偶数来组成万物。毕达哥拉斯学派学者费罗莱斯这样论述："一切可知之物都有数目，因为没有这个（数目）就无法用心智去掌握任何事物，或者去认识它。"[①] 举个例子，毕达哥拉斯将声乐归结为数与数之间的关系，因为弦发出的声音取决于其长度。他们还指出，两根线绷得一样紧，若一根的长度是另一根的两倍，则会产生谐音。[②] 除此之外，毕达哥拉斯学派还用自然数解释伦理学、宇宙天文学等一切现象。显而易见，这些解释并不正确。表面上看，这与《易经》中的阴阳五行组成宇宙的观念似乎没有本质的不同。然而，毕达哥拉斯学派的"万物皆数"最大的特点是，它注重严格推导，这是其他类似的观念系统不可能做到的。

事实上，正因为毕达哥拉斯学派论证"万物皆数"时注重自然数公理化推导，在将数学真实扩大的第一步即将其运用到线段测量上就发生了困难。只有克服了这一困难，几何学才有可能产生。为什么？既然万物都可由数来表达，那么一定可以证明任何线段长度都可以用自然数来表达。具体来说，如果用某一固定线段为测量单位，令其为 1，那么任何线段长度都可用测量单位来"数"它，即它们或者是整数，或者是两个整数之比，也就是一切线段长度都可测量并合比例。"比例"（ratio）观念起源了，"可测比性"（commensurable）成为宇宙

① 转引自陈方正：《继承与叛逆——现代科学为何出现于西方》，第 126 页。

② M. 克莱因：《数学——确定性的丧失》，李宏魁译，湖南科学技术出版社 1997 年版，第 5 页。

的基本法则。

今日英文中“理性”一词就源于拉丁文“ratio”，即理性实为“合比例”。而拉丁文的“比例”直接来自古希腊。将“比例”的观念植入古希腊哲学的正是毕达哥拉斯学派。换言之，“比例”观念从古希腊到古罗马，再通过经院哲学一直延续至现代工具理性，不仅意味着科学方法的传承和相应理性精神的普及，还是公理化推理原则从自然数到线段、图形再到各个领域的应用，这就是现代科学在西方的成长。至于其他社会，虽知道数，会做计算，也都懂得测量长度、测算面积，但没有一个文明把数的推理严格运用到长度测量之中，使得长度测量、几何图形之间关系的研究亦成为与自然数推理同样严格的公理系统。

虽然毕达哥拉斯学派在自然数中发现了数学真实，也做到了公理化推理，但将公理化方法运用到自然数以外的领域并不容易。因为只要遵循严格的推理，证明任何线段都可测比，必须先假定某一线段长度为 1，并以该长度为尺去度量任何一个线段。这里，任何一个线段当然包含用某一种原则形成的线段，如直角三角形的斜边或圆。这时，立即发现并非任何一条用某种方式给出的线段都是可测比的。为了克服这一困难，公理化推导方法才从自然数跳跃到线段测量和图形分析，其后果是公理化推导和自然数计算脱离关系，成为一种独立的观念系统，这就是《几何原本》的诞生。

令人惊异的是，发现有些线段是不可测比的，居然也和毕达哥拉斯学派的另一个贡献有关，那就是几何学中的毕达哥拉斯定理。古巴比伦人已经知道直角三角形斜边之平方是另两条边平方的和，中国人称之为勾股定理。我要强调的是，毕达哥拉斯定理和其他文明相关论述的根本不同在于：它和“万物皆数”的观念整合在一起，构成了观念系统内部的巨大张力，催生了两个其他文明都没有的几何学研究。这就是通过某种跳跃将数的“比例”运用到线段测量以克服不可测比的困难。这一切构成了古希腊第一次数学革命，它也是人类第一次科学革命。

不可测比线段的发现

在某种意义上，发现不可测比线段的存在是毕达哥拉斯学派出现后顺着自己思路进一步发展必然的产物，它会导致毕达哥拉斯学派的解体。在其他轴心文明中，如果一个有独特观念的学派瓦解，蕴藏在该学派中的教义就会被遗忘。也就是说，在其他文明中，即使在自然数研究中初现了数学真实，其也不会成为科学的种子。古希腊文明的独特性在于其以认知为终极关怀，当线段的比例成为认知理性的寄托对象时，发现不可测比线段无疑意味着该文明内部发生了一次核弹爆炸，认知理性必须从“不可测比”中拯救自己。我称之为超越视野之观念系统的内部危机，它成为观念系统自行改进和扩张的巨大内在动力。一旦危机得到克服，原来以数为重心的推理就转移到线段、几何图形等更为广阔的领域之中。独特的由公理推出定理的几何传统得以形成，《几何原本》就有可能诞生。

我们先讨论发现不可测比线段的必然性。根据毕达哥拉斯定理，在一个直角三角形 ABC 中，斜边长度为 BC，两条直角边长度分别为 AB 和 AC，一定有 $BC^2=AB^2+AC^2$。该定理可以通过作图证明，即直角三角形斜边构成的正方形面积为由两条直角边构成的正方形面积之和（见图 2-4）。这一定律各文明都知晓，证明它并不困难。毕达哥拉斯学派的独特之处在于：他们以直角边为尺的单位来测量斜边，看其是否符合比例。既然毕达哥拉斯学派认为万物皆数，斜边长度一定是两个整数之比。他们一旦提出这一问题，只要利用公理化推导，立即就会发现这一线段是不可测比的。

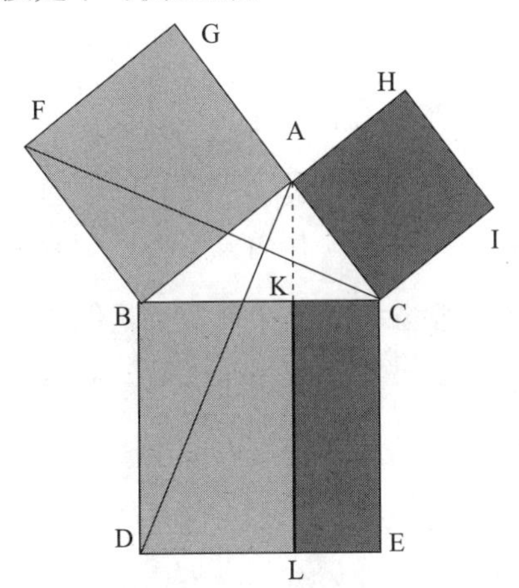

图 2-4 毕达哥拉斯定理的证明

证明方法很简单，假定 AB=BC=1，即考察的是等边直角三角形，用直角边为一度量单位，测量直角三角形斜边。如果它是可测比的，即为两个整数相除，其一定可写成 $x=m/n$，其中 m 和 n 是整数，x 是比例。因为分数可以通约，所以通约的结果一定是 m 和 n 二者必有一个奇数，因为到这时分数不能再化约了。如果比例存在，看看会得出什么结论。根据毕达哥拉斯定律 $BC^2=2AB^2$，则有（BC/AB）$^2=2$，因为 BC/AB=m/n，即有（m/n）$^2=2$。这样可推出 $m^2=2n^2$。因为奇数的平方仍然是奇数，而 m 的平方是偶数，所以 m 必定为偶数，这样 n 必定为奇数。这时可以令 m=2p，$4p^2=2n^2$，$n^2=2p^2$，由此推出 n 是偶数。因为任何一个自然数不是奇数必定是偶数，这样 n 不可能是自然数，所以 x 是不可测比的。[①]

上述证明常常被称为发现无理数。因为如果 AC 为 1，那么 BC 的长度应该是$\sqrt{2}$。$\sqrt{2}$不可能是两个整数之比，即不是有理数。故上述证明在数学史上被称为无理数的发现，其实这是事后的说法。在古希腊，这只是发现存在不可测比的线段。需要注意的是，上述推理不是三段论式的，而是基于自然数推理的公理化结构。为什么？任何一个自然数若不是偶数便是奇数，偶数可以被 2 整除，偶数乘偶数仍是偶数，这些都是自明的公理。此外，直角三角形斜边平方等于两直角边平方之和亦是用作图证明的。用这些公理可以推出直角三角形斜边不可测比，看上去有些不可思议。其实，这是科学推理第一次显现其神奇的力量，以后科学理论可以极为复杂，但预测不为人知结果的原理和证明存在不可测比线段如出一辙。人们常将这种力量归为数学的秘密，或大自然之书是用数学写成的。至于为什么如此，我将在方法篇中回答。在此，我只是强调立足于自然数公理的推理方式不同于形式逻辑。

① 参见莫里斯·克莱因：《古今数学思想》第一册，张理京、张锦炎、江泽涵译，上海科学技术出版社 2002 年版，第 37—38 页。

不可测比线段的存在据说是由毕达哥拉斯学派弟子希帕索斯发现的。毕达哥拉斯学派深为这个结果震惊，不敢将其外传。据说希帕索斯将无理数透露给外人，触犯学派教规，因而被处死，其罪名竟然是“渎神”。另有一种说法是同门将其驱逐出教派，并为其竖立墓碑，视其为等同死亡。[①] 由此可见，该学派对严格的推理是何等的重视：只要前提为真，推理的每一步是严格的，无论结果多么不可思议，它一定是真的。万物皆数及都可测比是毕达哥拉斯学派的核心教义，它被严格的数学推理否定时，对毕达哥拉斯学派而言，这意味着学派的灭亡。但对作为终极关怀的认知理性而言，其只表明对于线段之比例应该重新定义。这使得立足于线段测量和图形推导的研究领域亦可运用自然数之公理化推导，几何学起源了。

几何学起源可分为两步。第一，数学真实所寄托对象的变化，使得毕达哥拉斯学派及相应人员的研究重心发生转移：由以数为中心变成以线段和图形为中心。换言之，不可测比线段之存在表明整数及其比例无法完全覆盖所有几何量的表达；反之，所有整数及其比例都可以由几何量表示出来，整数的尊崇地位受到挑战，几何学开始在古希腊数学中占据更核心的地位。[②] 在此之前，数学真实一直以数和数论为中心，几何只是数学真实的推广甚至应用。现在必须反过来，线段比数更基本。自此

---

① 陈方正：《继承与叛逆——现代科学为何出现于西方》，第 141—142 页。

② 如数学史家克莱因所指出的，毕达哥拉斯学派原本将数和几何等同看待，但不可测比线段的发现打破了这一等同。之后他们依旧会考察几何中所有种类的长度、面积和比，但对于数的比只限于考察可测量的比。参见莫里斯·克莱因：《古今数学思想》第一册，第 38 页。

之后，几何学代替数论成为数学真实的中心。第二，如果仍坚持万物可测比，一定要定义线段的比例，但是已经证明有的线段长度无法用整数或其比例来表示，那又该如何定义线段之间的比例呢？从公元前500年到公元前200年，希腊人费了近300年的时间才成功回应这个挑战——先是尤多索创立了比例论和数理天文学，之后由欧几里得建立了公理化的几何学。一旦完成了上述两个步骤，数学真实立即出现扩张。

柏拉图的“理型”和数学真实

古希腊哲学精神一直是以苏格拉底、柏拉图和亚里士多德思想为中心展开的。现在我以毕达哥拉斯学派教义的发展谈几何学的起源，它能代表古希腊理性精神对数学真实的孕育吗？确实，离开古希腊思想的主线来讨论科学的起源是没有意义的。事实上，上文涉及的几何学形成过程不仅被包含在古希腊哲学发展历程中，而且是其重要组成部分，只是很多人看不到这一点而已。

今天我们一谈到柏拉图，就会想到他在人文社会领域的著作和思想。柏拉图的老师苏格拉底非常关心道德哲学、政治哲学等人文社会命题，青年柏拉图跟随苏格拉底，并密切关注现实政治。“苏格拉底之死”让柏拉图对当时希腊的政治体制极为失望，他选择离开雅典，外出避难游学，并将关注重心转向哲学，正是在此期间，他开始撰写《对话录》，这几乎贯穿了柏拉图的青壮年直至老年，以至有学者将柏拉图的一生总结为

“写作者的一生”。[①] 早期《对话录》的内容偏重于人文社会领域，这显示出苏格拉底对柏拉图思想的影响，但中后期《对话录》的内容表明柏拉图思想经历了一个巨大的转向：从人文社会转向数学和相应的认知理性。[②]

柏拉图思想转向的现实背景是其三次访问西西里。这三次访问中，他接触了毕达哥拉斯学派的学说，还结识了毕达哥拉斯学派学者阿基塔斯。他深受“万物皆数”观念的影响，进而将其沉淀为今天我们所熟知的“理型”论研究，其实质正是探讨数学真实。举个例子，柏拉图在《斐莱布篇》中借苏格拉底之口说道：“有一种礼物是诸神从他们的住所赐给凡人的——至少在我看来这是明显的——它通过普罗米修斯，或某个像他一样的神，与那极为明亮的火种一道，到达人类手中。从前世代的人比我们要好，比我们更接近诸神，他们以讲故事的形式把这种礼物一代代传了下来。他们说，一切事物据说都是由一与多组成的，在它们的本性中有一种有限与无限的联系。”[③] 通常人们认为这里的“普罗米修斯”指的是毕达哥拉斯或毕达哥拉斯学派，但一项最新的研究指出，“普罗米修斯”指的是希帕索斯，而“从前世代的人”则指的是阿基塔斯及其老师费罗莱斯。[④] 我认为，这项研究恰恰证明了柏拉图对不可

---

① Danielle S. Allen, *Why Plato Wrote*, John Wiley & Sons, 2011, p.13.

② John M. Cooper, ed., *Plato: Complete Works*, Hackett Publishing Company, 1997, pp. xii- xiii.

③ 柏拉图:《斐莱布篇》，载《柏拉图全集》第三卷，王晓朝译，人民出版社 2003 年版，第 184 页。

④ Phillip Sidney Horky, *Plato and Pythagoreanism*, Oxford University Press, 2013, pp.224—258.

测比线段发现所引发的科学革命（数学的中心从数转向几何）的感知。

随着柏拉图思考的成熟，“理型”被界定为一种接近灵魂的存在。通过理型，既可以认识实际存在的外部世界，也可以接近不朽的神秘世界。之后，柏拉图的学风出现了一次大转变：从现实、伦理转向了抽象的宗教和形而上学问题，接下来他回到雅典，创办了“学园”（Academy）。人所共知，柏拉图在“学园”门口挂了一个“不懂几何者不得入内”的牌子。这里，几何而不是数论，成为柏拉图追求“理型”之象征。什么是“理型”？这是一种非经验的永恒不变之真实性，它成为认知理性的目标。[①] 其实，它就是今日我们所知的数学真实。

和毕达哥拉斯学派把数作为认知终极目标不同，柏拉图把“理型”作为认知理性指向对象。他再三强调理型不可能来自经验，像同一（identity）或单一（unity）这样核心的概念不可能来自抽象，它们必定来自思想本身。这使得他认为，真正的实在由永恒的、不可改变的理念构成，所有其他事物都源于

---

① 柏拉图十分反对自然实验，认为这是渎神的；与此同时，他又对数学评价甚高。（W. C. 丹皮尔：《科学史及其与哲学和宗教的关系》，李珩译，广西师范大学出版社 2009 年版，第 28 页。）举个例子，普鲁塔克在他的《马塞卢斯传》中谈到了柏拉图对几何中使用机械发明的愤怒。显然，柏拉图把这视为“纯粹是对好的几何的腐化和毁灭，它因此可耻地背弃了非具体化的纯智力对象”。因此，柏拉图在数学史上的地位颇受争议，有人认为他是一个格外深刻和敏锐的思想家；还有人把他描绘为数学中的花衣魔笛手，把人们从关于世界运转的问题上引开，并鼓励他们沉湎于无聊的思考。（卡尔 · B. 博耶：《数学史（修订版）》上卷，第 101—103 页。）

理念（ideas）。假如有三个人站在我面前，我不能将他们作为数字 3 的完满代表，因为他们并非不可改变；再者，三个人远不是同一的，而 3 是绝对同样的单一的整体。为了将三个不同的客体看成同一的，因而是可计数的，我们必须预设同一的概念以及可交换的概念。这是计数的基础，同时也是数的理念的基础。也就是说，在柏拉图那里数学真实成为客体。因此，在广泛的意义上，所有的数学客体都是这种不可改变的、永恒的实在，数学命题、数学客体的性质和关系因此也是永恒的、普遍的真理。这样，它们就彻底不同于经验命题，因为它们的证明是完全由思想给定的，不求助于任何经验基础。它们的必然性也正是源于这一点。①

要抓住柏拉图思想演化的脉络，只能从数学真实的角度来重新定位柏拉图。这时，我们就会发现科学、理性的观念天然地存在于古希腊文明中。可以说，古希腊理性主义的核心就是科学，或者说是数学真实。毕达哥拉斯学派和柏拉图学园的结合带来了人类历史上第一次科学革命。②

---

① 波塞尔：《数学与自然之书——数学面对实在的可应用性问题》，郝刘祥译，载《科学文化评论》2004 年第 2 期。

② 根据我的观察，陈方正最早在中文世界中将古希腊的源自毕达哥拉斯学派的革命称为“新普罗米修斯革命”。（陈方正：《继承与叛逆——现代科学为何出现于西方》，第 154 页。）在西方世界，类似的比喻可以追溯至古希腊悲剧作家埃斯库罗斯的《被缚的普罗米修斯》，其提出天文学和数学的技艺正是普罗米修斯给人类带来的礼物。柏拉图《对话录》早期篇章也多次提及“普罗米修斯的礼物”，但主要局限于伦理和政治领域的内容；中后期则转而用其指代“数学”和“科学”发现。（Phillip Sidney Horky, *Plato and Pythagoreanism*, pp.203-204; 222.）

可以将该过程简述如下：古希腊文明以认知理性为终极关怀，并用它来超越死亡。认知理性表现在各个方面，如苏格拉底以知识为道德、将自然规律作为法律，以及立足于言说的“逻辑”等，毕达哥拉斯学派用数论研究生命终极意义只是其中之一。直到柏拉图吸收了毕达哥拉斯学派严格的公理化方法，把来自“万物皆数”的可测比性转化为更为普遍的“理型”时，柏拉图的思想及其创办的学园才成为古希腊认知理性的代表，因为“理型”综合了作为终极关怀的认知理性的各个方面。这时，因毕达哥拉斯学派经柏拉图移植至学园中，加之学园通过努力解决了线段不可测比的问题，数学真实终于突破了自然数扩展到几何和代数领域，并进入天文学，最后带来欧几里得几何学和数理天文学的形成（见图 2–5），这就是普罗米修斯革命。表面上看，上述转化是偶然的，毕达哥拉斯学派在认知理性终极关怀中处于边缘地位，苏格拉底才是中心。但是苏格拉底之死和柏拉图的思想巨变均为认知理性展开所必不可少的环节，在此意义上柏拉图暂时撇开苏格拉底的人文社会传统，开

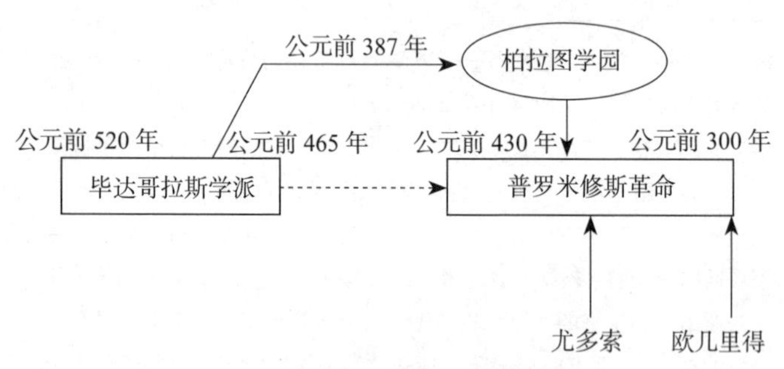

图 2–5 普罗米修斯革命的整体结构

图片来源：陈方正 2012 年 8 月中欧商学院演讲 PPT，笔者对原图做了调整和简化。

启新的科学探索，实属必然。也就是说，今天我们在讨论现代科学种子在古希腊文明中的诞生时，一定要看到其是古希腊认知理性自身展开内在逻辑的一部分。

几何学黄金时代和数理天文学

就数学真实本身的拓展而言，必须谈谈尤多索这位伟大数学家的贡献。尤多索是柏拉图学园的一员，还是位数学家，他对有的线段不可测比导致的危机做出有力的回应，在缺乏实数概念的前提下，给出了线段比例的严格定义，开启了古希腊世界的几何学黄金时代。

尤多索如何准确定义两条线段的比例呢？表面上看，当线段长度不可测比时，无法规定两条线段的比例。尤多索的方法十分巧妙，他先找到定义比例相等的方法，然后把比例按大小排列起来，该方法和今日数学家用实数表示比例异曲同工。他的比例论如下：当 a、b、c、d 都是几何量时，如果两个几何量相除的结果相同，即 $a:b=c:d$，这时其比例相同。[1] 几何量不是数，它们相除是什么意思？相除的结果相等又是什么意思呢？尤多索指出，因为这些几何量和整数相乘是有意义的，其结果是可以比大小的。这样，无论整数 m 和 n 为何，若 $ma<nb$，则 $mc<nd$；若 $ma>nb$，则 $mc>nd$；若 $ma=nb$，$mc=nd$，

① 需要说明的是，这里的量必须是相同类型的量，线段的量不能和面积的量相比，面积的量不能和体积的量比。参见卡尔·B. 博耶：《数学史（修订版）》上卷，第 104 页。

则 a : b=c : d。请注意，上述步骤是一个可行的操作，这样通过 m 和 n 的一次又一次的选择，即通过找到两个整数的比来一步步逼近两条线段之比。[①] 这里，尤多索跳过线段不可测比的困难，直接将自然数中的公理化方法运用到线段和几何图形之中。这时，毕达哥拉斯学派的自然数公理化推导只是线段和几何图形公理化推导的特例。

一旦不可测比的问题在几何学中解决，几何学就成为数学真实的中心。欧几里得几何公理系统形成了。如前所述，《几何原本》包含三部分内容：几何学、数论，以及代数和代数化几何。现在我们可以理解，为何数学真实刚起源时会包含这三部分内容。原因很简单，数学真实起源于数和数论，但用数来进行测量时迟早会碰到不可测比的线段。这样以点、线、面为单位的公理系统比以数为单位的系统更合适。当线段的比例得到准确定义时，数学真实在几何公理系统中的表述便成熟了。这就是《几何原本》的诞生，它以几何为中心，包括数论和代数几何。

以几何为中心的公理化系统走向成熟之后，最早运用于天文学中。为什么会如此？几何学立足的是空间测量，由于天体运动大多近似于等速圆周运动，只需要将其按比例分割，当

---

① 克莱因总结道：尤多索引入了“量”这个概念来解决不可测比的问题，它不是数，而是代表诸如线段、角、面积、体积、时间这些能够连续变动的东西。量和数（整数）不同，数是从一个跳到另一个，例如从 4 跳到 5。对于量是不指定数值的。然后定义两个量之比并定义比例（即两个比相等的关系），把可测比与不可测比都包括在内。参见莫里斯 · 克莱因：《古今数学思想》第一册，第 56 页。

“比例”是数学真实时，空间测量就变成了时间测量。这样一来，立足于几何的推理就可以用来研究天体运动了。事实上，古希腊的数理天文学传统正是尤多索开创的，其比较复杂，可被分为两部分。一部分是猜测，他先假定地球居中不动，每个天体的运动都是由同以地球为中心但围绕不同轴向旋转的球面复合产生。另一部分则是核心内容，他根据几何学原理，建立起一个与观察相符合的天体运行模型，即同心圆的天体运行模型。

这里我要强调的是，数理天文学作为古希腊几何学的应用在本质上和数论及几何学不同。《几何原本》堪称西方科学精神的典范，其中几乎不涉及经验观察，所以我称之为数学真实的范本。而尤多索的同心圆天体模型却不同。表面上，它将几何公理方法扩充到天文学，数学演绎和经验观察结合了起来，这是在接近科学真实；其实，它只是某种（当时的）科学经验真实观念。[①] 为什么？数论与几何学的前提显然为真，它们和经验关系不大。数理天文学的前提是假设，而且是经验的。数理天文学是以假设为公理，进而得到的定理系统。假设不一定是真的，故只能用与经验的符合程度来判别其真实性。换言之，

---

① 例如，有观点认为尤多索的模型更多的是几何学而非物理学，因其并没有赋予同心圆模型任何实质或内在机制，而只是将其视作一个适合计算明显的天体运行轨迹的几何学模型。但英国科学史学者安德鲁·格雷戈里认为这一观点实质上是混淆了工具主义（instrumentalism）和实在论（realism）。而尤多索的数理天文学观点在一定程度上受到了柏拉图（实在论）的影响。参见 Andrew Gregory, *Plato's Philosophy of Science*, Bloomsbury Publishing, 2015, pp.155-156。

数理天文学只是运用了数学的科学经验真实。在前提为真被证明前，它只是假说，而非科学真实。数理天文学的产生，使我们看到数学真实在运用和扩张过程中一个不可抗拒的过程，那就是它在走向科学真实时必定会涉及科学经验真实，并极有可能被等同于科学经验真实。

三个演变方向：形而上学、《几何原本》和新柏拉图主义

何为科学经验真实？这要等到第三编和方法篇中才能具体回答，西方历史上流行的科学经验真实观念则大多立足于符合论。我将这一观念总结为以经验为真实性结构，即理论必须和经验符合。它体现为人能把主观想象和外部世界区分开来的思维模式。外部世界被称为经验实在，人的主观想象只有和外部世界符合，主观世界的观念和认识才被认为是真的。[①] 符合论构成历史上判别科学经验真实的核心方法，这和数学真实有本质的不同。符合论作为判别科学经验真假的原则一开始和公理系统并存，但逐渐凌驾于数学真实之上。这一点在数理天文学的发展中极为明确。伴随着古希腊数理天文学走向成熟，和观察经验符合越来越重要，最后成为压倒性的判别标准。至于数学真实强调的公理化系统，则成为一种判断表达科学经验真实

① 如果将科学经验真实等同于符合论，则各大轴心文明都存在某种类似于符合论的经验真实观念。我在第三编和方法篇中将指出，一旦证明科学经验真实等同于受控实验普遍可重复及其无限扩张，这些轴心文明的认知、技术观念与现代科学的不同之处立刻显现了出来。

的理论是否美的因素。科学史学家将其称为拯救现象。[①]

上述对数学在科学解释中的定位是我们十分熟悉的，它代表了今天对“数学是什么”的典型看法。我要强调的是，数学符号真实和科学经验真实同构，这使得人们必定会用数学来科学地解释自然现象。然而，立足于符合论，数学真实不可抗拒地会被等同于科学经验真实，这正是古希腊数学真实的命运。其实在《几何原本》诞生之前，数理天文学已经形成。数学真实被想象成科学经验真实的过程开始了，其典型例子是亚里士多德学说出现并取得越来越大的影响。亚里士多德对数学真实的兴趣不大，他最关心的是思想如何与外部世界的观察符合。当然，他也必须继承柏拉图学园的数学真实传统，并将数学归为认识自然的方法。作为一门学科，数论和几何学只能称为自然科学（物理学）的一部分。数学从此变成了形式逻辑，数学真实甚至成为形而上学的一部分，这一点我会在下文中详细分析。

当然，并不是所有柏拉图传统的继承者都接受亚里士多德

---

① 正如吴国盛对尤多索工作所评价的那样，它被视为用数学模型研究物理世界的开端：尤多索“让行星同时参与两个同心但不同轴的天球运动，这两种运动可以迭加出一个环形的轨迹，这就可以解释行星的逆行了。行星还可以参与更多的同心球运动，这些附加的同心球通过调整其轴向和转动速度，可以仿真出速度不均匀以及轨迹偏离黄道等反常现象……它把行星的‘不规则’运动‘分解’成‘规则’运动的‘迭加’，这几乎就是后世一切数学化的标准动作。伽利略的运动分解，牛顿的力分解，以及后来的傅里叶变换，本质上都是如此”。参见吴国盛：《科学与礼学——希腊与中国的天文学》，载《北京大学学报（哲学社会科学版）》2015 年第 4 期。

的观点。亚里士多德去世后，欧几里得才出生。作为保存数学真实真谛的《几何原本》形成后，由于不能和科学经验真实匹敌，就像中国武侠小说中的武功秘籍那般，只有少数专家在传阅，其命运颠簸难测，直至牛顿力学诞生才大放异彩。

数学真实的另一个演变方向就是走向新柏拉图主义。柏拉图“数学为变动世界背后之实体”的主张进一步发展，“理型”变成了一种更神秘的观念——“太一”。新柏拉图主义的集大成者普罗克洛斯论述道：“所有的数学种类都在灵魂中有一个基本的实体，于可感觉的数字之前，在她最幽深处可找到自我运动的数；鲜活的图形先于表面可见的图形；理想的和谐比例先于协调的声音；不可视的轨道先于在圆上运动的物体。……必须把所有这些形式设想为有生命力及知性的存在物，且为可见的数字、图形、理解及运动的范例。我们应追随柏拉图的学说，他从数学形式中导出源头，并完成灵魂结构，且自其本质反映出万物存在之因。”[①]

换言之，数学真实和科学经验真实在历史上命运的升降，表现为后世是重视柏拉图还是亚里士多德：陈方正将西方科学发展分成亚历山大时期、罗马帝国时期、早期基督教时期、伊斯兰时期、欧洲中古时期、文艺复兴时期和17世纪。在亚历山大时期，一方面是柏拉图传统中数学仍在发展，另一方面是亚里士多德的弟子主持当时闻名的亚历山大城学宫（Museum），柏拉图和亚里士多德的影响旗鼓相当。到罗马帝国时期和早期

① 转引自姚珩：《古典力学的奠定：数学观与机械论的统合》，载《科学教育月刊》2011年7月。

基督教时期，柏拉图学园的传统演变成新毕达哥拉斯主义和新柏拉图主义，随后，理型的观念开始进入基督教，而亚里士多德所开创的传统则在西方中断。在伊斯兰时期，亚里士多德被尊为哲学宗师。到欧洲中古大翻译时代，亚里士多德成为古代学术的权威代表，并与基督教结合。到文艺复兴开始时，新柏拉图主义与基督教神学之间的关系逐渐紧张起来，新柏拉图主义进一步发展成赫尔墨斯主义与魔法运动。同时期内，亚里士多德的著述成为大学教育的课本。[①] 直到 17 世纪，新柏拉图主义复活，亚里士多德受到攻击，数学真实才再次兴起，并扩大了自己的内容。牛顿力学的诞生即其后果。为了揭示该过程，必须先从数学真实如何被纳入亚里士多德学说讲起。

---

① 相关内容请参见陈方正:《继承与叛逆——现代科学为何出现于西方》。

第三章　数学真实被想象成科学经验真实

亚里士多德：第一个科学家

前面讨论数学真实在古希腊文明中诞生时，我一直避开亚里士多德，因为亚里士多德学说的精神代表了当时的科学经验真实观念。在某种意义上，欧几里得的《几何原本》是为了回应越来越强大的亚里士多德式科学经验真实观而作。事实上，《几何原本》这一武功秘籍虽被保留下来，但不能阻挡数学真实被想象成科学经验真实。科学经验真实压倒数学真实，首要的原因是柏拉图去世后，亚里士多德学说开始和柏拉图学园传统相抗衡，并取得越来越大的影响。

亚里士多德的父亲是马其顿国王的御医，亚里士多德自小就在贵族家庭的环境中成长，并在 18 岁那年被送到雅典的柏拉图学园学习，当时柏拉图已有 60 多岁了。直至柏拉图去世前，亚里士多德都在学园中生活。虽然亚里士多德的成绩非常优秀，但他的观点与柏拉图学园的学术氛围似乎不是那么切合。柏拉图是一位数学家和哲学家，在某种意义上也可以算是神学家，因为新柏拉图主义后来就与基督教神学联系起来了。亚里士多德则是人类历史上第一位科学家。

科学家和数学家不同，对科学经验真实更感兴趣。表面上看，亚里士多德和柏拉图一样，认为个别事物不能被认识，知识实际上是对“理型”的把握，但亚里士多德坚持“理型”不能独立于具体事物之外。[①] 这是一个根本的不同，因为这相当于认定数学真实附属于科学经验真实。在《亚里士多德全集》中，十有八九是自然科学内容，讲的是物理学、动物学、心理学和生理学，当然其中还包括属于人文社会领域的学问，如修辞术、伦理学和家政学等。至于和数学、几何学有关的内容，都被放到逻辑学和形而上学中了。[②]

亚里士多德是一位注重经验事实的科学家，亚里士多德曾

---

① 科学史学家丹皮尔曾总结说：亚里士多德“从他在哲学方面的老师柏拉图那里，接受了许多形而上学的观念。其中有些观念，他按照他的更丰富的自然知识加以修改。柏拉图看不到实验科学的意义，他的兴趣局限在哲学方面。或许由于这个缘故，柏拉图关于自然的整个学说，甚至还有他门生亚里士多德关于自然的学说，才不及老一辈的自然哲学家的结论符合我们今天所知道的真理。可是，在形而上学方面，柏拉图比他们深入得多，而在科学细节问题上，亚里士多德的知识要比他们广”。此外，柏拉图认为个体的东西或存在（比如一块石头、一个动物）不具备充分的实在，只有普遍的“理型”才是充分实在的；亚里士多德则转而关注具体的研究对象，认为个体具有实在性，尽管他也承认普遍的“理型”或者观念具有第二性的实在。参见 W. C. 丹皮尔：《科学史及其与哲学和宗教的关系》，第 35 页。

② 《亚里士多德全集》10 卷内容如下：（1）逻辑学，包括《范畴篇》、《解释篇》、《前分析篇》、《后分析篇》、《论题篇》和《辩谬篇》；（2）物理学，包括《物理学》、《论天》、《论生成和消灭》、《天象学》和《论宇宙》；（3）心理学和生理学，包括《论灵魂》、《论感觉及其对象》、《论记忆》、《论睡眠》、《论梦》、《论睡眠中的征兆》、《论生命的长短》、《论青年和老年》、《论生和死》、《论呼吸》和《论气息》；（4）动物学，《动物志》；（5）动物学，包括《论动物部分》、《论动物行进》、《论动物运动》和《论动物生成》；（6）物理学短篇著作，包括《问题集》等 9 种；（7）形而上学，包括《克塞诺芬和高尔吉亚》和《形而上学》；（8）伦理学，包括《尼各马科伦理学》、《大伦理学》、《优台谟伦理学》和《论善与恶》；（9）政治学和文艺学，包括《政治学》、《家政学》、《修辞术》、《亚历山大修辞学》和《论诗》；（10）增补，包括《雅典政制》和《残篇》。

对 500 多种不同的动植物进行分类，对 50 多种动物进行解剖研究，堪称生物学分门别类第一人，他著有多部动物生活史著作。亚里士多德非常重视观察记录和外部实在相符合，这可以反映在他对鸟卵孵化的描述中："鸟的卵生均以相同方式进行，但从受孕到出生的时长却有所不同。……对于普通母鸡来说，经过三天三夜，就有了胚胎的最初迹象。……与此同时蛋黄开始形成，朝尖的一端上升，这里是卵的原初成分之所在，也是孵出卵的地方；心脏出现了，宛如蛋白中的一块血斑。这个斑点不停跳动，好像被赋予了生命……两条充血的血管在心脏中盘绕延伸……一层带有血纤维的膜现在从血管开始包裹着蛋白延展。没过多久，身体分化出来，起初很小很白。头清晰可辨，头上的眼睛高高鼓起……"[①]

柏拉图学说的重心是数学、天文学等，而亚里士多德著作的重心在生物学、物理学、气象学等；柏拉图学说偏重哲学原理，亚里士多德学说则重视准确的观察、记录和分析。他曾毫不客气地批判毕达哥拉斯学派，认为其学说只着眼于结构和生成，而不能解释运动和变化，在多数场合事物的理念不能够和数目等同。或许正因如此，柏拉图过世以后，学园掌门人的位子并未传给亚里士多德，学园新领导人极为同情柏拉图哲学中的数学倾向，这让亚里士多德难以忍受，最终选择离开。亚里士多德离开学园以后，被马其顿国王召去担任其子亚历山大的

---

① 引自戴维·林德伯格：《西方科学的起源——公元 1450 年之前宗教、哲学、体制背景下的欧洲科学传统》，张卜天译，湖南科学技术出版社 2013 年版，第 66—67 页。

老师，随着亚历山大继位并东征西讨，身为帝师的亚里士多德也迎来了人生最辉煌的时期。在亚历山大在位期间，亚里士多德在雅典开设了一个逍遥学派，与柏拉图学园平起平坐，并在其中传播自己的学说。但随着亚历山大的去世，亚里士多德马上成为被迫害的对象，且很快就过世了。[①] 然而，正是在亚里士多德的晚年，他庞大的物理学方法论形成了，此后出现了一个不同于柏拉图主义的科学传统，即一种科学经验真实观。

物理学和形而上学

历史上，《几何原本》是一个例外。立足于与经验符合的真实观比源于数学的科学观更有市场，而符合论的真实性论证一定从分类开始。为什么是分类？当真实性注重人的观念和外部世界吻合时，最重要的是考察“指涉”和“指涉对象”的从属关系。所谓“指涉”首先是符号和对象之对应，以及它们是否符合；其次考虑对象从属于哪一类。问“这是什么”是任何一个文明思考的开始，“这”代表指涉，“是”代表同一性或类属性，“什么”则在问或寻找“指涉对象”归为哪一物或哪一类。在分类的基础上，可以理解指涉对象在整体世界的位置，并用相应位置的法则来说明其行为。

符合论很容易在记录中运用，但很难用于对某些过程的理论解释。例如，一粒种子如何长成参天大树？为什么不同动物的胚胎会有所差异？为什么有机体能从一个受精卵发育成完整

① 参见陈方正：《继承与叛逆——现代科学为何出现于西方》，第181—182页。

的成体？生物界中目的导向的活动和行为为何如此之多？总之，事物发生的原因是什么？为了分析事物发生的原因，亚里士多德首先对自然界进行分类，同类的事情要用同类的方法去解决，因为同类事情的发生原因是基本一致的；其次是区分类与类的关系。亚里士多德的分类不仅包括生物，还包括行星和宇宙。他把宇宙分成月上界和月下界，其对宇宙的认知接近前述的以地球为中心的同心圆模型，月亮是离同心圆中心最近的圆，月亮以上的宇宙空间就是月上界，其间的天体都是由以太组成的，做圆周运动，且没有任何阻力。月下界以下就是凡间，凡间物质的运动轨迹是一条直线。月上界与月下界的情况因此完全不同。[①] 那么根据分类，不同物体运动的原因是什么呢？这就是亚里士多德著名的四因说。

亚里士多德指出，世间物体变化和运动的原因有四种：第一，质料因，即构成事物的材料、元素或基质；第二，形式因，也就是决定事物"是什么"的本质属性，或者说决定一物"是如此"的样式，这近似于柏拉图的理型；[②] 第三，动力因，即

① 详见亚里士多德：《论天》，徐开来译，载《亚里士多德全集》第二卷，中国人民大学出版社 1991 年版。

② 亚里士多德认为构成躯体的原材料（质料，即 hyle）本身并不具备发展成复杂有机体的能力，其中必然有某种额外要素的存在，他称之为"形式"（eidos）。这个词所表示的意思和现代生物学家的遗传程序所表达的含义颇为相近。具体来说，亚里士多德认为任何有机体都是由质料和形式组成的：质料是构成身体的各个器官，形式则是将这些器官塑造成一个统一有机整体的组织原则。亚里士多德将形式确认为有机体的灵魂，并且让形式来负责有机体的生命特性，比如营养、繁殖、生长、感觉、运动等。引自戴维·林德伯格：《西方科学的起源——公元 1450 年之前宗教、哲学、体制背景下的欧洲科学传统》，第 67—68 页。

导致事物变化的动力；第四，目的因，即事物所追求的目的。[1]我们可以以一个雕像的制作为例来理解上述四因。一个雕像的原材料是哪种石头，是大理石还是其他石料，这就是质料因。形式因则指雕刻这个雕像所依据的设计图或者脑海中的灵感，雕刻家本人是动力因，作为预定目标完成的雕像是目的因。[2]在四因说中，动力因需要特别注意。在一定程度上，西方中世纪以后物理学研究都是对动力因的探究。

此外，亚里士多德还有其他一些分类，如实体与偶性、潜能与现实、运动与静止、元素与复合物、自然运动与受迫运动、社会科学和自然科学等。[3]今日科学体系中的内容在亚里士多德那里几乎都存在。毫无疑问，亚里士多德的分类理论在传统社会中达到最高水平，和他吸收了柏拉图学园的成果有关，如

---

① 美国科学史学家戴维·林德伯格指出："关于目的因，也许最重要的一点是，它清楚地表明了目的（更专业的术语是'目的论'）在亚里士多德宇宙中的作用。亚里士多德的世界并非原子论者那个惰性的、机械的世界，在原子论者的世界中，个体原子自行运动而完全不考虑其他原子。亚里士多德的世界不是一个偶然和巧合的世界，而是一个有序的、有组织的世界，一个目的世界，事物在其中朝着由其本性所决定的目标发展。用亚里士多德在何种程度上预示了现代科学（就好像他的目标是回答我们的问题，而不是回答他自己的问题似的）来评价其成就既不公正，也没有意义；但值得注意的是，事实证明，亚里士多德目的论所导向的对功能解释的强调将对所有学科具有深刻意义，直到今天仍然是生物科学中一种占主导地位的解释模式。"参见戴维·林德伯格：《西方科学的起源——公元 1450 年之前宗教、哲学、体制背景下的欧洲科学传统》，第 56 页。

② E. J. 戴克斯特霍伊斯：《世界图景的机械化》，张卜天译，湖南科学技术出版社 2010 年版，第 48 页。

③ E. J. 戴克斯特霍伊斯：《世界图景的机械化》，第 25—48 页。

他的宇宙论实际上是把尤多索的数理天文学纳入分类框架，由数学真实扩张得到的想法成为当时科学经验真实观的一部分。

如果说亚里士多德的物理学及其延伸代表了当时对科学经验真实的认识，其形而上学又是什么呢？其实，亚里士多德从没有讲过“形而上学”，“形而上学”成为哲学代名词是前近代（即中世纪经院哲学衰落以后）的事。具体而言，形而上学的兴起发生在16世纪经院哲学解体、自然哲学向现代科学转化之际。为什么会如此？因为只有经院哲学遭到摧毁，亚里士多德学说从神学中分离出来，其科学部分发展成为“自然哲学”，蕴含“本体论”的“形而上学”（即“第一哲学”）才能成为有别于神学的哲学代名词。“形而上学”（metaphysics）一词的本意是“物理学之后”。关于该词的来源有两种说法：一种是形而上学的诞生源于亚里士多德思考物理学的方法论原则；另一种是，亚里士多德在其作品集中把他对逻辑、意义和原因等抽象知识的讨论编排在他讨论物理学的书册《物理学》之后，并给这些讨论一个标签——“物理学之后”。[①]

---

① 这一种说法如下：公元前60—前50年安德罗尼柯在编纂《亚里士多德文集》时，将关于自然事物及其变化原因的探讨编在一起，定名为《物理学》。将讨论一般存在及变化抽象原因的著作摆在《物理学》的后面，它被叫作《物理学之后》。另有一说是指该书在亚历山大图书馆的书架上的位置。亚里士多德所有著作放了一大排，被称为《形而上学》那本，即学生整理的亚里士多德上课笔记就是放在自然科学著作之后最右面的一本，叫metataphysica，即metaphysics的原意是它在书架上的位置。（恩斯特·费雪：《从亚里斯多德以后——古希腊到十九世纪的科学简史》，第37页。）中文将“物理学之后”译成“形而上学”。

上述哪种说法为真并不重要，重要的是“形而上学”作为“物理学之后”，是物理学的方法论总结，也是对科学经验真实的哲学或整体思考。亚里士多德本人一直将具体事物的学问（即“物理学”）称为“第二哲学”，认为对一切存在原因的抽象思考才是“第一哲学”。[①] 据说亚里士多德在生命最后的时光，即公元前 335 年重返雅典并创立吕克昂学园（即“逍遥学派”）时，才通过给学生讲课系统地总结自己的思想。亚里士多德一方面用“形式因”、“目的因”、“质料因”和“动力因”概括关于“存在”形成之原因；另一方面用四因说把科学经验真实和价值真实统一起来，建立了真善美统一的理论体系。请注意，这四种原因既涵盖了对自然现象之解释（如解释行星、石头的运动和火往上升），也涉及人的艺术创作过程（如雕塑）。也就是说，亚里士多德没有区分事物形成和价值实现。这里作为共相的理型既可以是事实也可以是价值，因此价值毫无疑问具有公共性，而且真善美都被包含在理型之中。它毫无疑问是西方最早的整全性的真实性哲学。

实际上，形而上学是从古希腊科学经验真实观推出的真实性哲学，这种科学经验真实观强调外部世界独立于主体而存在，并可以用语言进行描述，因此它实际上就是今日人们称为本体论的哲学。

这里还有一个必须解决的问题——亚里士多德如何看待数学真实？毕竟他是在主张数学真实的学园中形成了自己的思

---

① 亚里士多德:《物理学》，张竹明译，商务印书馆 1982 年版，第 42 页。

想。亚里士多德指出，任何物体都有自身的性质和几何上的形式。物理学家对两方面都予以关注，而数学家只处理物体的形式。形式“不过是物体的限制（即物体的表面）”，只有“在思想中”才能将其与运动物体分离开来。所以亚里士多德总结道：“数学客体事实上是不可分离出来的，数学所探讨的，不是此物体或彼物体的性质，而只是抽象得来的东西。”在亚里士多德的影响下，数学作为抽象的观点不仅适用于几何上的形式，而且适用于非常宽泛的意义上的形式，这事实上已经包括了所有的数学实体及其性质。[①] 正因如此，在过去的科学经验真实观中，数学真实不能独立于经验实在而存在，这也是我们今天的观念。

几何推理是否等同于三段论

在历史上这是数学真实第一次被等同于科学经验真实，它带来一个极重要的后果，那就是形式逻辑被发现。纵观亚里士多德的学术成就，他不仅是第一位科学家，以及第一个提出本体论哲学的哲学家，[②] 还是形式逻辑的发现者。我在第一编中

---

① 波塞尔：《数学与自然之书——数学面对实在的可应用性问题》。

② 17 世纪之后，形而上学成为一个无所不包（catch-all）的学科代名词；之后，“本体论”一词才被发明出来，用以指代研究“存在本身”（being as such）的科学。生活在 17—18 世纪的德国哲学家克里斯蒂安·沃尔夫认为存在两类形而上学：一是一般的形而上学，即本体论；二是特殊的形而上学，如自然神学、宇宙学和研究人类心灵或灵魂的学科。参见“Metaphysics”, The Stanford Encyclopedia of Philosophy, https://plato.stanford.edu/entries/metaphysics/#ProMetNewMet。

指出，形式逻辑是符号的等价取代和包含关系。人作为使用符号的动物，都知晓符号的等价取代和包含关系在推理中的作用，但除了古希腊文明外，其他所有文明都没有发现形式逻辑。古希腊文明中数学真实的发现者也不注重形式逻辑，因为它是显而易见的。为什么亚里士多德发现了形式逻辑（即三段论），而且这居然成为亚里士多德对科学最大的贡献？

德国逻辑学家亨利希·肖尔兹认为“亚里士多德逻辑可以说是一种谓词的或概念的逻辑，也可以说是类的逻辑”。[①] 美籍波兰裔逻辑学家阿尔弗莱德·塔尔斯基说得更清楚：“整个的旧的传统逻辑几乎可以完全简化为类与类之间的基本关系的理论。即是说，简化为类的理论中的一个小部分。”[②] 我和刘青峰在 1986 年发表的文章中指出，三段论和亚里士多德的宇宙论（即科学经验真实观）直接有关，因为它是分类树中必不可少的判断类与类从属关系的方法。事实上，在所有文明中，都没有形成亚里士多德学说那样包罗万象的分类树，当然亦不可能发现三段论。[③]

这篇论文还注意到，亚里士多德式的三段论和今日形式逻辑中典型的重言式三段论不同，即从大前提为真不能立即推出结论为真。例如，下面这个三段论的例子是亚里士多德式的。

---

① 亨利希·肖尔兹：《简明逻辑史》，张家龙译，商务印书馆 1977 年版，第 34 页。

② 塔尔斯基：《逻辑与演绎科学方法论导论》，周礼全、吴允曾、晏成书译，商务印书馆 1980 年版，第 73—74 页。

③ 金观涛、刘青峰：《为什么中国古代哲学家没有发现三段论？——亚里士多德和中国古代哲学家的比较研究》，载《自然辩证法通讯》1986 第 1 期。

科学哲学家在说明亚里士多德如何用三段论推理事实时，常用它作为范例：

（1）所有具有四室胃的反刍动物都属于没有上门齿的动物；

（2）所有的公牛都是属于有四室胃的反刍动物；

（3）那么所有的公牛都属于没有上门齿的动物。[①]

上述三段论中，如果没有中项，即“所有的公牛都是属于有四室胃的反刍动物”，就无法推知公牛没有上门齿。这和通常的三段论即“所有人必死，希腊人是人，希腊人必死”不同。通常在三段论中，一旦大前提明确，结论的全部信息就都包含在大前提中，三段论必定是显而易见的同义反复。而在上述三段论中，大项和中项所属的类完全不同，它们是从两个不同的角度进行定义的。[②] 四室胃是从胃的解剖学角度对动物进行分类的，而牛的分类则是从另外一个角度（比如对外形、大小、有无角等）实现的。

我和刘青峰提出：“只有当三段论中所涉及的分类和属性是从不同角度提出时，三段论才具有一种信息加工的功能，才

---

① 约翰·洛西：《科学哲学的历史导论（第四版）》，张卜天译，商务印书馆 2017 年版，第 9 页。

② 根据亚里士多德的观点，一个三段论中包括意义明确的三个词项。例如有一个三段论：如果所有的鸟都是动物，并且所有的乌鸦都是鸟，那么所有的乌鸦都是动物。在这个三段论中有一个词项“鸟”，它本身被包含于另一个词项“动物”之中，而又包含第三个词项“乌鸦”于它自身之中。其中，“鸟”应是中项，从而“动物”应是大项，“乌鸦”应是小项。大项之所以称为大项，是因为它的外延最大，正如小项的外延最小一样。引自卢卡西维茨：《亚里士多德的三段论》，李真、李先焜译，商务印书馆 1981 年版，第 40—41 页。

不失为一种有意义的推理方式。我们可以设想，一个庖丁解剖动物十分专心，他只注意去观察动物躯体内部构造，而忽略了外形。他发现了一个有趣的关联：‘凡是具有四室胃的反刍动物都没有上门齿。’另一个庖丁则粗心一些，他忘记观察牛的牙齿，但却发现所有的牛都是有四室胃的反刍动物。如果这两个人不把结果告诉对方，或者虽然他们互相交换了观察结果，但不懂三段论推理，那么是得不出‘所有牛都没有上门齿’这个重要结论的。这里三段论每一个项（大前提和小前提）都直接关系到结论中可推出的未知信息。它的确是一个思想操作机，把原来已包含在大前提和小前提中的信息像挤果汁一样挤了出来。”[①] 我们称之为“信息整体加工原理”。然而，实现分类树中类的定位，分析类和类之间的关系，不需要信息整体加工原理。在分类树上，由两个互不从属的类不能得出三段论的结论。换言之，由于三段论的背后是分类学，由分类树顶端的种类来推论子类的性质，信息整体加工原理没有意义。为什么亚里士多德要这样做？我们当时没有回答。

这个问题直到今天才能回答，原因在于，亚里士多德要把来自柏拉图学园的古希腊几何学的推理传统吸纳进自己的推理方法。如前所述，几何公理是显而易见的，但结论并非如此。如果不看推理的每一步过程，我们绝对做不到从“前提是真”推出“结论是真”。在柏拉图学园中形成自己思考方式的亚里士多德，对这一点的印象太深了。虽然这种方法和类与类之间

① 金观涛、刘青峰：《为什么中国古代哲学家没有发现三段论？——亚里士多德和中国古代哲学家的比较研究》。

是否从属风马牛不相及，但亚里士多德相信它是数学真实的真谛。既然数学真实被包含在科学经验真实之中，而且科学经验真实的推理被等同于类的等价取代和包含关系，亚里士多德自然相信形式逻辑理应如此！他在建构三段论推理中，高度强调仅仅从大前提不能显而易见地得出结论。

当然，几何学推理不是三段论式的，它是通过前提推出结论，再将结论放到一个更大的系统中验证其自洽性，这是一个不断循环的过程，它极其复杂，不仅不能用类的关系来概括，而且在整个推理过程中，几乎每一环都不是三段论。如果说亚里士多德确有将数学推理归为三段论的想法，[①] 这是一个伟大的错误。[②] 我之所以在错误前加上“伟大”这一形容词，是出

---

① 例如，有学者指出，尽管亚里士多德并未给出明确的示例，但他确实认为数学证明能够以三段论的方式给出。这一观点的依据是亚里士多德用减法这一逻辑方法证明了数学可能成为一门严格的科学。具体而言，我们可以通过减法来识别哪些属性“首要”地属于主体。例如，“具有等于两直角之和的角”属于“铜制的等腰三角形”。如果去掉“铜”与“等腰”，这一属性依旧存在。但如果将“三角形”这一“形状”或“界限”去掉，则不存在。因此，我们可以推断出“具有等于两直角之和的角”普遍属于“三角形”。该学者还强调，亚里士多德并未直接将数学还原为逻辑，而是将逻辑视作严密科学的前提条件，数学也是这类科学之一。此外，亚里士多德还在数学和物理学之间做了很多对应，但这并不意味着他是一个严格的经验主义者，因为他从未明确区分先天和后天命题。参见 John J. Cleary, “Abstracting Aristotle's Philosophy of Mathematics”, in *Studies on Plato, Aristotle and Proclus*, Brill, 2013, pp.181-199。

② 丹皮尔指出了亚里士多德三段论的负面影响：“亚里士多德的工作的威信在促使希腊和中古时代科学界去寻找绝对肯定的前提和过早运用演绎法（作者注：也就是三段论）方面，却起了很大作用。其结果，就把许多有不少错误的权威都说成是绝对没有错误的，并且用欺骗性的逻辑形 （下接第 183 页脚注）

于两点原因：第一，这隐含着将数学还原为逻辑的观念；第二，它把数学有机地融入形而上学。如前所述，形而上学是亚里士多德的科学经验真实观对应的哲学，它首先要包括巨大的分类树，形式逻辑作为分类树中类属性的推理方法，当然是形而上学最核心的部分，由此使得18世纪康德用判断作为哲学基础、实现形而上学的认识论转型成为可能。更重要的是，康德基于亚里士多德的研究可以提出康德猜想，否则我也不一定能想到以数学符号真实和科学经验真实同构来重建当代真实性哲学之基础。

几何传统一旦被误解为形式逻辑，肯定会引起通晓什么是几何的柏拉图主义者的愤怒。正是为了和这种倾向对抗，数学真实沉淀在《几何原本》之中。但是作为社会潮流，数学真实已经被想象成科学经验真实。亚里士多德主义不可避免地压倒柏拉图主义，并成为古希腊理性主义传统的主流。

种子与方舟：《几何原本》和《大汇编》的飘零

在《几何原本》成书之后，数学真实在古希腊文明的进一

（上接第182页脚注）式进行了很多错误的推论。正如席勒博士所说：‘当时对整个科学理论都加以周密的解释，对整个逻辑都加以周密的构造，务求达到实证科学的理想，而这个实证科学却建立在一个错误的类比上，也就是把它拿来和证明的雄辩术相比。这个错误还不足以说明亚里士多德死后近两千年间经验为什么遭到忽视，科学为什么不进步吗？’”参见W. C. 丹皮尔：《科学史及其与哲学和宗教的关系》，第35页。

步发展变得越来越慢，最后停滞。科学经验真实的发展超过数学真实。这方面最典型的例子是科学在亚历山大城的发展。

如前所述，在亚历山大时期，虽然柏拉图和亚里士多德的影响力旗鼓相当，但科学经验真实已经开始压倒数学真实了。只要去看一下亚历山大城学宫的研究成果，就能发现其在数学真实领域真正的成就只有圆锥曲线，大多数工作是用数学来解释自然现象。阿基米德的静力学、浮力研究和数理天文学的进展都是如此。亚里士多德的学生是学宫的创始人，并主持其各个方面，[①] 科学经验真实主导着当时数学和几何的运用，托勒密的《至大论》是一个典型例证。这本书是古希腊数理天文学之集大成者，原名是《大汇编》，《至大论》这个名称是阿拉伯人取的，因为他们实在太崇拜托勒密的这部著作了，所以在书名中加入了伟大之意。托勒密是亚历山大城学宫的一员，与欧几里得一样，他的生平也完全不可考，但在他的著作中，我们明显看到亚里士多德的科学经验真实观在发挥主导作用。

为什么这样讲？如前所述，数理天文学的开创者是尤多索，作为建立在若干假设之上的理论系统，数理天文学是相当美的，但托勒密没有用尤多索的同心球模型，而用了亚里士多德的宇宙论。原因不难理解，亚里士多德用月下界和月上界这种区分，属于当时的科学经验真实观念，而尤多索模型数理只是运用了数学的科学经验真实，在前提为真被证明前，它只是假说（即只有数学意义），而非科学真实，这使得其最终不可

① 参见陈方正：《继承与叛逆——现代科学为何出现于西方》，第 182 页。

避免被等同并服从于科学经验真实，即是巨大分类树的一部分，数理天文学当然只能是亚里士多德式的。分析一下《大汇编》的结构，数学真实被想象成科学经验真实的情况便会一目了然。

《大汇编》分为5个部分：第一部分是导论，主要内容是古希腊同心圆（亚里士多德）的宇宙结构以及基于公理方法的数学模型；第二部分是天文观察方法，即如何分析天象、确立天体坐标等；第三部分讲日月、年份的比较，并用本轮–均轮假设来计算太阳运行轨道的变化，其中包括月球运行的三个模型，以及日和月的冲、合、朔望，日月蚀出现的周期和运算；第四部分讲恒星的进动和星表；第五部分的内容则是行星，因实际上行星并不多，但算起来最复杂，故规定了数理天文学的发展方向。①

概言之，数学推理只在《大汇编》的导论中有所交代。当模型必须符合分类树时，其是否美变得无关紧要，它只是处理观察数据的方法。托勒密的贡献不是通过公理化推理从假设中发现新的数学定理，而是对天文观察方法和历代数据的收集整理，并找到一种计算方法使模型尽可能和天文观察符合。为此他总结了以往种种说法，将其简化为本轮–均轮，在此过程中，数学计算的重要性再次超过了推理。

什么是本轮–均轮模型？借用科学史学家戴维·林德伯格的总结：如图2–6所示，设ABD是一个均轮（传送轮），以

---

① 参见陈方正：《继承与叛逆——现代科学为何出现于西方》，第262页。

均轮圆周上的一点 A 为圆心画一小圆（本轮）。行星 P 绕本轮逆时针匀速转动；与此同时，本轮的中心绕均轮逆时针匀速转动。位于地球 E 的观察者看到的是这两种匀速圆周运动的组合。①

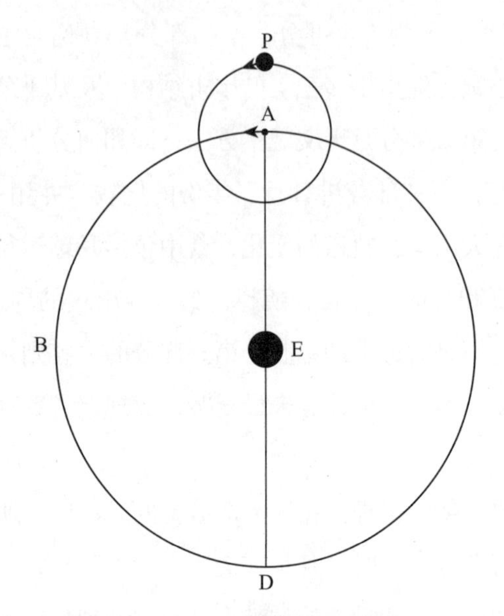

图 2-6　托勒密的本轮-均轮模型

图片来源：戴维·林德伯格：《西方科学的起源——公元 1450 年之前宗教、哲学、体制背景下的欧洲科学传统》，第 109 页。

托勒密的本轮-均轮模型相当重要，因为后世天文学家（包括哥白尼）都是在此基础上展开自己的工作的，最后用新

① 戴维·林德伯格：《西方科学的起源——公元 1450 年之前宗教、哲学、体制背景下的欧洲科学传统》，第 109 页。对该模型更详细的介绍可参考参见陈方正：《继承与叛逆——现代科学为何出现于西方》，第 269—270 页。

的模型取而代之。[1] 也就是说，这是从哥白尼模型走向牛顿力学的基础。为什么数理天文学走向牛顿力学必须通过本轮-均轮模型？因为唯有在这里还保留着数学真实如何被包含进科学经验真实的轨迹，当数学真实要进一步走向科学真实时，必须摆脱强加给它的科学经验真实，从这里再一次开始。但这一步出现在 1 000 多年之后，原因众所周知，随着古希腊与古罗马文明的衰亡，其孕育的数学真实和科学经验真实都被遗忘了。早期基督教重新塑造了与其终极关怀相对应的经验真实。《几何原本》《大汇编》也流散了出去，传入伊斯兰文明中。这可以比作科学的种子被加载到了方舟上。

古希腊文明的数学真实是科学真实起源的土壤，但科学真实的种子不能在这一土壤中成长为大树。这件事情本身是耐人寻味的。[2] 今天从真实性哲学的角度来看这个问题，更可以理解终极关怀层面真实性对其他层面真实性的支配作用。如前所述，古希腊对数学真实的研究在柏拉图那里就有追求永生的意义，因科学真实起源于数学真实，在此意义上，《几何原本》只能出现在古希腊文明之中。然而，科学研究不能解决生死问题，数学真实一方面被纳入基督教，另一方面处在亚里士多德科学经验真实观的襁褓之中，它不可能长成大树。而且随着基督教成为古希腊终极关怀，它一开始会把古希腊文明培育的科

① 托马斯·库恩:《哥白尼革命——西方思想发展中的行星天文学》，吴国盛、张东林、李立译，北京大学出版社 2003 年版，第 64 页。

② 刘青峰的《让科学光芒照亮自己》对这个问题做了全面探讨，亦是对李约瑟问题的回答。

学种子排斥出去。只有基督教和古希腊与古罗马文明互相融合，形成天主教文明，该种子才能继续成长。换言之，现代科学的成熟和现代社会起源是同步的。

需要说明的是，真正引入西方科学的伊斯兰社会是阿拔斯王朝。伊斯兰信仰有个特点：易于被接受，传播非常广泛。当时波斯人接受了这个信仰，并建立起阿拔斯王朝。波斯人本身的文化对科学极有兴趣，因此引入了西方科学。正是在阿拔斯王朝时期，伊斯兰文明算得上西方科学的方舟，这里面就包括《几何原本》和《至大论》；阿拔斯王朝解体以后，取而代之的奥斯曼帝国对西方科学的兴趣虽然有限，但与西方社会的接触依然紧密，它差点攻克维也纳，正是借由这一伊斯兰-西方的联系，13 世纪，古希腊科学的种子终于回到了西方天主教世界。[①]

---

① 详见金观涛：《轴心文明与现代社会——探索大历史的结构》，第三讲。

第四章　牛顿力学:《几何原本》示范的扩大

否定亚里士多德：数学真实的再一次兴起

13 世纪后科学种子再一次被纳入西方（天主教）文明，亚里士多德学说成为天主教神学的一部分。正是在这两个前提下，科学种子终于有可能成长为现代科学的大树。无论是就社会经济、文化变迁及技术进步而言，还是从哥白尼到伽利略再到牛顿力学的确立，这个种子成长的过程往往被视作一个长达数百年的漫长渐变。如果从真实性哲学角度分析，则不是如此，其关键性环节应当是一个突变。

为什么这样讲？只有数学真实摆脱科学经验真实的桎梏，自身往前迈进一大步，现代科学真实的道路才能从中开拓出来。所谓数学真实自身往前迈进一大步，是指它从《几何原本》转化为一个和它同构但更为广阔的公理系统，正如第一次数学危机使“数论”转化为“以几何为中心的系统”。一般说来，这一转化是突然发生的，虽然其发生条件有一个漫长的孕育期。简而言之，它可以表达为如下三个步骤：第一，科学种子的植入，因为种子已被纳入科学经验真实（即亚里士多德学说），这要求亚里士多德学说成为天主教神学的一部分（经院哲学）；第二，数学真实摆脱了科学经验真实，它表现为人们普遍不满意甚至反对亚里士多德学说；第三，《几何原本》的示范作用下，一些数学天才在几何公理中加入全新的公理，使得代表数学真实的公理系统发展成新的形态，并以此来寻找科学真实。第三步是一个突变，如果没有第三步，即便有第一、第二步也无济于事。在历史上，这里的第三步就是牛顿三定律的出现。表面上看，牛顿三定律和几何公理不同，它们完全是经验的。实际上，随着物理学研究的深入，人们发现牛顿三定律实际上是定义，与几何公理类似。例如，牛顿第二定律，本质上是对惯性质量的定义。此外，牛顿发明微积分，第一次把变化率引入数学真实，如同“比例”被发现并导致数论扩展到几何一样，数学真实再一次从几何扩展到力学。

上述三个步骤中第一步的完成以经院哲学的形成为标志，代表是托马斯·阿奎那借用亚里士多德的哲学体系来解释天主教神学。[①] 至于第二步，我和樊洪业、刘青峰在 20 世纪 80 年代的科学史研究中早就做过一系列的论述。我们发现现代科学兴起和反对亚里士多德学说之间有直接关系：早在哥白尼日心说出现之前，托勒密和权威的亚里士多德学说已受到思维敏捷的学者的普遍怀疑。这种情况在经院哲学占统治地位的时代中是没有过的。1536 年，即在哥白尼著作出版前 7 年，法国人文主义者彼得吕斯·拉米斯在一篇著名的论文中说：“亚里士多德所教的一切皆伪。”[②] 实际上，并不是亚里士多德学说中的一切都是错的，在哥白尼、伽利略、牛顿的一系列革命性突破

① 详见金观涛：《轴心文明与现代社会——探索大历史的结构》，第四讲。

② 贝尔纳：《历史上的科学》，伍况甫等译，科学出版社 1959 年版，第 114 页。

之前，是没有任何根据得出这一结论的。拉米斯是在一种对经院哲学反感的否定性情绪下做出这一断言的。[①]

当时我们从多个时期、多种角度分析了反对亚里士多德学说和现代科学兴起之间的关系。如望远镜的应用，我们论述道："古希腊早就有类似的东西，一直到13世纪，工匠们不断生产透镜以供远视的人用。但透镜从来没有作为观察仪器进入科学领域。经院哲学对用透镜观察存在着一种根深蒂固的错误观念：'以视觉为基础的，无权成为科学。'透镜中的像是变形的，而且有色散，在其光学机制没有搞清楚之前，这种信条貌似有理。伽利略用望远镜来观察天体，并不能证明这一古老信条是错的。他至死都没有去研究望远镜为什么能'放大'的机制。实际上，伽利略从拿到望远镜起，就根本没有怀疑望远镜看到的东西是真的。因为他在感情上倾向于哥白尼学说，他要用望远镜来证实哥白尼学说。对于他来说，能证明哥白尼体系的就是真的。所以当他把望远镜指向夜空，发现太阳黑子、木星卫星和月亮上的山脉时，立即欣喜若狂地写下了这些话：'我惊呆了，我无限感谢上帝，他让我想方设法发现了这样伟大的、多少个世纪都不清楚的奇迹。'实际上，如果要搞清楚望远镜原理，证明它是真的之后才去使用，望远镜就根本不可能使用到科学研究中来。对于那些经院哲学信奉者，望远镜看到的东西没有任何意义，他们使用望远镜观察的目的是为了否

---

① 金观涛、樊洪业、刘青峰：《文化背景与科学技术结构的演变》，载中国科学院《自然辩证法》杂志社编：《科学传统与文化——中国近代科学落后的原因》，陕西科学技术出版社1983年版。

定它。甚至连开普勒这样的大师一开始都是为了‘证伪’去用望远镜观察的。”[①]

我们当时把反对亚里士多德学说对现代科学形成之贡献称为“否定性放大”，并用它来概括新结构取代旧结构的普遍功能：“科学的成长，特别是示范作用通过否定性放大需要一定的时机，这就是旧社会结构的瓦解，新社会结构在对旧结构的批判和否定中兴起。没有否定性放大的力量，科学结构的社会化是困难的。这样，我们得到了一个十分重要的结论：原始科学结构的大规模社会化只可能出现在社会结构面临转化之际。为什么这样讲呢？科学结构是依靠示范作用社会化的，而示范作用又取决于科学的社会影响。只有当社会结构中文化结构面临转化时，否定性放大机制才会扩大科学对社会的影响。而技术结构和经济结构直接相关，技术结构的转化需要政治和经济的直接推动。这样一来，整个近代科学技术结构的确立就需要一个特殊的历史时机，这就是文化结构、政治结构和经济结构一起转化，也就是整个社会结构的变化。近代科学技术结构正是在西方封建社会向资本主义社会转化过程中确立的。前面重点讨论了科学结构社会化的机制，这并不是说技术结构的变化不重要。之所以没有讨论它，一方面是因为开放性技术体系与资本主义经济结构的关系比较清楚，另一方面如前所述，只有在近代科学结构确立后，开放性技术体系才能确立。”[②]

这些论述都强调现代科学之形成是现代社会在天主教文明

① 金观涛、樊洪业、刘青峰：《文化背景与科学技术结构的演变》。

② 金观涛、樊洪业、刘青峰：《文化背景与科学技术结构的演变》。

中起源的一部分，原则上我们不能离开传统社会向现代社会的转化来讨论现代科学如何从种子成长为大树。然而，如果从数学真实必须摆脱科学经验真实来看“否定性放大”，批判亚里士多德学说对现代科学兴起的贡献可以归为两个基本要点：第一，人们把理论体系的美看得比它与事实相符合更重要；第二，历史上，科学经验真实建立在理论和观察（即与外部实在）的符合之上，但任何一个理论中都有某些结论和观察经验不符合的地方，本来它是必须被容忍的，但当“否定性放大”出现时，这些不符合不但不能被容忍，反而会迅速扩大。人们会接受更美、在观察上更符合经验的理论系统。在这一前提下，数学真实从《几何原本》转化为一个和它同构但更为广阔的公理系统。下面我们就用这两点来分析牛顿力学出现的前提。

哥白尼的新理论系统

先讲第一个要点，这涉及哥白尼日心说的诞生。哥白尼出身于波兰的一个富裕家庭，其舅舅是一位大主教。1495 年，他获得一个教会的终身职务“僧正”，并得到机会去意大利留学，先后在博洛尼亚大学和帕多瓦大学攻读法律、医学和神学。哥白尼一辈子都是医生，天文学只是其业余兴趣。1503 年他获得法学博士学位，随后担任他舅舅的秘书和私人医生。在意大利读书期间，经过修订的托勒密的《大汇编》拉丁文译本在威尼斯首次印刷，这件事对哥白尼产生很大的影响，一开始他全盘接受了阿拉伯世界保存下来的托勒密学说。此外，还有一件事对哥白尼影响深远。1503 年当哥白尼离开意大利回到波兰的时候，正值出现天文异象，教会宣告天空将出现土星和木星“会合”。然而，无论是哥白尼根据《大汇编》的推算，还是进行托勒密模型许可的修正，“会合”时间都比教会预测的慢了 10 天。这成为当时教会关注的大事件。[①] 从 1512 年起，哥白尼开始仔细观察行星运动。1514 年，他完成了一部限于朋友间交流的《概要》，并在其中初步提出了日心说。有意思的是，哥白尼模仿《几何原本》的著述体例，提出了一个建立在类似于新的公理假设之上的理论系统。

《概要》内容如下。（1）天球大圆没有中心。（2）地球不是宇宙的中心，不过是地、月系的中心。（3）所有天体（行星）都以太阳为运行中心。（4）日地距离与天穹高度（包含恒星的天球至远点）之比，远小于地球半径与日地距离之比。与天穹高度相比，日地距离可谓微不足道。（5）天空中所能见到的任何运动，大多出于地球运动，而非其本身，地球每日围绕固定的中轴旋转，天穹和至高的天空不曾运动。（6）我们所见的太阳运动是由地球运动引起的，地球如其他行星一样绕日旋转。（7）人们所见的行星向前和向后运动，皆由地球运动导致。仅凭借地球的运动便足以解释人们见到的空中的各种现象。这 7 点是作为类似于公理的假设，其余的内容都可以如同由公理推出定理那样计算出来，[②] 而不再如托勒密天文学那样，需要

---

① 恩斯特·费雪：《从亚里斯多德以后——古希腊到十九世界的科学简史》，第 101 页。

② André Goddu, *Copernicus and the Aristotelian Tradition*, Brill, 2010, pp.243-246.

不断调整本轮和均轮才能与观察符合。

正是在《概要》的基础上，1543 年哥白尼出版了《天球运行论》，该书第一卷是对日心说的总说明，以及介绍作为该书基础的数学知识；第二卷描述球面天文学的原理及星表，这是其后几卷论证的基础；第三卷描述太阳的视运动及相关现象；第四卷描述月球及其轨道运动；第五卷和第六卷阐释在日心理论的模型中如何计算天体（如金星）的位置。[①] 其实，早在古希腊就有过日心说，但哥白尼是把日心说建立在类似于公理的若干假设之上，并完全继承了托勒密以来数理天文学的观察和计算方法，重建了另一套数理天文学。该书直至哥白尼临死前才正式出版。恩格斯提出一种说法：哥白尼是在临死的床上才敢小心翼翼地对教会（即亚里士多德权威）提出挑战。[②]

实际上，这种说法是有问题的。哥白尼认为自己只是提出了一个比托勒密更美的假说，并不坚持自己的模型是真的。所谓“美”是指如何从类似于公理的假说更简单和更自洽地推出定理来解释现象，无关乎真实性。因为数理天文学代表的是某种科学经验真实，其背后是亚里士多德巨大的分类树，特别是月下界和月上界根本不同的说法，哥白尼根本不可能对此提出挑战。托马斯·库恩曾指出：“就其后果而言，《天球运行论》毫无疑问是一部革命性的著作。从它这里行星天文学开辟出了一条全新的途径，提出了行星问题的第一个精确而简洁的解法，而且，随着一些其他因素的加入，它最终导致了一个新的宇宙

① 哥白尼：《天球运行论》，张卜天译，商务印书馆 2016 年版。

② 恩格斯：《自然辩证法》，于光远等译编，人民出版社 1984 年版，第 7 页。

论。可是，对知道这些成果的读者来说，《天球运行论》本身一定是令人困惑、自相矛盾的，因为用它所造成的后果的眼光来衡量，它是一本相对呆板、谨慎和保守的书。使我们了解哥白尼革命的大多数基本要素——行星位置的方便而又精确的计算，本轮和偏心圆的废除，天球的解体，太阳成为一颗恒星，宇宙的无限扩张——这些以及其他的许多内容在哥白尼的著作中根本找不到。除了地球的运动之外，无论从哪方面看，《天球运行论》都更切近于古代和中世纪的天文学家和宇宙学家的著作，而不像那些后继者们的著作——他们的工作建立在哥白尼著作的基础之上，并且使作者本人也未能在著作中预见到的那些激进结果变得日益明显。”①

也就是说，哥白尼日心说只是在理论上比托勒密地心说更美。正如哥白尼在《天球运行论》序言里所强调的，宇宙的“有秩序”等同于数学上的简洁。换言之，哥白尼革命的起点是改革计算行星位置的数学技巧。正如库恩所指出的，甚至在计算和观察吻合程度上它都不比托勒密模型更准。②这说明：哥白尼日心说的出现只是数学真实摆脱科学经验真实的第一步，理论之美的重要性再一次突显出来了。至于用它来反对亚里士多德学说，则是伽利略的贡献。③

---

① 托马斯·库恩：《哥白尼革命——西方思想发展中的行星天文学》，第 133 页。

② 托马斯·库恩：《哥白尼革命——西方思想发展中的行星天文学》，第 139—141 页，第 165 页。

③ 如库恩指出的，哥白尼革命的一个背景是新柏拉图主义在文艺复兴期间的复苏，但很难确定新柏拉图主义对哥白尼天文学革新到底有什么具体的影响。（托马斯·库恩：《哥白尼革命——西方思想发展中的行星天文学》，第 129 页。）因此，这里的讨论暂时搁置这一话题。

经典力学等于“微积分”加“日心说”加“望远镜”吗

根据通行的说法，伽利略是现代科学的奠基人之一，其地位仅次于牛顿。但科学史研究表明：某些广为人知的伽利略的事迹，例如著名的自由落体实验，并不那么可靠，甚至这些实验是否做过都令人怀疑。[①] 那么伽利略的学说为何能有如此巨大的影响呢？关键是伽利略与教会的冲突，他因公开宣扬日心说而触犯了天主教的教义，遭到教会的谴责，这件事情产生了很大的社会影响，而它会发生，最重要的原因是 1608 年伽利略改进了望远镜。如前所述，透镜的放大作用在古希腊与古罗马时代就已为人所知，望远镜传说是荷兰人发明的。[②] 伽利略从来没能证明透过望远镜看到的是真的，但他使其放大率提高了 30 倍，[③] 并第一次把望远镜指向夜空，发现了月球山脉和木星卫星。[④] 否定性放大使伽利略把望远镜当作反对亚里士多德

---

① 比萨斜塔实验是伽利略的学生温琴佐·维维亚尼在其撰写的伽利略传记中记载的，而这本书完成于伽利略逝世 12 年之后。事实上，除了这部传记中的记载外，几乎没有其他证据证明伽利略真的做过这个实验。详见 Michael Segre, “Galileo, Viviani and the Tower of Pisa”, *Studies in History and Philosophy of Science* Part A, Vol. 20 (1989)。

② Henry C. King, *The History of the Telescope*, Courier Corporation, 2003, pp.30–32.

③ Stillman Drake, *Galileo: Pioneer Scientist*, University of Toronto Press, 1990, pp.133–134.

④ 其实，伽利略并未直接观察到月球表面或者木星卫星的细节。以月球为例，相比前人观测到的巨大的斑点，伽利略只是观测到更多较小的斑点，他是根据这些小暗斑来推测月球表面的山脉或山谷的。这些观测数据能转化成现在看来“科学”的结论，主要还源自伽利略对哥白尼体系的支持。参见 I. 伯纳德·科恩：《新物理学的诞生》，张卜天译，商务印书馆 2016 年版，第 188—193 页。

学说的利器。

为什么伽利略用望远镜看到的可以颠覆当时的科学经验真实？亚里士多德分类树的立足点是月下界和月上界不同。月下界是凡间，月上界是以太构成的世界，其间的事物都没有缺陷。但透过望远镜一看，可以发现月下界与月上界似乎没有本质区别。如何确认研究者透过望远镜所看到的都是真的呢？这涉及对望远镜原理的研究，下文会涉及。这里需要指出的是，哥白尼的日心说本与《几何原本》一样，都是数学假说，和真实世界无关。然而，伽利略的发现却改变了上述一切，使得哥白尼学说真正具备了颠覆托勒密模型的革命潜力，哥白尼学说不再仅仅是一套假说，而具备了某种真实性。这时，理论系统的美和反对已经知晓的科学经验真实可以结合了。日心说第一次得到地心说不可能推出的结论，新理论系统的优越性完全显示出来了。这是通过开普勒研究达成的。

众所周知，开普勒深受柏拉图和毕达哥拉斯主义的影响，渴望在自然中发现数学的规律性。这使得他在学生时代就成为哥白尼学说的支持者，并试图寻找一个或一组定理，说明哥白尼学说体系如何能连成一体。[①] 开普勒本来是第谷的助手，第谷是神圣罗马帝国最重要的一个天文观测站的首席天文学家。第谷不相信哥白尼的日心说，也不相信托勒密体系，而是提出了自己的地心说，但他是一位极其优秀的天文学家，在缺乏天文望远镜的环境中，实现了肉眼能够达到的最准确的天文观察，

① I. 伯纳德·科恩：《新物理学的诞生》，第 131 页。

且留下了完整的记录。这些大量且精确的数据在他去世后都由开普勒继承。[①] 通过结合哥白尼的学说和第谷精确的观测数据，数学真实解除旧有科学经验真实观念的桎梏在他那里得到实现。

开普勒的数学非常好，他立足于哥白尼日心说，系统地利用欧几里得的几何学体系处理了第谷的观察记录，总结出三条定律。开普勒第一定律指出，每一个行星都沿各自的椭圆轨道环绕太阳，而太阳则处在椭圆的一个焦点中。开普勒第二定律也称等面积定律，即在相等时间内，太阳和运动着的行星的连接所扫过的面积都是相等的。开普勒第三定律也称周期定律。它表达如下：各个行星绕太阳公转周期的平方和它们的椭圆轨道的半长轴的立方成正比。前两条定律是对哥白尼学说的改变和简化，不同于以往的研究，开普勒提出的天体运行的轨道不再是圆形而是椭圆形；第三条定律对开普勒则意味着天体的和谐得到证明，甚至包含这条定律的著作也被命名为《世界的和谐》(1619 年)。[②] 由这些定律不难推出：行星和太阳之间的引力与半径的平方成反比。上述发现是牛顿发现万有引力定律的基础。

我要强调的是，开普勒之所以能得到托勒密学说推不出的新定律，除了是因为对哥白尼学说应用和拥有更精确的观察数据外，更重要的是出于对《几何原本》理论美的执着。正因如此，我把他的工作视为数学美和反对原有科学经验真实观念的结合。缺乏日心说模型或欧几里得几何学用公理推出原先不知

---

① I. 伯纳德·科恩：《新物理学的诞生》，第 134 页。

② I. 伯纳德·科恩：《新物理学的诞生》，第 136—137 页。

道的定理的精神，开普勒的工作是不可思议的。没有开普勒三定律，牛顿亦难以用微积分从万有引力解释天体运动。正因如此，哥白尼、伽利略和开普勒三人的工作成为牛顿力学的基础。牛顿说过一句名言："倘若我望得更远，那是因为站在巨人肩膀上。"这里的巨人就包括上面列举的这三位。[①]

值得注意的是，仅仅根据这三个人的学说，依旧推不出牛顿力学。原因在于，伽利略否定瞬间作用，而牛顿的万有引力学说假定太阳的引力是瞬间产生的。[②]值得注意的是，这一瞬

---

① 或许还应加上惠更斯。惠更斯是与牛顿差不多同时代的物理学家。在牛顿三大定律中，一个非常重要的发现便是加速度乘以质量等于力。其实这一概念最早存于离心力的概念中，牛顿在提出万有引力之前，首先承认了离心力的存在，但离心力的计算公式其实是由惠更斯推导出来的。（陈方正：《继承与叛逆——现代科学为何出现于西方》，第 576 页。）当然，我们目前尚无证据证明牛顿的离心力研究来自惠更斯，但可以确认的是，惠更斯关于"摆动规律"的研究对定义时间十分关键，它作为牛顿力学的前提应该是成立的。

② 在 1718 年的备忘录中，牛顿说自己早在 1666 年就把重力扩展到月球轨道，并推断出使行星保持在圆周轨道上运动的力与行星到轨道中心的距离平方成反比。有学者通过对牛顿手稿的研究指出，这份备忘录在某些方面是站不住脚的。牛顿确实得出了平方反比关系，但他当时并没有提出朝向中心的吸引力概念，而是惠更斯式的"退离中心的倾向或努力"（后来被牛顿命名为"离心力"）。牛顿实际所比较的，是单位时间内月球退离轨道中心的距离与地球赤道上物体下落的距离（近似满足平方反比关系）。（I. B. 科恩：《牛顿革命》，颜锋、弓鸿午、欧阳光明译，江西教育出版社 1999 年版，第 265—268 页。）或许他当时认为两者应该相互平衡、相互抵消。无论如何，在机械论哲学框架内，我们只能得到撞击力和离心力的概念。其实，在这里，牛顿所持的是其所谓的"超距作用"观念。确认自然界存在"超距作用"无疑是经验的要求，物体的下落、行星的轨道运动、磁石的吸引作用、摩擦后的琥珀吸引纸屑现象，还有大量炼金术-化学实验中的亲和性，以上种种都要求我们承认自然界中存在"超距作用"。但承认"超距作用"是一回事，将其提升到本体论层面则是另一回事。

间的“超距作用”在亚里士多德那里就已经被否定了。亚里士多德认为力一定要有推动者，这个推动者不在物体内部就在物体外部。在物体内外都不存在瞬间的力，力的作用必定需要时间。从今人的角度来看，亚里士多德和伽利略的观点无疑才是正确的，而牛顿学说在这一点上反而属于倒退。实际上，牛顿是一个神秘主义者，他信奉阿里乌派，即基督教历史上被视作异端的一个流派，这违反了英国的国教信仰，直至临死前他才暴露自己的这种倾向。牛顿相信万物之间存在一种神秘的瞬间作用力，换言之，万有引力学说背后还有炼金术和神秘主义的影子。[①] 这一切都表明否定亚里士多德甚至亚里士多德学说中正确的东西，对现代科学的诞生多么重要。

综上所述，牛顿力学的出现可表达为用微积分原理对哥白尼、伽利略和开普勒的工作进行整合。但是经典力学真的仅仅是上面这些因素的加和，即等于“微积分”加“哥白尼的日心说”加“天文望远镜的使用”吗？事情没有这么简单。否定亚里士多德和注重理论体系之美，只意味着数学真实从原有科学经验真实的观念中解放出来。新数学真实的形成，还需要把一些新的公理加入《几何原本》，形成一个比几何学更大的公理系统。新公理的产生以及克服由它带来的公理系统内部问题，这是一个巨大的飞跃。这就是牛顿的贡献所在。

---

① 迈克尔·怀特：《牛顿传——最后的炼金术士》，陈可岗译，中信出版社 2004 年版，第 14 章；陈方正：《继承与叛逆——现代科学为何出现于西方》，第 580—581 页。

宇宙的公理化：《几何原本》示范及其扩大

从数学真实的扩大来看牛顿的贡献，就会让人联想到微积分的发明。为什么微积分那么重要？原因很清楚，它的引入使得数学真实的范围大扩张，从《几何原本》扩大到力学甚至整个力学的宇宙观。下面我们先来分析数学真实的扩张过程，它最早是数论。数论的基础是数，不可测比的发现使得比例以线段为单位，数学真实从数论扩大到几何学。几何的基础是点、线和由线段组成的图形（位置和距离）。数理天文学把圆周运动周期的分割作为时间，而微分是变化率。有了距离的变化率，速度成为数学真实的新元素。有了速度的变化率，加速度也成为数学真实的一部分，甚至力和质量亦成为数学真实必须涵盖的部分。[①] 这样一来，数学真实不是从几何学扩大到力学了吗？

或许有人会问：速度、加速度、力和质量是来自经验的概念，它们怎么会成为数学真实的元素？如前所述，对数学真实基本元素的定义，是"显而易见为真"！至于其和经验的关系，我没有细讲，只是说它们不一定需要经验基础。数肯定有经验的一面，但无穷个素数的存在不是经验可以证明的。点、线都来自经验，但平行线段的存在不可以用经验证明。因为在直线外一点画一直线和该直线永远不相交（这是平行的定义）这件

① 亚里士多德认为力使物体有速度，而牛顿则认为力使得物体有加速度，为了找到速度，我们就需要知道力的作用时间有多长，或者物体的加速时间有多长，从而可以运用伽利略的定律。参见 I. 伯纳德·科恩：《新物理学的诞生》，第 155 页。

事，涉及线段无限延长，它已经超越了经验。力和质量不也是这样吗？它们和数及点、线类似，都是经验可感知的，但如果要将其讲清楚，则必须将其转化为如同数和点、线那样的基本概念，即数学真实的元素。

举个例子，表面上牛顿对“质量”的定义是物质的多少，是 100% 经验性的，但真的如此吗？不同物质的密度和比重不同，用物质多少无法定义何为质量。在理论物理学中，“质量”最后只能用力除以加速度来界定。换言之，牛顿力学的基本概念和基于这些概念的公理与几何公理一样，其真实性在于它们显而易见且不用怀疑。经典力学的本质是用这些公理推出定理来说明自然现象。换言之，牛顿力学基本上建立在扩大了的数学真实之上。

在这里，我要强调的是牛顿三定律的公理性质，它和几何公理一样。只是新公理的加入使得公理系统已大大超出《几何原本》，它成为一种新的世界观。牛顿把自己的著作命名为《自然哲学的数学原理》，这或许源自牛顿认为该书是建立在数学真实上的自我意识。[1] 在某种意义上，它开启了数学真实的新形态。[2]

---

① 有科学史学家提出：《自然哲学的数学原理》这一标题存在对笛卡儿《哲学原理》的影射，后者以教科书形式陈述一个关于物质本质、思想本质，以及上帝创造和推动宇宙运行时的活动的完整思想系统。他认为牛顿的标题传达了一个明确的信息：自然科学的真正基础只能用数学来表达，而不像笛卡儿那样只停留在口头。参见 H. 弗洛里斯 · 科恩：《世界的重新创造——近代科学是如何产生的》，张卜天译，湖南科学技术出版社 2012 年版，第 190 页。

② 至于牛顿三定律和经验世界的关系，与数学（特别是几何学）和经验世界的关系一样，是真实性哲学的重要问题，我将在第三编和方法篇中探讨。

我把牛顿力学视为一个近似于《几何原本》的扩大了的公理系统，这里有“近似于”的限定。为什么要加这一限定，因为在《自然哲学的数学原理》一书中推导定理之前提并非都是公理，其中有一些是作为科学经验真实之假设。《自然哲学的数学原理》之所以有那么大的说服力，是因为其用万有引力公式得出与天文观察符合的推论和预见。和牛顿三定律同样重要甚至在当时更重要的是，牛顿提出万有引力的公式：“两物体之间的引力和它们的质量（注意这是‘引力质量’）乘积成正比，和它们之间距离的平方成反比。”他正是以此来证明开普勒三定律，并做出行星和月球运行及其他惊人的预言的。

上述万有引力公式实际上是一个猜测，而且只是近似正确的。因为它建立在超距作用之上，是反对亚里士多德科学经验真实观之结果。20 世纪相对论证明超距作用不存在，牛顿力学的万有引力公式被广义相对论取代。正因如此，《自然哲学的数学原理》中推理的出发点是数学真实和科学经验真实的混合体。科学史学家早已指出，牛顿的工作虽具有巨大的原创性，但理论体系的公理化做得不好。[①] 牛顿第一定律“仍然坚持亚里士多德的观点，认为任何运动都需要推动者，只不过是以巴黎唯名论者的修改后的形式，即这种推动者处于物体之中”。至于第二定律，实际上只是给出“力”和“惯性质量”的定义。牛顿第三定律实为动量守恒的另一种表述。[②]

---

① E. J. 戴克斯特霍伊斯：《世界图景的机械化》，张卜天译，湖南科学技术出版社 2010 年版，第 509—524 页。

② E. J. 戴克斯特霍伊斯：《世界图景的机械化》，第 512 页。

由此我们能得出什么结论呢？那就是牛顿在《几何原本》的示范作用下，从亚里士多德的科学经验真实观中跳了出来，尽可能地回到了数学真实。他相信数学真实的存在，由于他在数理天文学中引进了新的公理，数学真实实现了从几何到力学的大飞跃，[①]这就是牛顿带来的巨大的革命。但牛顿的《自然哲学的数学原理》本身是新的数学真实系统和数理天文学（科学经验真实）的混合物，这直接表现在其内容上：《自然哲学的数学原理》共有三卷，第一卷讨论运动物体一般的动力学（数学）原理，表述了牛顿三定律；第二卷论述物体的运动，如阻力下物体的运动，为流体力学开了先河；第三卷讨论如何将这些原理应用于宇宙系统。

牛顿的出现可谓是横空出世，如果没有他，作为公理系统的数学真实的大扩张是不可能的，所以前面我称这一步是突变。在《几何原本》和《大汇编》中，古代科学家从来只讲数量之间、测量之间、几何之间的关系，而没有研究过变化率。牛顿的伟大之处在于，他在数学上定义了变化率——如“无穷小的速度变化”除以“无穷小的时间”，即“流数法”。[②]这个定义

① 如牛顿所说，《自然哲学的数学原理》“目的是发展数学，直到它关系到哲学时为止……画直线和圆是问题，但不是几何学的问题。这些解的要求来自力学，在几何学中教导应用这些解。且几何学以从它处得来的如此少的原理得出如此多的东西为荣。所以几何学以力学的实践为基础，且它不是别的，而是普遍的力学的那个部分，它提出和证明精确的测量的技艺”。参见牛顿：《自然哲学的数学原理》，赵振江译，商务印书馆 2006 年版，“致读者——作者的序言”，第 6 页。

② 牛顿在《流数法和无穷级数》中做出如下定义：变量由点、线和面的连续运动产生；变量即为“流”（fluent），变量的变化率叫作 （下接第 206 页脚注）

看起来很荒谬：在我们的常识中，无穷小是无限逼近于0，两个无限逼近于0的数字之比是什么意思呢？牛顿认为这是有意义的，“无穷小的速度变化”除以“无穷小的时间”等于加速度，由此就引申出了力的概念。自此以后，一个由几何解释的数学世界，就拓展为一个由力学解释的世界，后者的结构仍然是和《几何原本》一样的公理系统。

正是《几何原本》示范的存在，可以帮助我们理解牛顿的理论建构为何总是遵循如下三种方法：第一，数学上主要应用以几何学为基础的“综合法”，而非他发明的“流数法”；第二，应用大量最新实测数据，包括他自己所做实验的结果；第三，作为“实验哲学”，是从基本原理出发，经过数学推理，应用于所有能够处理的现象，但所得结果必须全部与实测结果相符合，基本原理才得以建立。[①] 换言之，牛顿的“流数法”只是在《几何原本》的公理结构中加入一个新的假定——无穷小除无穷小，[②] 以此来归纳实验结果，然后再通过近似于《几何原本》的推导方法来推出行星轨道和抛射体的运动规律，进而得

（上接第205页脚注） 流数（fluxion）。（莫里斯·克莱因：《古今数学思想》第二册，朱学贤等译，上海科学技术出版社2002年版，第71—72页。）“流数”也就是我们今天熟知的导数。

① 陈方正：《继承与叛逆——现代科学为何出现于西方》，第586—587页。

② 《自然哲学的数学原理》第一卷第一部分就是讨论“用于此后证明的最初比和最终比的方法”，引理一即是“诸量，以及量的比，它们在任何有限的时间总趋于相等，在时间结束之前它们彼此之间比任意给定的差更接近，最终它们成为相等”；引理三还进一步提出“当平行四边形的宽度AB、BC、CD等等不相等，但都减小以至无穷时，同样的最终比也是等量之比”。参见牛顿：《自然哲学的数学原理》，第34—35页。

出可以和实验结果进行比较的结论。

然而，在牛顿那个时代，“流数法”是有问题的。关键在于无穷小的量是否等于零。无论答案是肯定还是否定，都会导致矛盾。也正因如此，牛顿的时代是数学大革命的时代，也是数学面临危机的时代，我称之为第二次数学危机。事实上，牛顿在建立“流数法”之后，迟迟不愿发表，也没在其《自然哲学的数学原理》中全面应用。这很大程度上是因为他深感“无穷小”等概念难以明确界定。1676 年，牛顿在撰写第三部介绍微积分的专著时，也避免使用“无穷小量”，而代之以“初始增量的最初比”和“渐趋于零的增量的最终比”。然而，已经消失的两个增量之间会有比吗？牛顿依旧没能给出一个清晰的定义。[①] 因此，虽然牛顿的《自然哲学的数学原理》在那个时代暴得大名，但上述问题历来是遭受攻击的，英国哲学家乔治·贝克莱就是牛顿数学批判者中的典型代表。[②]

直到 19 世纪 20 年代，才有数学家开始关注微积分的严格基础：捷克数学家波尔查诺给出了连续性的正确定义；挪威数

---

① 卡尔·B. 博耶：《数学史（修订版）》下卷，第 429 页。

② 数学史学家将贝克莱对微积分的批评总结如下。在求流数或微分比的过程中，数学家们首先假设，增量被赋给变量，然后通过假设它们为零，拿走增量。在贝克莱看来，微积分，正如当时所解释的那样，似乎只是对误差的校正。因此，“凭借双重的错误，你达致了真理，尽管不是达致科学。就连牛顿根据最初比和最终比对流数所做的解释，也遭到了贝克莱的责难，他拒绝承认‘瞬时’（作者注：即前文所说超距作用）速度的可能性，距离和时间以这一速度消失，留下了毫无意义的商 0/0”。贝克莱指出：“这些流数到底是什么呢？是消失增量的速度。那这些消失增量又是什么呢？它们既不是有限量，也不是无穷小量，更不是零。我们是不是可以把它们称作‘已死量的幽灵’呢？”参见卡尔·B. 博耶：《数学史（修订版）》下卷，第 464 页。

学家阿贝尔指出要严格限制滥用级数展开及求和；法国数学家柯西在1821年的《代数分析教程》中从定义变量出发，认识到函数不一定要有解析表达式，他抓住极限的概念，指出无穷小量和无穷大量都不是固定的量而是变量，无穷小量是以零为极限的变量，并且定义了导数和积分；德国数学家狄利克雷给出了函数的现代定义。[①] 换言之，虽然牛顿没能解决“流数法”运用中“无穷小”界定的问题，但他为影响更广泛的新科学革命奠定了基础。这里我们看到，牛顿时代的数学面临的挑战和发现不可测比线段带来的挑战一样，二者的发生都导致数学真实的大扩张，其解决都用了几百年。

牛顿力学的出现虽意味着数学真实从过去的科学经验真实观中跳出来，去接近科学真实，但实际上它是数学真实和科学经验真实的混合物。而且牛顿三定律很容易被认为是科学经验真实，速度、加速度、力和质量更是被等同于科学经验真实，这样一来，整个被解放出来的数学真实很容易就再一次被想象成科学经验真实（客观存在的真实）中。牛顿的绝对时空观正是这种新科学经验真实观念的典型代表。对速度、加速度、力或者质量的测量都发生在特定的时空之中。通常人们都是通过自身对物体的感知来认识时间和空间的，牛顿认为这会带来一定的偏见。为了消除这些偏见，他将对时空的度量分为绝对的和相对的、真实的和表面的、数学的和普遍的，而“绝对的、真实的和数学的时间，它自身以及它自己的本性与任何外在的

---

① 胡作玄：《第三次数学危机》，四川人民出版社1985年版，第19页。

东西无关，它均一地流动”，“绝对的空间，它自己的本性与任何外在的东西无关，总保持相似且不动”。[1] 表面上看，牛顿对绝对时空的定义是形而上学的，似乎代表了一种形而上学的科学经验真实观。实则不然，绝对时空观是为了给物理学（力学）提供一个公理基础，在此基础上，“度量”在经典力学之中才是可能的。对时间与空间的测量也成为现代物理学的核心之一，一直延续到量子力学的研究中。[2]

随着牛顿力学（包括绝对时空观）的建立，一种新的物质世界观成熟了，数学变成了研究数量和空间的学问。从此，客观存在的科学经验真实观起源，至今还支配着我们对真实的认识。这就是从启蒙运动至今真实观演变的历史，亦是真实心灵一步步解体的过程。

---

① 牛顿：《自然哲学的数学原理》，第 7 页。

② 关于牛顿绝对时空观及其影响的讨论，请参见 Robert DiSalle, *Understanding Space-Time: The Philosophical Development of Physics from Newton to Einstein*, Cambridge University Press, 2006, Chapter 2。

第五章　启蒙运动：客观世界的诞生

宇宙模型的改变：从钟表到粒子运动

数学真实从科学经验真实中脱离出来，这正好发生在西方宗教改革时期，它和现代社会在西方起源是一个同步的过程。因此我和刘青峰一直强调现代科学的形成和第一个现代社会起源同构，这也是李约瑟问题不能被简单否定的原因。

我在第一编中曾指出，现代性起源于对上帝的信仰和认知理性分离并存。在现代性刚起源时，对上帝的信仰和认知理性虽呈分离并存结构，但终极关怀的真实性并没有丧失。现代性的普及需要现代价值和宗教划清界限，现代价值是在启蒙运动中成熟的，终极关怀的真实性在启蒙运动的反宗教浪潮中丧失了。我要强调的是，也正是在这个过程中数学真实再一次被想象成科学经验真实。这里关键的一步是宇宙模型的巨变：从钟表想象转化为粒子运动想象。

当作为“自然哲学”的科学存在于天主教神学中时，自然界被想象成钟表。事实上，牛顿力学诞生之初，自然界的钟表模型仍占主导地位。这种状态一直持续到启蒙运动的兴起。钟表想象通常也被称为机械化的世界图景。钟表根据特定规则在运转，这个规则一旦确定下来以后就不变，上帝是钟表的设计者。[1] 我要强调的是，此种机械自然观背后始终存在上帝的推手。启蒙运动以降，这种机械自然观被纳入认知理性之中，钟表的设计者被隐去。在这种情况下，钟表想象显然不再适用。更恰当的宇宙图像是什么呢？在启蒙运动中，对宇宙图像的想象不再是钟表机械，而是粒子运动，即“微粒运动论”。何为“微粒”？它是古希腊原子的现代版，但不同的是，在古希腊从未被用于指涉原子的词“不可分割的”（individuus 为 atomos 的拉丁文翻译）被用于指涉个人，换言之，组成宇宙的基本单位与组成城邦的基本单位同构。到了 17 世纪，“individual”则成为个人的代名词。更有甚者，德国哲学家莱布尼兹干脆将个人的灵魂等同于微粒运动论中的微粒，即单子（monads）说。[2] 从这一切可以看到，把社会视为由独立个人组成的基本观念是和微粒运动论同步出现的，自然机器和社会机器的类似性似乎表明二者背后存在着某种相似的逻辑结构。

这种同构性在 17 世纪十分明显。正如机械自然观把宇宙视为上帝设计的钟表那样，社会组织亦被看作个人组成的机器。

---

① 正如吴国盛所说：“近代以来，世界图景的机械化（Mechanicalization）有两个意思，一个是通过机械模拟或隐喻来理解世界，一个是用力学方式解释世界。近代早期，机械模拟与力学本身成长为新物理学的主干相伴而行。那个时候的力学与机械学还没有区分开来，两个方面是合二为一的。等到牛顿力学与笛卡儿的机械论分道扬镳，并且成为现代物理学公认的基础之后，机械化更多指的是（牛顿）力学化。”（吴国盛：《世界的图景化——现代数理实验科学的形而上学基础》，载《科学与社会》2016 年第 1 期。）

② 详见金观涛：《轴心文明与现代社会——探索大历史的结构》，第四讲。

但是随着启蒙运动展开过程中，微粒运动论取代宇宙钟表想象，社会机器和宇宙的同构对应就不那么紧密了。更重要的是，本来数学是用来研究宇宙钟表机制的，随着微粒运动论的普及，数学很快成为研究数量和空间的学问。这种差别还表现在对物质性作为第一性质还是第二性质的理解上。

刘青峰曾指出：牛顿力学的前提是认为月球和苹果的运动遵循相同的自然法则，[①] 这一信条来自 16 世纪以来被广泛认可的第一性质和第二性质的不同。所谓第一性质是指物体的空间广延性、质量、速度，而第二性质是颜色、味道等。16 世纪开始，自然哲学家普遍认为唯有第一性质是客观实在的，即物体本身具有的，而第二性质是主观的，即人的意识附加给客体的。正因如此，月球和苹果的运动才是可以比较的，它们的位置、速度变化可以用相同的自然法则来把握。第一性质和第二性质的差别来自当时哲学对自然有机体（它们由共相规定）之解构。伽利略也有类似的说法：“酸甜、香臭、红绿等等，如果关联到我们安顿它们的那些物体身上去讲，则可以说它们不过是一些空名而已；它们只存在于我们的意识中。”[②] 然而，在 17 世纪，“第一性质”只对物体才有意义，广延性当然不能独立于物体而存在。但在启蒙运动中，广延性和物体分离了。几何学不仅适用于物体大小的测量，还适用于真空。虽然确定位

① 刘青峰：《让科学的光芒照亮自己——近代科学为什么没有在中国产生》，第 61 页。

② Galileo, *The Assayer*，转引自 Franklin L. Baumer：《西方近代思想史》，李日章译，联经出版事业股份有限公司 1980 年版，第 58 页。

置、测量距离和角度都是在时空中进行的，但几何学从来没有被视为研究空间的科学。只有当启蒙运动不断深入，广延性和物体分离时，几何学才成为表达空间性质的理论。正是在这个过程中，数学真实再一次被等同于科学经验真实。

无论是微粒运动论取代宇宙钟表想象，还是广延性和物体的分离，背后都存在相同的推动力。这就是当上帝在宇宙图像中隐退时，在反对旧的科学经验真实观的过程中，一种新的科学经验真实观形成了。这种新的科学经验真实观不再需要造物主。数、空间、时间统统走向客观化，成为科学经验真实的某种性质。

非常有趣的是，这种新科学经验真实观的形成也是从否定原有科学经验真实观（即亚里士多德学说）开始的。如果说数学真实从科学经验真实中跳出来，最初的主线是《几何原本》示范作用和公理系统的扩大，那么新科学经验真实观的形成则必须在否定亚里士多德分类树的同时，提出一种全新的分类理论，而这一切都和对真空的研究连在一起。

真空研究和客观存在的时空

在各文明的真实观中，唯有西方才讨论真空，这最早可追溯至亚里士多德的分类树。亚里士多德有句名言——“自然界厌恶真空”，为什么他要否定真空的存在呢？因为其分类树的基础是把世界分为月上界和月下界，根据四因说，每一类都有自己的质料因，分类系统中的各个类都必定被物质占满，不可能存在真空。月上界由以太构成，月下界的构成元素则是土、气、水和火：土最重，组成了地球的核心；水较轻，覆盖在地球的表面；气、火更轻，笼罩着地球或向上飘扬；以太没有重量，位于天上。托勒密地心说的背后就是这一巨大的分类树。一位学者指出，尤多索“把宇宙描绘成一套以地球为其共同中心的同心层球体。每一层分别以不变的速度和不变的方向环行……亚里士多德认为这些球体是宇宙真实物质的部分……故真空不存在……对于亚里士多德来说，自然（physis）是具有内在运动源泉的那些事物的总和”。[①]

前面我已经论证过，现代科学的兴起源于对亚里士多德学说的否定，数理天文学从哥白尼到伽利略的发展只是其中一条线索，另一条线索就是证明亚里士多德关于真空不存在的论断是错的。这两条线索在 17 世纪开始相交，最后的结果是粒子运动的宇宙想象代替钟表想象，新的科学经验真实观形成了。

证明真空存在的第一位科学家是意大利物理学家托里拆利，他在 1643 年发明水银管气压计，这最初是为了解决一个实际问题。当时的人根据实际经验指导，认为水泵的极限是 10 米左右。伽利略对此十分惊奇，并将这个题目留给了自己的学生托里拆利。[②] 托里拆利使用了水银，它比水重 13.6 倍。1643 年他制造了一支大约一米长的玻璃管，密封管口并用水银装满管子，之后将管子垂直插入一个装满水银的盆子，于是水银柱

① 奥康诺编：《批评的西方哲学史》上，洪汉鼎等译，桂冠图书股份有限公司 1998 年版，第 119—123 页。

② 吴国盛：《科学的历程》，湖南科学技术出版社 2018 年版，第 339—340 页。

降到大约 76 厘米高，留在上面的真空就被称为“托里拆利真空”，这是人类首次制造的真空状态。

进一步证明真空存在的是德国物理学家古力克，他在 1657 年发表了马德堡半球实验。实验的两个铜质空心半球直径约 50 厘米（20 英寸），半球中间有一层浸满了油的皮革，用于让两个半球能完全密合。其中一个半球上带有连接管，连接真空泵，有阀门可将其关闭。在两个半球间的空气被抽出后，两个半球便会受周围的大气挤压而紧合在一起。如果要分开它们，需要多匹马的拉力。[①] 这项实验中使用的真空泵是受到托里拆利制造的人工真空启发而设计的，真空泵与望远镜、显微镜、摆钟并称为 17 世纪科学复兴的四大技术发明。马德堡半球实验还独立得出了大气压力理论，并指出大气压的性质。[②] 根据上述实验，很容易想到所谓大气压力很可能就是空气的重量。

正是在以上诸项研究的基础上，英国化学家波义耳及其合作者大大改良了前人所制造的抽气泵。波义耳主要从事气体“弹性”之研究，同时致力于炼金术，分析化合物的构成，这成为现代化学的开端。他还是英国皇家学会创始人之一。波义耳所制造的泵，不仅不需大量的水来制造压力，也不像之前的泵那样难以安装与操作。用新的泵非常容易进行实验。波义耳尝试用泵将空气尽可能地抽空之后，利用一种特殊水泥接合剂来将容器上方出口密封，波义耳通过这个“什么都没有”的容器证明了其有关“真空”的理论。例如，他发现声音无法在真

---

① 吴国盛：《科学的历程》，第 341—342 页。

② E. J. 戴克斯特霍伊斯：《世界图景的机械化》，第 499 页。

空中传播，蜡烛无法在真空中燃烧等现象。[①] 在这些实验的基础上，波义耳颠覆了亚里士多德关于真空不存在的论点。真空当然存在，其是不断排除各种物质微粒的结果。

不仅如此，波义耳还提出“微粒说”替代传统的“元素说”，1661 年波义耳发表了《怀疑的化学家》，在这部著作中波义耳批判了一直存在的四元素说，认为在科学研究中不应该将组成物质的物质都称为元素，他指出，不能互相转变和不能还原成更简单物体的物体为元素，他将元素定义为“单纯物体，它们不是由其他物体构成或相互构成的，而是所有那些完全混合物体（化合物）的组分，也是它们最终分解成的组分”[②]，而元素微粒的不同聚合导致了物质性质的不同。换言之，所谓真空就是没有任何元素微粒存在的空间。宇宙由真空和物质微粒组成。

由此可见，和牛顿力学出现差不多同时，不仅真空的存在已经得到证实，粒子运动的宇宙想象也在孕育中了。只要造物主在宇宙想象中退隐，宇宙钟表想象会迅速被真空加粒子运动的想象取代。表面上看，把巨大的天体视作在宇宙中运动的粒子似乎不太合理，但在牛顿力学的理论体系中，地球与其他天体相互吸引、运动，都被视作几个质点（有质量但不存在体积或形状的点）的相互作用，这也是牛顿用几何方法证明的。

---

① 其实，波义耳一直避免介入真空的讨论，他所制造的真空只是没有空气的空间，至于其中是否真的什么都没有，这一问题则被他搁置了起来。参见 E. J. 戴克斯特霍伊斯：《世界图景的机械化》，第 501 页。

② E. J. 戴克斯特霍伊斯：《世界图景的机械化》，第 477 页。

由此我们可以理解，在启蒙运动反对天主教的大潮中，微粒运动论为何可以迅速颠覆宇宙的钟表想象，成为新的科学经验真实观。确实，在解释世界方面，微粒运动论远比亚里士多德的宇宙论成功。在数理天文学方面，它和天体运动力学相吻合。在日常生活方面，它解释了空气的存在和大气压力。在微观层面，它暗示着物质的组成和变化，甚至用星云来解释天体起源也与其吻合。这样一来，时间、广延性不仅是粒子的性质，亦是真空的性质。数学作为研究数量和空间性质之学问的观念成熟了。数学真实再一次被想象成科学经验真实。

新分类树和还原论：化学基础的发现

历史上，科学经验真实观的核心思想之一是分类，亚里士多德巨大的分类树就是例子。因此，真空中粒子运动的想象也必定是一种新的分类理论。为什么今天大多数人感受不到这是一棵新的分类树呢？不识庐山真面目，只缘身在此山中。其实，今天我们的知识和学科分类，均来自这种新的科学经验真实观。

为什么今人把物理学的规律视为宇宙最基本的定律，以及所有其他学科知识存在的基础？为什么我们把世界视为原子、分子组成的，而原子又由更基本的粒子组成？为什么我们要寻找物质之间互相作用的基本力，而不是反过来？为什么我们会把物理学视为化学的基础，并把化学定为生物学的前提？这都是出于微粒运动这一宇宙想象中的分类。早在 18 世纪，遵循牛顿力学的微粒运动模型已经用于研究化学。照理说，牛顿定律是解释宏观世界（特别是天体运行）的，用这一定律来研究物体的组成，并将其视为比化学法则更基本的法则是不合逻辑的。那么为什么牛顿力学自提出后就被定为适合各个时空尺度的规律？这正是出于粒子运动的宇宙想象。也就是说，一旦牛顿力学被广泛接受，一个以其为顶点的新分类树就开始形成。

如前所述，在亚里士多德的分类树中，各门学科的研究对象属于不同的类，如何研究类以及把类和子类联系起来，构成了亚里士多德方法论甚至形而上学的基础。在新的分类系统中，联系各个类的又是什么？这首先必须说明分类树中类与类的关系，当某一类属于另一个更基本类的时候，前者的性质必定可以从后者的性质中推出。而且对整个分类树的基本研究方法必定和这一分类树形成之原则有关。这两点在亚里士多德的科学经验真实观中十分明显，规定类与类之间关系的是形式逻辑即三段论，对所有类都有效的是四因说。在新的分类树中，规定子类和类之间关系的是还原论思想，而对于所有类都适用的理论原则类似于《几何原本》示范作用。

先来分析还原论。自从近代科学产生以来，还原论盛行。所谓还原论，是用该层次物质的形成法则来研究该层次的性质。如把生命的法则看作分子层面的化学作用所致，而化学所研究的物质分解、合成以及种种变化被认为是由分子之间互相作用引起，分子结构则由原子及其相互作用力来说明，诸如此类。在很多时候还原论会受到批评，毕竟某一层次支配事物的法则不能完全归为组成该层次事物的低层次的规律。例如，人由分子和原子组成，没有原子和分子不可能有人的经济行为，但把经济学法则化约为基本粒子之间的相互作用没有意义。当还原论无效时，对支配某一类行为之法则的认识，必须再一次依靠类似于《几何原本》在牛顿力学形成中的示范作用。

这样一来，新科学经验真实观的分类树中，各门学科的形成一直处于还原论和类似于《几何原本》在牛顿力学形成中示范作用的紧张之中。当某一学科作为一个子类和其所属的类相当近时，用所属类的法则推出该学科的规律（即还原论）在该学科中相当重要；当某一学科作为一个子类和其所属类非常远时，《几何原本》的示范作用就相当重要了。下面分别以化学和生物科学的建立为例来说明这一点。

如前所述，在牛顿力学诞生之初，粒子运动的宇宙模型已经指向化学了。这和当时物理学家大多关注炼金术有关，[①]但最重要的是，化学与微粒运动论的想象最接近，甚至比天体运行还要接近，正如波义耳将化学变化中不变的微粒作为元素，并以此来代替亚里士多德的四元素。在某种意义上，化学科学的诞生，基本上是还原论推动的结果。17世纪末，化学逐渐从依附于炼金术的状态中解脱出来，转折点就是前文提及的波义耳的《怀疑的化学家》。[②]

今天我们都把法国化学家拉瓦锡第一次将天平用于化学反应研究视为化学成为现代科学的开始。他通过天平的使用证明

① 牛顿就是一个例子，有一种说法是他花在化学和炼金术上的时间，可能比他花在物理学上的时间还要多。参见W. C. 丹皮尔:《科学史及其与哲学和宗教的关系》，第144页。

② W. C. 丹皮尔:《科学史及其与哲学和宗教的关系》，第143页。

反应前后物质的质量守恒，推翻了历来被认为具有负质量的神秘的燃素。让我们分析一下这位“近代化学之父”的发现：任何一种化学反应，其反应前后的质量总是不变的。这在微粒运动论中是什么意思？在牛顿力学中任何一个给定的封闭系统，其质量一定守恒，这首先意味着微粒运动论符合牛顿定律。也就是说，质量守恒定律的意义乃是把化学化约为物理最关键的一步。从此以后，化学反应只是微粒的互相作用，寻找不变微粒（即波义耳的元素），再用元素组合说明物质变化成为化学研究的核心。这也是拉瓦锡的另一个重要贡献。他总结了大量定量试验来区分元素和化合物。1787年他在《化学命名法》中正式提出一种命名方法：每种物质都有固定的名称，其包含的单质的名称反映其化学特征，化合物则由组成它的元素来标识。事实上，正是在此基础上，不同语言背景的化学家可以彼此交流，其中的很多原则沿袭至今。①

关于拉瓦锡最著名的事件，是他在法国大革命期间以化学研究募资的名义为自己的大量财富辩护，并被以“共和国不需要化学家”之名处死。据说法国物理学家拉格朗日目睹这位伟大的化学家怎样上断头台，当时他讲了一句很有名的话：“他们只用了一瞬间就砍下了这颗脑袋，但是长出那样杰出的脑袋却需要几百年。”拉瓦锡的父亲是一位富有的律师，拉瓦锡本人不仅是法国科学院院士，还是一位包税人，这都使他具备良好的经济条件，可以装备最先进的化学实验室，做出划时代的

① 吴国盛：《科学的历程》，第485页。

化学研究。然而，拉瓦锡作为旧社会势力的代表却不被法国大革命容忍。[①] 或许拉瓦锡被处死这件事情本身具有某种象征性，法国大革命是启蒙运动的直接结果，它彻底颠覆了旧秩序。换言之，微粒运动论深入人心，是和启蒙运动引起激烈的社会变动，法国大革命用国民公意建立统治政权同步发生的，其也推动了与新科学经验真实观相应的各门科学的确立。

拉瓦锡之死并没能阻挡还原论进一步推进化学与物理学的密切结合。直接继承拉瓦锡工作的就是英国化学家汉弗里·戴维，他利用电解法，离析出诸多新的化学元素。从此以后，化学作为一门科学走向成熟。在某种程度上，化学是通过还原论与物理学直接打通的第一门学科，其出现进一步强化了微粒运动说这一新的科学经验真实观，原子、分子论催生了作为巨大新分类树的宇宙观。

当然，还原论对现代化学的诞生再重要，也不意味着该学科所有法则都可以化约为物理定律。在化学这门学科建立之初，也发现某些独特且重要的非物理学的法则。如当化学反应是气体时，除了质量守恒定律外，还有化学反应的等当量定律，以及相同体积气体中包含分子数相同的阿弗加特罗定律等。表面上看，这些法则的发现和在牛顿力学形成中运用的《几何原本》示范作用有相当大的差距，它们不是自明的公理，从它们推出定理亦不像几何公理推演那样数学化。但化学的发展事后都证明：这些非物理学的法则实际上可以用分子结构以及物质

① John H. Lienhard, “Death of Lavoisier”, *The Engines of Our Ingenuity*, https://uh.edu/engines//epi728.htm.

结构来说明。也就是说，它们进一步细化了微粒运动说的宇宙图景，甚至于在量子化学成熟后，任何化学性质都可以用物理学规律算出。这表明化学作为一门学科离物理学太近，其任何独特的理论法则都被还原论掩盖了。

唯有在科学经验真实观的分类树中，某一类学科离其顶端足够远之后，还原论的限制才会充分显现出来。该学科独特法则的发现必须运用公理化方法，生物学就是如此。

达尔文进化论：生物学的公理化

生物科学的建立和牛顿力学的出现相似。如前所述，亚里士多德就是一位伟大的生物学家。直至 19 世纪，无论生物的分类有多大进步，生物学的发展都来自它和其他快速形成的新学科的交叉部分，如对地质的了解、化石的发现等。也就是说，这一切都源于新科学经验真实观的巨大分类树的成熟。至于生物学的核心部分（如物种分类和形成），虽然 19 世纪博物学家的知识极为丰富，但所有的知识在整体上和亚里士多德所知道的没有本质差别。变化是突然发生的，达尔文在其中扮演着核心角色。[①] 正如牛顿的工作使物理学定律从黑暗中显现出来，达尔文及其进化论促使生物学从亚里士多德时代跳到现代。事

---

① 正如达尔文对自己研究的评价：《物种起源》的成功之处在于，“在自然科学家们的头脑中，已经积累了无数清楚地观察到的事实；只要出现一个能够概括这些事实的理论，而这理论具有充分的证据，那么，它们马上就会各得其所了”。引自达尔文：《达尔文回忆录》，毕黎译，商务印书馆 1992 年版，第 81 页。

实上，达尔文革命也是人们通常列举的伟大科学革命中唯一的一场生物学革命。[①]

达尔文亦把整个生物学建立在几条非常简单的公理之上。我在前面分析过牛顿三定律的公理性质，它简单自明，基本上是定义，如果将数学上的变化率整合到欧几里得公理系统中，奇迹就发生了。达尔文的《物种起源》和牛顿的《自然哲学的数学原理》相似。表面上看，达尔文提出的公理没有那么数学化，但从生命世界来看，它是如此简单自明，由此居然可以把握整个物种起源和演化。这确实令人惊奇。

和牛顿三定律相似，达尔文进化论也立足于两个不证自明的前提：变异和自然选择。第一，不同生物类别下存在一定程度的个体差异性（变异）；第二，那些有利于生物生存竞争的变异会被保存下来（自然选择）；第三，对个体有利的无数轻微变异累积起来，则会带来物种的进化。[②] 在上述公理基础上，达尔文勾勒出物种起源的宏伟图画。无论是所有物种都有着共同的祖先，还是单细胞生物在地球环境漫长的变化史上通过变异和自然选择形成了包含如此多物种的演化树，抑或是为了产生更多的变异以适应竞争导致有性繁殖的出现，均由上述公理导出。由此达尔文重建了物种起源和变化的理论，取代了亚里士多德的目的论，世界不再被视作完美的，而是不断向前演化

---

① I. 伯纳德·科恩：《科学中的革命》，第 19 章。

② 达尔文：《物种起源》，周建人、叶笃庄、方宗熙译，商务印书馆 1995 年版，第 526 页。

的。表面上看，上述公理都是从经验中抽象出的，[①]不同于几何公理的纯数学性，但在自明这一点上，其与欧几里得几何公理一模一样。此外，从这些公理推出结论似乎不需要数学，但同样需要清晰、严密、自洽的理论思考。

其实，和几何公理推出定理需要数学一样，进化论也需要数学，只是生物学家对此不重视罢了。这种数学就是统计，它一旦和上述公理结合，进化论的理论推演及物种形成机制的表达就更准确了。生物学理论的数学化和发现代表生物性状的基因排列组合遵循统计法则联系在一起。19 世纪 60 年代，奥地利遗传学家孟德尔发表了他对豌豆性状遗传进行统计的结果，证明遗传因子的存在并提出相关统计法则。虽然孟德尔的发现被湮没了 35 年，直到 1900 年才被重新发现。[②]

在相当长的时间中，我们看不到还原论对现代生物科学建立的贡献。虽然生物由分子、原子组成，但生物学的基本公理和化学及物理学定律是什么关系？这是必须回答的。发现两者的联系，同样需要用还原论打通生物类及其所属的更基本的类。

---

① 尽管达尔文不是进化论的首倡者，但与其他人不同的是，他不只是提出对一个假说的另一种陈述（不管这个假说表面上看有没有道理），而是经过认真推理和依据大量观察或考察所得的证据表明其学说是可靠的。详见 I. 伯纳德·科恩：《科学中的革命》，鲁旭东、赵培杰译，商务印书馆 2017 年版，第 19 章。

② 具有讽刺意味的是，尽管孟德尔的学说带有明显的数学色彩，但在 1900 年被重新发现之后遭到了生物统计学家的抵制。其核心是连续变异和不连续变异的分歧。孟德尔学说强调“单位因子”，是一种不连续变异学说；生物统计学家们却强调变异的连续性。参见加兰·E. 艾伦：《20 世纪的生命科学史》，田洺译，复旦大学出版社 2000 年版，第 65—66 页。

虽然这方面的实质性进展要等到20世纪40年代才出现，但一旦出现，还原论在生物学发展中就产生了巨大的推动力，这是近半个多世纪以来生命科学的巨大进步。

1944年奥地利物理学家薛定谔出版了《生命是什么》一书。在书中他提出染色体是遗传密码的载体，生命以负熵维持组织的“秩序”，以及它和热力学第二定律不矛盾等观点。他据此推出物理学和化学定律可以解释生命现象。薛定谔甚至大胆地猜想：基因是一种非周期性的晶体或固体，其突变是由基因分子中的量子跃迁引起的。①

在薛定谔著作的启发下，一批物理学家投身生物学和遗传学的研究中，② 举个例子，DNA（脱氧核糖核酸）结构的发现者詹姆斯·沃森和弗朗西斯·克里克都受到了《生命是什么》的影响。前者在芝加哥大学读书期间，因读了这本书决定去“寻找基因的奥秘”；后者则因此发现可以用物理学和化学的概

---

① 参见加兰·E. 艾伦：《20世纪的生命科学史》，第223—224页。

② 根据相关历史研究，除了薛定谔的影响，这还与当时的历史背景有关：“二战结束时，物理学家正普遍患有一种职业不适症。原子战争恐怖的幽灵和物理学可能导致的毁灭作用，使得许多物理学家重新审视他们的工作与对人类造成（或不造成）的利益之间的关系。此外，由于纳粹运动和战争本身的影响，中欧（特别是德国）的大量物理学研究中心已不复存在。德国有许多物理学家都是犹太人，他们被迫逃离纳粹的统治，一些人移居到英国，另一些人则迁往美国。德国这个曾经一度是量子物理学研究中心的国家，在希特勒统治时期和战后的许多年里，成了科学的废墟。许多物理学家（甚至在战前就已经开始）感到量子理论的大发展时期已成往事，于是便产生了疏远传统学科的情绪。（量子理论）余下的工作即使有必要去做，也不再是令人激动的了，只不过是对这个理论的应用或理清细节。”参见加兰·E. 艾伦：《20世纪的生命科学史》，第224—225页。

念来“考虑生物学的本质问题”。1951 年二人在剑桥大学卡文迪什实验室展开合作，终于在 1953 年提出了 DNA 双螺旋分子结构模型。[①] 这个模型成功说明了 DNA 如何通过双螺旋的解旋，以每条单链为模板合成互补链而复制，以及遗传信息如何以长链上的碱基序列的方式来编码。

DNA 的发现为达尔文生物学公理奠定了分子基础，由此使得用物理学和化学的定律来解释生物学规律成为可能。从此开始，系统生物学、合成生物学等新兴学科应运而生，组成了 20 世纪末到今天生命科学发展的主旋律。我要强调的是，这不同于 19 世纪至 20 世纪 50 年代生物学主要顺着其自身独特规律的发现而发展，主要是出于还原论的推动。

除生物学外，还原论和类似于《几何原本》在牛顿力学形成中的示范作用，这两种方法的互相联系和紧张在其他领域科学的确立中同样存在。人的行为及其社会行动和生物学法则是什么关系？社会达尔文主义就是最简单、最粗糙的还原论，直接把生物学的法则用于人类社会。由此带来的巨大灾难说明，随着微粒运动说成为新的科学经验真实观，一个以在真空中运动的分子、原子为端点说明物理、化学、地质、生物、人类以至社会的巨大分类树形成了，它主宰着我们对真实的理解，宇宙被等同于这样一个独立于人类意识的经验。数学只是这一经验实在某个方面的抽象（如数量和空间）而已。不仅如此，这种真实观念日益超出科学领域，全面影响人类在各个领域的经

① 参见加兰 · E. 艾伦：《20 世纪的生命科学史》，第 238—243 页。

验真实观，并开始冲击价值和终极关怀的真实性。

随着客观存在的科学经验真实性成为不同领域真实性的唯一标准，真实心灵的丧失亦不可避免。在牛顿时代，科学与宗教不相矛盾，认知理性和终极关怀并行不悖。在对宇宙的钟表想象中，一直存在着造物主的影子，宗教信仰的真实性仍然存在。启蒙运动将现代价值与宗教信仰对立起来，特别是宇宙作为真空加微粒运动的图像形成后，造物主退出宇宙想象。进化论的出现使该图像大大细化了。经验（客观）真实和西方人终极关怀层面的真实性终于不再兼容。可以说，19 世纪科学理论的最大发展是达尔文的进化论，很多人将其视为一场与牛顿力学影响力相媲美的科学革命。

第六章　大道之隐

真实性哲学的十字路口

数学真实第一次被等同于科学经验真实时，因当时的科学经验真实是亚里士多德的分类树，亚里士多德学说保持着真善美的统一，真实的心灵没有丧失。数学真实第二次被等同于科学经验真实的时候，情况就不同了，其与现代社会的形成以及现代科学的建立同步。当客观存在的科学经验真实被等同于科学真实时，客观实在论从此成为科学的代名词。

这种真实观对人类心灵的束缚极其强大，以至碰到真实心灵丧失时，我们束手无策。但科学真实和数学符号真实同构，而不是等同于某一时代的科学经验真实，这一点迟早会在科学的进步中表现出来。换言之，当科学进一步往前发展时，它必定要和当时公认的科学经验真实分离，沿着数学真实新的展开方向前进。这在历史上表现为《几何原本》对新科学形成的示范作用。在新的科学经验真实观（客观实在论）深入人心后，这种示范作用变得相当困难，甚至在表面上都不再可能了。

为什么？因为自从牛顿把新的公理加入《几何原本》建立经典力学以来，各门新学科的建立，都需要立足于自明的公理之上，数学真实再也不可能凝聚在某个文本之中了。现代科学在各个领域确立后，在新的科学经验真实巨大的分类树中，我们能将它们表达为图 2-1 的分形。然而，分形之出现一定需要某种相同方法的反复运用，它实际上是蕴藏在《几何原本》中的公理化方法，但这种深层结构毕竟是不易被发现的。《几何原本》的示范作用在 18 世纪之后逐渐被遗忘。[①]

在某种意义上，这种遗忘是不可避免的。在牛顿力学的建立过程中，无论是牛顿发现三定律的过程，还是变化率的发明及整个理论推演方式，都是几何式的，从中明显可见《几何原本》的示范作用。但在达尔文提出进化论的过程中，《几何原本》的示范作用已不明显了。其他学科的建立更是如此。不仅是新概念层出不穷的数学和《几何原本》的关系越来越远，数学真实的示范亦很难被发现。我称之为“大道之隐”。正因如此，19 世纪以来的科学发展中，数学一直游离在人们的视线之外，它只有发展到一定程度之后，才能像原子弹爆炸那样产生全新的影响，但人们看到的往往只是该学科本身，而不是其背后的数学真实。

所谓“大道之隐”并不是数学真实不再存在，而是不容易被看到。然而，只要我们用数学真实在历史上存在过的形态去看，仍然可以发现它的影子。无论数学的新发展多么不可思议，

---

① 如前所述，牛顿一直避免在《自然哲学的数学原理》中使用微积分，而更多地使用类似于欧几里得几何的论证方式。后来越来越多的物理学家和数学家试图用微积分的语言转化牛顿力学的研究，代表人物包括皮埃尔·伐里农、雅可布·赫尔曼和约翰·伯努利，这项工作最终在 18 世纪由莱昂哈德·欧拉完成。参见 Niccolò Guicciardini, *Reading the Principia: The Debate on Newtons Mathematical Methods for Natural Philosophy from 1687 to 1736*, Cambridge University Press, 1999, p.247。

一开始仍是以《几何原本》为出发点的，只不过是以更高深、更抽象的形态呈现罢了。如前所述，《几何原本》由三部分组成，它们分别是数论、几何和代数。实际上，19 世纪至今的数学真实之展开正是以上述三部分中没有解决的问题为起点的。

公理化的证明方法以几何学为中心，对几何公理之间的关系以及什么是几何学的研究，成为数学真实进一步展开的第一个大方向，它和 19 世纪数学分析的结合开辟出了非欧几何与拓扑学的全新领域。此外，代数是《几何原本》中一直没有充分展开的部分，19 世纪从解代数方程开始，最终开启了以群论为代表的抽象代数理论。数论是数学真实中最神秘的起点，数学真实的进一步展开就是从符号的本质来定义数和数学，集合论的兴起及对数学本质的研究构成了数学真实研究最深入、最哲学化的部分。

这里需要强调的是，以上三个方面的重大进展虽不能包含在类似于《几何原本》的统一范本之下，但它们仍然是一个个类似于《几何原本》的公理化系统。其极为抽象，呈现出一个数学史上从未有过的特点，即数学再也不和经验世界直接对应了。尽管数学不一定对应经验，但《几何原本》的内容都可以找到相应的经验对象。一旦数学真实不再对应经验，立即为其在观念上从科学经验真实中解放出来准备了前提。这样一来，随着数学真实被等同于粒子运动的科学经验真实，虽出现了大道之隐，但其后果是出人意料的。一方面，数学在以上三个方面的重大进展使人认识到科学真实的全新面貌；另一方面，虽在 20 世纪数学真实从科学经验真实中分离出来，推动了相对论和量子力学的形成，但人们因不知其在真实性哲学中的位置，仍然被束缚在原有客观实在的世界观中难以自拔。因此，迄今为止，我们仍不清楚为什么相对论和量子力学是现代科学的基础。

下面我先分别从数学的三部分进展，理解 20 世纪数学真实如何进一步带领人类走向新的科学真实，再讨论数学符号真实和科学经验真实同构背后的哲学意义。

第五公理和非欧几何

先来看数学真实在第一个方向的进展。《几何原本》从 5 个公理出发，一共推出了 465 个定理。这 5 个公理是：（1）由任意一点到另外任意一点可以画直线；（2）一条有限直线可以继续延长；（3）以任意点为心及任意的距离可以画圆；（4）凡直角都彼此相等；（5）同平面内一条直线和另外两条直线相交，若在某一侧的两个内角和小于两直角的和，则这两条直线经无限延长后在这一侧相交。①

第五公理就是著名的平行公理。平行公理通常以如下的等价形式出现：过直线外一点有唯一的一条直线与之平行。所谓平行就是将两线段无限延长，二者“永不相交”。因为这里牵涉到“无穷”延长，这是一个不那么自明、无法亲身经验的观念，欧几里得不得不采取前面第一种不直接涉及无穷的形式来表达平行公理。但不管如何表达，它总不像前面的 4 个公理那

① 欧几里得：《几何原本》，兰纪正、朱恩宽译，译林出版社 2011 年版，第 2 页。

么简单明了，更得不到公认。所以从有《几何原本》开始，人们就怀疑平行公理是否可以由其他公理推出，或者是否可以用另一个更自明的公理来代替。欧几里得本人也有此疑问，所以他在导出定理的过程中，能不用平行公理就不用，一直拖到对第二十九个定理的推导中不得已才用上它。[①] 在随后的很多年中，有不少数学家前仆后继试图证明平行公理，直至 19 世纪一直没能从前面 4 个公理推出平行公理。

俄国喀山大学教授尼古拉·罗巴切夫斯基亦是平行公理的研究者，他采用了一种新的方法，那就是假定平行公理不成立，用另一条公理和其他 4 个公理组合，看能否推出自相矛盾的结果。前面我们在证明不可测比时就用了这种方法。罗巴切夫斯基发现：无论结果多么奇怪，它们从不自相矛盾。19 世纪 20 年代罗巴切夫斯基在研究平行公理的基础上，得出两条重要结论：第一，第五公理不可能被证明；第二，在新的公理体系中展开一连串推理，可以得到一系列在逻辑上无矛盾的新定理，并形成了新的理论。这个理论像欧氏几何一样是完善的、严密的几何学，其赖以建立的基础，是一个与平行公理背道而驰的假设：点 C 在直线 AB 之外，通过点 C 可以在平面上画一条以上的直线不与 AB 相交。罗巴切夫斯基称之为“假想几何”，[②] 其后来又被称作罗巴切夫斯基几何，简称罗氏几何。在某种意义上，这是非欧几何学第一次在《几何原本》展开过程中被发现。举个例子。证明三角形内角和为 180 度需要用平行

---

① 参见莫里斯·克莱因：《古今数学思想》第一册，第 69—70 页。

② 参见卡尔·B. 博耶：《数学史（修订版）》下卷，第 559 页。

公理，证明毕达哥拉斯定理也要用到平行公理，一旦将平行公理换作别的公理，它们就不成立了。换言之，在非欧几何学中，三角形内角和不是180度，一个直角三角形的斜边平方不等于两条直角边平方和。

虽然从《几何原本》公理的严格证明可以知晓非欧几何的存在，但要真正对此展开研究，并从一个更高的高度回答“几何是什么”，以及存在着多少种和欧几里得几何等价的几何学，一定要利用牛顿将无穷小之比引入《几何原本》所得到的新成果。这一步是德国数学家黎曼完成的。黎曼把数学分析特别是无穷小运用到几何研究中，并对欧几里得的公理做出更严格自明的定义，特别是第二公理即两点之间一定存在一条直线。在黎曼看来，几何空间是弯曲的，而欧几里得空间是这一几何空间的特例，即弯曲率等于零。那么，如果将欧几里得几何中的直线扩展到黎曼几何中，则为测地线。什么是测地线？两个点之间的最短线就是测地线。其实，在欧几里得几何中，直线就是两点之间的最短线。表面上线是“直”的，面是“平”的，直线可以向无限远延伸，这都源于经验或直觉，它们是几何学的前提。其实，这些都是思考不严格的错觉。线段长度是用其和数的对应关系来定义的，而面积则取决于不同方向长度测量之间的关系。[①] 换言之，罗巴切夫斯基用的是原始的工具，黎曼直接把牛顿引入、经100多年发展的新分析工具运用到几何学。黎曼借此建立了流形的概念，几何研究从此进入一个全新的高度。

---

① 莫里斯·克莱因：《古今数学思想》第三册，万伟勋等译，上海科学技术出版社2002年版，第310—311页。

上文在讨论几何公理时，一直不强调它是经验的。其实，欧几里得几何学是经验的，正因如此，它可以被想象成科学经验真实，这也是数学可以被当作研究数量和空间之学问的原因。只要进入非欧几何，特别是黎曼建立的流形，就能发现这种观念的误导性。简而言之，黎曼把 n 维空间叫作一个流形，n 维流形中的一个点，可以用 n 个可变参数 x_1，x_2，……x_n 的一组特定值来表示，而所有这种可能的点的总体就构成 n 维流形本身。[①] 我在方法篇中将给出空间和时间的定义，它是符号横跨数学符号真实和科学经验真实的拱桥。而用数学定义的流形在经验世界不一定有对应物，但满足源于《几何原本》的各种要求，建立在自明的公理之上，并可以推出互相自洽的各种定理。这属于数学真实的范畴，数学真实并不总是可以被等同于科学经验真实的。

非欧几何第一次和经验世界的对应，是爱因斯坦用广义相对论取代牛顿万有引力的公式。万有引力公式和牛顿三定律不同，它不是公理，而是源于经验真实的假说。今天我们知道万有引力来自质量导致时空形变。爱因斯坦广义相对论之所以那么快形成，是因为直接利用了黎曼几何提供的数学真实。

总之，非欧几何先是一种数学真实，是从《几何原本》没有解决的问题中引入克服第二次数学危机得到的新公理的成果。其和经验世界部分对应起来，导致牛顿万有引力被广义相对论取代，再一次证明科学经验真实仍与数学符号真实同构。

---

① 莫里斯·克莱因：《古今数学思想》第三册，第 311 页。

解方程、群论和抽象代数

数学真实的另一个展开方向是代数学的大发展。它是通过解方程发现群论实现的，最后形成抽象代数。抽象代数是迄今为止数学真实中最辉煌精彩的部分。

解代数方程式最早出现在《几何原本》中，但在古希腊与古罗马文明中一直没有什么发展。它被移至伊斯兰文明中时才有一点进步。9世纪的阿拉伯数学家花拉子密在他的书中第一次提出二次方程式的一般解法。[①] 在中学数学中就有一元二次方程式 $ax^2+bx+c=0$ 的求根公式：

$$x=\frac{-b\pm\sqrt{b^2-4ac}}{2a}$$

以上就是所谓一元二次方程式的根式解。13世纪《几何原本》回到天主教文明后，这方面的研究开始有了新的进展。文艺复兴时代意大利数学家发现一元三次与一元四次一般方程式的根式解。由此，数学家开始面对一个更普遍的问题：是不是任意方程式（一元n次方程式）都有根式解？事实上，从1799年开始，意大利数学家鲁菲尼就提出几种方法，证明一般一元五次方程式不可能有根式解。鲁菲尼的证明虽有不少创见，但有许多漏洞，当时的人并不接受他的证明。1826年挪威数学家阿贝尔证明：一般一元五次方程式没有根式解。阿贝尔又说，五次以上的一般一元方程式的讨论方法与五次类似。阿贝尔的证明经过爱尔兰数学家哈密顿加以补充说明之后，彻

① 陈方正：《继承与叛逆——现代科学为何出现于西方》，第325页。

底解决了一元五次方程式没有根式解的问题。①

如果没有《几何原本》，解代数方程式的问题不会成为一代又一代数学家追求的目标。表面上看，上述问题已经得到最后解决，没有进一步研究的必要了，但数学真实的探讨要求去回答：什么是方程式的根式解？在一元五次方程式没有根式解的背后蕴藏着什么？这是《几何原本》的真正精神。这个问题被一个法国青年解决了。他在繁复的计算中洞见出方程式求解的本质：解方程式实际上是对方程式做等式两边始终相等（即方程不变）的各种变换，所谓一个一元 n 次方程式可以用根式解，实为一系列变换的结果，即 x 的 n 次方等于一个由方程系数通过加、减、乘、除和开方等构成的符号串。这位法国青年发现：所有这样的变换都有一个重要性质，那就是任何两个变换的结合仍是保持方程等式的变换。他将所有这样的变换称为"群"，即一个"群"的任何两个元素根据一个法则结合，其结果还属于这个集合。此外，任何一个变换，必定有一个逆变换，两者结合等于不对方程进行变换。

这样一来，解方程式实际上是对"群"的结构进行研究。一个群可以有子群，子群还可以分解为次级子群，以此类推。所谓方程式的根式解，就是相应的变换群有特殊的结构，它可分解为一系列子群，以此类推，直到找出那个不变的元素。当没有变换可将方程式分解为一系列子群时，这个方程式就不可以用根式解。

① 康明昌：《方程式求解问题》，载《数学传播》第八卷第四期、第九卷第一期。

这里，解方程式居然等价于对群的结构研究。表面上看，群的元素代表了对方程等式的变换，但群本身只是符号系统的某种结构，元素只是符号，不一定要有经验对应物。一个一元 n 次方程式有没有根式解，居然取决于这种结构！也就是说，群的存在本质上和解方程式并没有关系。任何一个存在某种不变元素之变换都构成一个群。我们知道，所谓对称正是指变换中的不变性，这样群的结构也可以用来研究对称，理解哪些对称是互相包容的，正如解方程一样。但同样我们可以说，群并不是从对称中抽象出来的。只要一组符号的变换满足上述条件的规定，它就是群。我们可以用公理方法对其进行研究。

在群论出现前，所有数学再抽象，和经验世界总有或多或少的联系。有了群论以后，数学本身的研究便可以和经验世界完全无关。这是数学划时代的革命，抽象代数形成了。代数再也不只是研究数和变量的学问了，也不是研究度量的学问，其首先研究的是关系，这种关系是如此抽象，以至不需要经验对应物，但通过公理系统方法仍可以从自明的前提出发，推出确定无疑的结论。这一点和《几何原本》一模一样。故在某种意义上，抽象代数更典型地反映了数学真实的本质。

这位发明群论的法国青年叫伽罗瓦，他无疑是人类有史以来最伟大的数学家，但在 20 岁就去世了。伽罗瓦从小就表现出极高的数学才能，但他的思想太超前，不能被当时的数学家理解。表面上看，他要解决的问题在数学上早已解决，他却杀鸡用牛刀，搞出如此抽象的符号系统。他多次寄给法国科学院有关群论的精彩论文，但从未被接受。在当时法国几位知名的数学家中，柯西让他重写，泊松表示看不懂，傅立叶收到文章后还没看就去世了。对年轻的伽罗瓦来说，生活的道路坎坷，父亲自杀身亡。当时法国社会正面临动荡，伽罗瓦热情洋溢、思想激进。法国七月革命爆发之后，伽罗瓦急不可待地投身革命，最后又莫名其妙地陷入了一场恋爱纠纷，并且由此卷入一场决斗。最后这位超越时代的天才数学家在与对手决斗时饮弹身亡。有人这样想象，如果和他决斗的那个人知道自己杀死的是一个伟大的天才的话，他也许会放弃决斗，那今日数学的发展可能就大不一样了。事实上，这种事后风凉话没有意义。当时，只有伽罗瓦本人才知道群论的意义。在决斗前一天晚上，他觉得不将这些想法写出来太可惜了。他的手稿里到处都是“因时间不够，无法论述”等句子。[①]

和非欧几何空间可以指向新的科学真实一样，群论亦使得我们可以跳出原有的经验真实。1954 年杨振宁和罗伯特·米尔斯发表了一篇论文，提出了规范场（Yang-Mills fields）的理论。[②]规范场是最对称的场，满足规范变化的不变性，可以说是宇宙最基本的场。所谓规范变化的不变性就涉及李群（Lie Group），李群是把群论推广到连续变化空间的结果。如果没有李群这种数学真实，就不可能发现规范场。[③]

---

① 关于伽罗瓦生平的详述，可参阅 E. T. 贝尔：《数学大师——从芝诺到庞加莱》，徐源译，上海科技教育出版社 2004 年版，第 435—453 页。

② C. N. Yang and R. L. Mills, “Conservation of Isotopic Spin and Isotopic Gauge Invariance”, *Physical Review*, no.1 (1954).

③ 我将在方法篇中更详细地讨论群论和规范场理论的哲学意义。

如果比较非欧几何和群论，就会发现二者都发端于对《几何原本》中未解决问题之研究，而且都开辟出了全新的数学领域。更重要的是，二者都是超越经验的。就黎曼的流形而言，其虽然提出了现实世界中不存在的空间几何学，但空间位置、长度测量、维数确定毕竟还是经验的。抽象代数出现后，数学不再单纯研究数、空间了，而转向研究抽象集合（即符号）之间的关系。此后数学研究中出现了一些非常复杂的概念，例如体、环、域，它们可以和经验世界毫无关系。

我在青年时代学习抽象代数的时候，记得有人对我说过，这是思想的体操，一个人如果没有学过抽象代数，就不会知道什么是真正的数学。今天想起这些话，深感其意义。当代人最大的问题就是误以为科学经验（客观）真实就是科学真实，一辈子不会怀疑"数学是研究数量和空间的科学"这一教条，殊不知真正的数学家可以摆脱具体的事物，从复杂抽象的角度展开思维。

正因抽象代数的研究和经验世界可以没有关系，当人类社会越来越实用时，它有可能被忽略。2015 年《环球科学》曾刊文介绍，为了保存群论在 20 世纪取得的成就，几位年老的数学家是如何与死神赛跑的。他们正在整理该领域长达 1.5 万页的各种证明，让群论研究中的"宏伟定理"能被世人理解。因为今天全世界能够理解这些证明的人所剩无几，他们害怕自己在年青一代数学家接班之前离开人世。①

---

① 斯蒂芬·奥尔内斯:《拯救宇宙中最宏伟的定理》，方弦译，载《环球科学》2015 年第 8 期。

既然从《几何原本》开辟出的两个新研究方向都源于数学真实越来越远离科学经验真实，使得数学真实从客观实在对数学的定位（一门研究数量和空间的学问）中解放出来，第三个方向（对数和数论的研究）又如何呢？数学真实是从古希腊“万物皆数”的信条开始的。由常识判断，无论如何，数都是经验的，很难想象数学真实会在其原点上也否定自身和经验等同。事实上，这正是19世纪末20世纪初数学最重大的突破。

集合论和无穷研究

自然数是数学的起点，但“什么是数”则是一个最令人困惑的问题。虽然《几何原本》利用“数”展开推理，但古希腊数学家从未对数做出明确定义。直至19世纪末20世纪初集合论诞生之后，这个问题的答案终于显现了端倪。1874年德国数学家康托尔提出集合论。什么是集合？为什么集合论是数学的基础？这些问题极为复杂，我在方法篇中再讨论。简而言之，集合论第一次严格考察如何给出符号和符号系统，元素是主体选择的符号，而集合是由符号组成的整体，主体总是可以判别元素是否属于集合，即两个符号系统是否互相包容。在定义了集合之后，康托尔在1878年的一篇论文中进一步用两个集合元素之间的一一对应来定义数“数”。① 这是一个划时代的贡献，数“数”一直是来自经验的，康托尔则指出，这实际上只

① Joseph Warren Dauben, *Georg Cantor: His Mathematics and Philosophy of the Infinite*, Princeton University Press, 1990, pp.47-66.

是符号之间的一一对应，它和经验没有关系。接着，意大利数学家皮亚诺给出了对自然数更严格的定义，即自然数集是这样的集合：首先任何一个元素都可规定一个后继元素，它和已经给出的元素不同；其次是数学归纳法有效，即如果一命题对其中某一元素成立可以推至对其后继元素亦成立，那么该命题对所有元素成立。这是数学家第一次不用经验而仅仅用符号结构给出了自然数的定义。

自从康托尔用符号一一对应代替数“数”后，无穷再也不像亚里士多德认为的那样只是“潜实在”，[①] 而是变得可以研究了。德国数学家戴德金给出了无穷集合的准确定义。他指出，如果集合 S 的子集 S’中的每一个元素都可以和 S 建立起一一对应的关系，集合 S 就是无穷的。[②] 当两个无穷集合的元素之间不能建立一一对应关系时，则一个集合所包含的元素比另一个多。也就是说，无穷集合也是可以比大小的。康托尔引进了集合“势”的概念。[③] 集合论的出现使得数学真实终于可以与

---

① 亚里士多德区分了两种存在，一种是潜在的，一种是现实的。在现实中，量都是有限的，但它可以无限地增加或分割。举个例子，有一个线段 AO，假设 AB=⅓AO，BC=⅓BO，CD=⅓CO……这样每次按 1/3 的比例分取，无论分取多少次，AO 总有一段线剩下来。AB+BC+CD……也永远不能加到等于 AO。但如果假设 AB=BC=CD=DO，则 AO=4AB=4BC=4CD=4DO。这样，从原有量中每次分取出同一量，AO 的线段即被分完，AB+BC+CD+DO=AO。因此，只有潜在的无限，却没有现实的无限。参见亚里士多德：《物理学》，第 85—88 页。

② 卡尔 · B. 博耶：《数学史（修订版）》下卷，第 608 页。

③ 康托尔对“无穷”的讨论比戴德金的更为复杂。首先，在康托尔的体系中，这里所说的只是无穷集合（对应可穷集合）的一种——可数无穷集，他还从集合的一一对应，区分出另一种无穷集合，即不可数无穷集。举个例子，A 集合为{1，2，3……}，B 集合为 0 到 1 之间的所有点，即 0 （下接第 242 页脚注）

任何经验真实分离开来，证明自己是一种和经验真实同样有意义的存在。这是人类思想界惊天动地、史无前例的大事，数学的大发展从此不再受到任何经验的限制。

然而，集合论亦使得“什么是数学真实”成为哲学家必须面对的问题。自从皮亚诺把自然数定义为满足特定公理的符号系统后，人们自然要去思考为什么自然数必须满足上述结构，其哲学含义是什么。众所周知，随着集合论兴起，逻辑被归为集合类的包含关系。这时，证明数学即逻辑有了可使用的工具。一批数学家开始探索用逻辑推出自然数，德国数学家、哲学家弗雷格是这方面的代表。正当弗雷格认为已经找到一种方法证明自然数即是集合元素的类，自然数相加是类的合并时，英国数学家罗素在弗雷格集合生成原理中发现了悖论，弗雷格的证明宣告失败。20 世纪数学家发现必须将集合论公理化。集合

（上接第 241 页脚注）和 1 之间所有的实数的结合，A 和 B 的元素虽然都是无穷的，但不能一一对应，A 是可数的，B 是不可数的，换言之，B 比 A 更大。B 就是所谓的不可数无穷集。其次，在亚里士多德和经院哲学家看来，承认无穷意味着“数的毁灭”。举个例子，有两个有限数 a 和 b，二者都大于 0。由此可得出 a+b>a 和 a+b>b。如果 b 是无穷数（∞），那么 a+∞=∞。这和数学加法运算的基本常识是相违背的。但康托尔认为无穷数和有穷数在算数性质上是不同的，通过援引他所提出的超穷序数理论，他认为无穷数是能够被有穷数调整的。这里超穷指的是大于所有的有限数，康托尔以符号 ω 代表第一个超穷数，序数则重在强调数的次序性质。在此基础上，康托尔区分了 ω 和 ω+1，这表明有穷数可以被加到无穷数上，而不至于被毁灭。详见 Joseph Warren Dauben, *Georg Cantor*, pp.95-148；David Hilbert, “On the infinite”, translated by Erna Putnam & Gerald J. Massey, in Paul Benacerraf & Hilary Putnam (eds.), *Philosophy of Mathematics: Selected Readings*, Cambridge University Press, 1984, pp.183-201。

论的悖论是通过公理化克服的，所谓公理化是建立产生集合的若干公理来尽可能地排除符号的自我指涉。[①] 然而，一旦用公理排除了集合论悖论，证明自然数是逻辑“类”变得极为困难，以至对于它是否正确，至今没有定论。我称之为第三次数学危机。表面上看来，自然数是如此简单，但从符号系统来把握它，又变得如此神秘，以至德国数学家利奥波德·克罗内克不得不说：“上帝创造了整数，人则做其余。”[②]

对“自然数是什么”的研究十分重要，它开启了何为数学的哲学研究。20 世纪出现了逻辑主义、形式主义和直觉主义三大流派，虽然它们都没有回答“自然数是什么”这一问题，但“数学真实是什么”这一大问题终于出现在数学家和科学家面前。它直接导致了 20 世纪哲学革命。

进一步的问题：“康德猜想”为什么成立

现在我们可以对 20 世纪科学经验真实和数学符号真实的分离做一总结。21 世纪的今天，人类确实在思想上处于一种历史上从没有过的境遇：一方面，科技的迅速发展完全符合早已从原有科学经验真实观念中解放出来的数学真实，并显示了科学经验真实和数学符号真实同构；另一方面，由于客观实在这种本体论哲学深入人心，人们的真实观拒绝从已经过时的科

---

① 关于集合论的公理化，我将在方法篇中进行更深入的讨论。

② Jeremy Gray, *Plato's Ghost: The Modernist Transformation of Mathematics*, Princeton University Press, 2008, p.153.

学经验真实观念中摆脱出来，真实心灵的丧失不可抗拒。面对大爆炸宇宙学以及量子纠缠等科学新进展，启蒙时代形成的科学经验（客观）真实观——真空中微粒运动的宇宙想象早已经没有说服力了，但它仍笼罩着我们的真实观。因此，我们在面对数学真实和科学经验真实分道扬镳时无所适从。

原因不难理解，我们根本不知道为什么数学符号真实总是和科学经验真实同构，亦不理解为什么数学真实一而再地被想象成科学经验真实背后的巨大历史动力。毫无疑问，人需要对经验实在的真实感，否则我们不能区别事实和想象，会生活在虚假的幻梦之中。与此同时，我们亦需要数学的真实感，否则无法理解科学经验。这两种真实性结构必须统一起来，其需要一种新的真实性哲学，而不是如历史上反复发生的那样，一会儿数学真实被想象成科学经验真实，一会儿数学真实再一次在观念上从科学经验真实中解放出来，在指向新的科学经验真实的同时却撕裂了真实的心灵。

实际上，这种统一对物理学家也是必不可少的。物理学家可以根据数学真实重新认识科学真实，但在用数学表达其存在之后，还是需要相应的科学真实的物理图像，即科学经验真实。在历史上，无论是牛顿力学，还是爱因斯坦的相对论，其背后都有物理图像。因这些科学经验真实的发现均源于《几何原本》的示范，故物理图像都是几何的。今天数学真实已经可以完全脱离经验，抽象代数就是例子。为什么科学真实不会是抽象代数式的，即从此其再也没有几何图像了？美国华裔物理学家文小刚认为，当下全人类正处于第二次量子革命的前沿，很可能今后的物理理论主要是代数式的："我们现在遇到了物理学的一个新的大发展的机遇，这就是量子纠缠。长程量子纠缠是凝聚态物理里的新的物质态起源。它又可能是基本粒子的起源。这是因为我们可以把真空本身看作一种物质态，一种很特殊的、高度纠缠的物质态。此外，它还和量子计算器有关，因为长程量子纠缠可作为量子计算的理想媒介。最后，它又跟现代数学有关，因为量子纠缠需要新的数学。当物理学需要某种新数学时，这一数学就会蓬勃发展起来。综合考虑下来，我觉得第二次'量子革命'已经来临。这是一个非常激动人心的事情。"[①]

这种看法可能是对的，现在很多科学真实只有数学公式而没有物理图像。但我认为，今日物理学家心目中的科学真实之所以是几何式的，并非源于《几何原本》给出的原始图像是几何式的，而是因为在他们的观念中，公理体系的示范作用和几何经验不曾分离。但实际上，在量子力学建立过程中，公理系统的示范作用已经和几何经验分离了。量子力学和欧几里得几何都建立在一组公理之上。早在 1927 年，美国数学家约翰·冯·诺依曼就提出了这一点，他在 1932 年正式提出量子力学的公理基础，其完全用数学来表达量子力学的公理，并和几何图像分开，表面上已经和经验世界没有关系，其蕴含一种全新的、有待发掘的认识论图像。我想提醒科学家的是，今天科

① 文小刚：《物理学新的革命》，载赛先生，http://card.weibo.com/article/h5/s?from=groupmessage&isappinstalled=0#cid=1001603801068218780388&vid=&extparam=&from=&wm=0&ip=61.50.248.5。

学真实也许再也不存在我们以往习惯的几何图像，却需要另一种新的图像，那就是将数学真实和科学经验真实相结合的认识论图像。要做到这一点，必须实现真实性哲学的重建。

为什么我认为真实性哲学可以重建呢？我在第一编中论证了社会对真实性哲学重建的需求，并提出康德猜想为其提供了可能。现在，我通过科学史研究证明数学和科学同源，其背后是数学符号真实和科学经验真实同构，而且数学真实独立于经验，且可以和今日人们熟知的客观存在的科学经验真实相互分离。随着客观存在的真实观念向人文社会领域扩展，并冲击价值和终极关怀的真实性，真实心灵就会解体，这是出于认识论的错误。这样，重建新的真实性哲学是可能的。

这里至关重要的是，康德猜想的前半部分已经被证明在经验上是成立的。我们只要分析为什么数学符号真实和科学经验真实同构，以揭示什么是科学真实，之后再来分析新的科学真实观能否帮助我们实现理性从以宇宙为中心到以人为中心的转化，这样就有可能去实现康德猜想的后半部分，重新确立科学真实与终极关怀、价值真实性之间的关系，最终完成真实心灵的重建。这种新的真实心灵和传统社会由终极关怀规定的真实心灵不同，亦和现代社会早期仅仅靠对上帝的信仰和认知理性分离并存所形成的现代真实心灵有异。它必须是现代性展开中克服以往历史的产物，并建立在哲学对科学真实（包括科学经验真实与数学符号真实）的全新理解之上。这就是 20 世纪兴起的科学哲学研究以及对其成果的继承和反思。

第三编

“语言学转向”阴影下的科学哲学

20世纪思想史上最重要的事件就是科学哲学在反对形而上学中兴起，但是其结果出人意料，科学和人文的真实性都迷失在后现代主义的黑森林中了。它导致哲学今天无地自容的状态：科学家是如此需要哲学，但同时又不屑于和哲学家打交道。其实，20世纪科学哲学作为历史上第一次对“科学是什么”之反思，蕴含着极为重要的成果，那就是可以不再从客观存在而是用科学发现本身的结构——受控实验来定义真实性。这样一来，我们不仅能回答为何科学经验真实和数学符号真实总是同构，还能证明科学以人为中心。康德追求的理性中心的哥白尼式的转化可以用一种全新的方式加以实现。

第一章　科学和形而上学的对立

科学哲学兴起的历史前提

当 20 世纪的序幕刚拉开的时候，人类思想史上发生了一件史无前例的事情，那就是科学哲学的兴起。我之所以称之为“史无前例”，是因为其具有两个特点。第一，历史上对科学之认识向来都被包含在思辨哲学中，即使康德提出批判哲学，科学仍是概念思辨所需处理的一部分内容。在科学哲学之前，思想家从没有以科学本身为对象来说明科学是什么。第二，在人类思想的进展中很少发生如同科学哲学兴起这样的事件，开始时轰轰烈烈，但它发动的初衷很快被社会遗忘。人们甚至不知道，在被遗忘的历史中，蕴含着极为重要的东西。

科学哲学和科学史研究热潮的上述两个特点，都与其推动力直接相关。科学哲学在反对形而上学中形成，科学史（我称之为理论科学史研究）则因向科学哲学提供证据而引起思想界的关注。这样一来，随着形而上学被推翻，如果科学哲学一时不能从哲学上说明科学是什么，其后果必定是被当作形而上学的同类物而遭到忽略。那么，为什么会有普遍的反对形而上学之潮流呢？我在第二编中指出，19 世纪末 20 世纪初科学思想发生了两个十分重要的变化：一是在观念层面，数学真实再一次和科学经验真实分道扬镳，数学真实指向相对论和量子力学等新的科学真实，这对原有的科学经验真实的观念构成巨大的挑战；二是集合论兴起以及集合论公理化，这使得数学建立在集合论之上。集合论的出现，促使科学界和哲学界意识到任何理论和观念都是用符号系统表达对象，符号和对象之间对应的“约定性”被发现。因为任何理论都是符号系统，当科学真实性被视为符号表达了客观实在时，数学一度被等同于逻辑，它带动了哲学革命。科学哲学的兴起是和哲学革命同步发生的，在某种意义上，其一开始甚至可以被看作哲学革命的一部分。正因如此，20 世纪整个科学哲学都被笼罩在哲学革命（“哲学的语言学转向”）的阴影之下。

我认为，推动 20 世纪科学哲学和科学史研究发展的长程动力可分为三种。第一种动力是哲学研究的语言学转向，也就是明确任何理论都是符号系统，必须从符号的指涉来定义其意义。形而上学作为语言的误用被发现。一旦发现形而上学的问题和推论是由语言使用的错误和含混造成的，科学理论作为一个符号系统，首先要和形而上学区分开来。哲学家必须使用准确的语言来描绘“科学是什么”。由此，科学哲学作为一门崭新的学科正式诞生了。当科学哲学在否定形而上学中兴起时，只要“数学不等同于逻辑”尚未得到证明，最早对科学理论的定位一定是符合逻辑法则的、用符号系统表达的客观实在。“逻辑”且“经验”的科学观形成。为什么对科学的哲学认识之最初形态只能是“逻辑经验论”？因为数学被认为是逻辑，任何科学（有意义）的分析语句（判断）都是逻辑的，而任何综合语句则是经验的。这样的科学观必定是逻辑语言框架中的经验论。逻辑经验论由此得以建立。[①]

科学哲学兴起的另一种长程动力，是必须解释数学真实再一次指向新的科学真实所导致的“科学革命”。20 世纪之前牛顿力学是科学理论之核心，20 世纪初相对论、量子力学兴起，取代了经典力学。科学哲学既然界定了科学是什么，它必定能指出相对论、量子力学取代牛顿力学世界观的原因，即为什么会发生科学革命。换言之，逻辑经验主义的科学观只是科学哲学正式登上历史舞台的前奏曲和背景。虽然它十分重要，奠定了科学理论区别于形而上学的基调，但作为科学哲学还必须解释科学革命，科学的本质只能从相对论、量子力学和牛顿力学的区别中得到说明。在此过程中，对科学史的理论研究必定加入进来，因为这是寻找正确科学哲学所必不可少的经验证据。[②]

---

① 正如吴国盛所说：“传统科学哲学肇始于逻辑实证主义——逻辑经验主义的科学的哲学方案，拒斥形而上学，把科学哲学的工作限制在对科学概念、命题和判断进行逻辑分析和意义分析。在此基础上，科学哲学的工作被逐步确定为，对科学发现过程和科学知识的增长过程进行逻辑重构，确定经验观察和理论陈述之间的逻辑证实关系，以区别科学与非科学，以确定科学知识之所以为唯一真知识的根本原因。”参见吴国盛：《走向现象学的科学哲学》，载倪梁康编：《中国现象学与哲学评论》第十二辑《现象学——历史与现状》，上海译文出版社 2012 年版。

② 一些哲学家对科学哲学兴起的三种内在动力不做区分。例如美国哲学家约翰·洛西指出，第二次世界大战后科学哲学才成为一门独立的学科，这部分是因为科学哲学家们相信，科学“能从业已获得的成就中受益”。“战后的科学哲学试图实施诺曼·坎贝尔（作者注：英国物理学家和科学哲学家）所提出的一项纲领。在《科学的基础》（1919 年）一书中，坎贝尔 （下接第 252 页脚注）

除了上述两种动力外，还存在第三种动力，那就是必须说明为什么数学对科学如此重要，特别是当认识到数学不等同于逻辑时，数学究竟是什么。如果不能回答科学革命和数学是什么，科学哲学研究必定衰落。

实际上，正是这三种动力规定了20世纪科学哲学的命运。一方面，逻辑经验主义作为科学哲学的前奏和反对形而上学的基调始终存在，而证伪主义科学观及其不断改进特别是与之相应的科学史和对科学发现过程的研究一度空前勃兴，构成20世纪科学哲学的主流形态。另一方面，20世纪科学史研究的各个门类虽然十分发达，但唯独没能从根本上认识“什么是数学”。这样一来，科学哲学和理论科学史研究只破除了意识形态之僵化，并没有回答科学和数学真实是什么。20世纪末，除了由逻辑经验主义转化而来的分析哲学外，科学哲学和理论科学史在思想探索中的地位一落千丈。

即便如此，20世纪科学哲学和科学史的繁荣也并非毫无

（上接第251页脚注）指出，希尔伯特、皮亚诺等人最近对数学基础的研究澄清了公理系统的本质。这种发展对于数学实践来说不无重要性。坎贝尔指出，对经验科学的‘基础’进行研究对于科学实践也有类似的价值。坎贝尔所讨论的‘基础’包括测量的本性和科学理论的结构。一些科学哲学家试图把他们的学科发展成类似于数学基础研究那样的东西，这些人接受了赖欣巴赫（作者注：德国科学哲学家）关于科学发现的情境与辩护的语境之间的区分。他们同意，科学哲学的固有领域是辩护的语境。此外，他们还试图以形式逻辑的模式来重新表述科学定律和理论，以使关于解释和确证的问题能像应用逻辑的问题那样来处理。”参见约翰·洛西：《科学哲学的历史导论（第四版）》，第158页。我认为，正因为对推动科学哲学兴起的动力不做区分，上述解释把逻辑经验论兴起、对“数学是什么”的研究和证伪主义及范式说混为一谈，不能对科学哲学发展历程做更准确的刻画。

意义。清理其遗产，分析其迷失之原因，特别是挖掘它遗留下的种子，仍将有助于我们今日理解科学真实的本质。在 20 世纪科学哲学和理论科学史的研究基础上，真实性哲学的建构终于可以开始。为此，必须先回顾逻辑经验主义这一科学哲学的前奏曲是如何吹响的。

逻辑经验主义

开启逻辑经验论的最早工作由数学家弗雷格做出。早在 19 世纪下半叶，数学家已经感觉到数论和几何学存在着根本不同。几何研究似乎可以归为经验的，而自然数运算的基础则好像可以从逻辑推出。康托尔的集合论指出，数“数”只是集合元素之间的一一对应，其可以和经验无关。弗雷格作为一名逻辑学家，认为数“数”和经验无关，那么“数”又是什么呢？他力图给出一个证明，从逻辑推出自然数。[①] 弗雷格认为自然数实际上只是代表集合类的符号，两个自然数相加实为得到比两个类更高的类。我们知道，定义某一个由对象组成的类，必须先给出对象的性质，由具有该性质的所有对象组成一个类。既然数“数”和经验无关，规定数的类所基于的性质只能是集

---

① 弗雷格用集合论中集合包含关系来定义逻辑，并试图从逻辑推出数学。他认为，只要两个集合的元素之间可建立一一对应关系，这两个集合元素数目就是相同的，他称之为“等数”。这样，自然数作为一个符号和所有“等数”的集合存在着对应。用雷格的话讲，就是“概念 F 的数是‘与概念 F 等数’这个概念的外延”。参见 G. 弗雷格：《算数基础》，第 86 页。

合本身的性质。弗雷格用集合是否属于（等于）自己作为集合的性质，由其生成的类就是自然数。在推导过程中，弗雷格用了哲学家常用的概念抽离法，它把性质从有关对象的概念中逐步抽离，最后不能抽离的东西被称为概念的外延。一个概念的外延是适用这个概念的所有对象的类，自然数即是和这种类对应的符号。[①]这样，自然数的真实性来源于逻辑推理的真实性。[②]自然数是数学的起点，既然自然数是逻辑规定的，数学研究必定可以分为两部分：一部分是空间形状的，其属于经验研究；另一部分是基于符号结构的数，它们是逻辑的。这样一来，前面我们讲的不同于经验真实之数学实为逻辑真实。数学即逻辑一时间成为哲学家的共识。

弗雷格还打破了命题表达的主谓形式，将命题分解为函数和自变量。[③]在弗雷格的影响下，逻辑经验论哲学兴起了。弗雷格本人没有把科学归为逻辑经验。逻辑经验论由弗雷格的学生及其追随者提出。他们用逻辑语言把握客观存在并说明科学是什么。所谓逻辑语言，是指符号和对象及对象性质存在一一对应，这样符号结构也就代表了对象结构，故逻辑语言亦称为

---

① 举个例子，假设存在三组集合——{“天”，“地”}，{A，B}，{#，%}，这些集合包含的符号属于不同的符号系统，但其共同属性是都包含两个对象，即相互之间都能建立一一对应关系：“天”→A→#→“天”，“地”→B→%→“地”。因此，它们都属于“包含两个对象”这一类别，也就是属于由自然数 2 定义的类别。

② 在方法篇中，我会对此做更严格的讨论和反思。

③ 斯图尔特·夏皮罗：《数学哲学——对数学的思考》，郝兆宽、杨睿之译，复旦大学出版社 2009 年版，第 104—108 页。

对象语言。由不同符号组合成的符号串对应着对象的性质及对象之间的关系，这些符号串被称为陈述。因为科学是用符号表达客观存在，当对象及其性质是客观实在时，“陈述”就成为科学语言的基本单位。美国哲学家鲁道夫·卡尔纳普把有意义的陈述分为两类：一类是逻辑性的，根据其意义（即是否逻辑自洽）就能分真假；另一类是经验性的，它必须和经验世界符合才为真。举个例子，任何一个有关自然数的陈述（如 2 是偶数）可以和经验无关，凭逻辑我们就能判别其真假，又如“任何一个单身汉都是未婚的”，它虽和经验有关，但仅凭逻辑就能判别其真假，它们都属于逻辑性陈述。必须用经验判别真假的陈述可表达为符号串 R(x)，其中 x 是客观对象，R 是客观对象的性质。如 R 代表红色的，x 代表这一朵玫瑰，上述陈述为真。如果 x 是渡鸦，上述符号串和客观事实不符，故为假。R(x) 是不同于逻辑陈述的另一类经验陈述。任何科学陈述不属于第一类便属于第二类。为什么有意义的陈述必定可以分为上述两类？因为所有科学陈述必定可以判别真假，当对象和经验无关时，陈述是数学的，因数学是逻辑，凭逻辑可判别真假。当陈述是经验的时，它和经验符合为真。据此，卡尔纳普提出了用语言（符号串）表达科学的若干“意义公设（公理）”，为逻辑经验主义奠定了基础。[①]

上述观点代表了 20 世纪初一大批数学家和哲学家的共识，这就是逻辑经验主义的科学观。数学家以罗素为代表，哲学家

① 洪谦主编：《逻辑经验主义》，商务印书馆 1989 年版，第 183—210 页。

则包括维特根斯坦等，最具代表性的团体是维也纳学派，中国哲学家洪谦也是其成员。正如卡尔纳普所说，上述语言的逻辑分析完全清除了形而上学，用准确的符号系统定义了科学。虽然有个别逻辑经验主义哲学家，如奎因认识到问题没有那么简单，[①]但是，人们一度相信，通过逻辑经验主义的努力，一种不同于以往一切哲学的、把握科学的准确符号系统已建立起来了。因为由逻辑决定真假之陈述涵盖了数学，由经验判别真假的陈述把一切科学包括了进来，两种陈述之结合说明了数学对科学的意义。由这两种陈述构成之集合就是不同于形而上学的科学。[②]

表面上看，逻辑经验论主张存在两种真实性结构：一种是来自逻辑自洽的真实性，另一种是符号系统和经验符合的真实性。但只要稍加分析，就能发现来自逻辑自洽的真实性结构亦

---

① 奎因认为，本体论问题与任何科学理论一样，也是为科学选择一种方便的语言形式和概念框架的问题，因此它不应以是否与客观实在相符合作为取舍的标准，而应以是否方便有用为标准。这是一种逻辑经验主义和实用主义相结合的观点。他批评了经验主义的两个信条，一是以事实而不是意义为真理的陈述是综合的，二是还原论，即每一个有意义的陈述都等值于某种以指称直接经验的名词为基础的逻辑构造，这使他转向实用主义。他关于“分析命题和综合命题的区别”的质疑，使他提出“翻译的不确定性”的著名假说。洪谦主编：《逻辑经验主义》，第673页。

② 逻辑经验主义者建立了一个科学语言的结构，从上至下分别为：一是理论，其中定律是定理的演绎系统，如分子运动理论；二是定律，即科学概念之间的不变或统计关系，如波义耳定律；三是概念的值，即赋予概念以值的陈述，如V=1.5公升；四是原始实验数据。在这一层次结构下，（1）每一个层次都是对低一级层次的“解释”。（2）陈述的预言能力从底部向顶部逐渐增加。（3）科学语言内部的主要划分是在“观察层次”（该等 （下接第257页脚注）

是基于符号系统和经验符合。什么是逻辑自洽？就是符号和对象的对应关系具有确定性。当规定某一符号指涉特定对象时，不能同时规定该符号不指涉这一对象，这就是逻辑自洽的根据。也就是说，逻辑的真实性来自符号和对象对应的确定性，其背后亦是符号结构的真实性由对象的真实性规定。[①]这样一来，我可以把20世纪语言哲学（从逻辑经验论到分析哲学）对科学（理论）的界定表达为图3–1。科学（理论）是所有符合经验的陈述，而可以由逻辑本身来判定真假的陈述，只是符合经验陈述的子集合。这里，数学真实被视为科学经验真实的特定形态。[②]

（上接第256页脚注）级结构底部的三个层次）与“理论层次”（该等级结构的顶部层次）之间。观察层次包括关于“压力”“温度”等“可观察事物”的陈述，理论层次则包括关于“基因”“夸克”等“不可观察事物”的陈述。（4）观察层次的陈述为理论层次的陈述提供了检验基础。参见约翰·洛西：《科学哲学的历史导论（第四版）》，第158—159页。

① 逻辑经验论认为，数学的确定性来自数学要求的空洞性，数学和逻辑对世界没有提出任何要求。数学和逻辑的确定性因而就是语言的，而不是认识论的。正是这种确定性带来了对记号用法的约定。参见托马斯·鲍德温编：《剑桥哲学史（1870—1945）》上卷，周晓亮等译，中国社会科学出版社2011年版，第455页。

② 我将符合逻辑之陈述视为符合经验陈述的子集合。对此，逻辑经验论者可能不会同意。他们把数学归为逻辑，一些数学陈述不是经验的。他们认为所有数学命题实为重言式同义反复，故可以不用经验、仅用逻辑就判别真假。我认为，这种观点已被证明是不能成立的。事实上，数学不是逻辑语言，在逻辑语言表达的陈述中存在“任何未婚的人都是单身的”这种仅凭逻辑就能判别真假的陈述，是由我们对同一对象规定了不同符号造成的，它们是由经验判定真假陈述的特殊形态。这一点我将在方法篇中展开详细讨论。

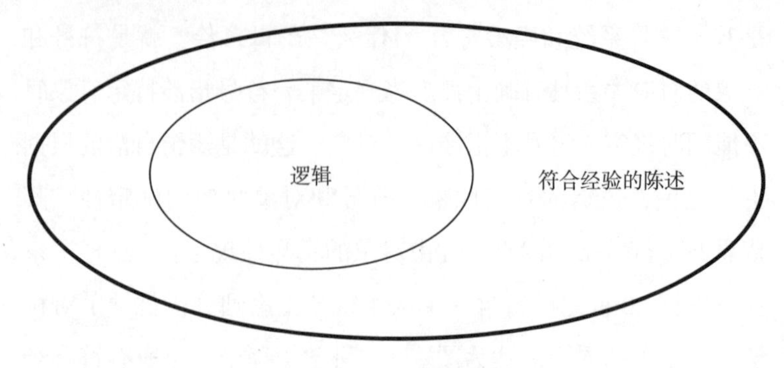

图 3–1　广义的符合论

我把这种真实观称为“广义的符合论”。[①] 符合论向来是经验论判别真理的基础，其与唯理论（欧陆理性主义）及康德哲学均不同。[②] 我在第一编中指出，康德以“判断”作为哲学基础，这使康德哲学具有现代色彩。逻辑经验论用“陈述”代替“判断”，使得哲学论述更为精确。在此意义上，逻辑经验

① “广义的符合论”也构成了逻辑经验主义对形而上学批判的依据之一。例如，卡尔纳普的《世界的逻辑构造》中，反形而上学的动力就来自其无法用纯粹的经验语言来谈论。此外，维也纳学派创始人莫里兹·石里克对维特根斯坦的解读中得到的证实原则，也标志着对逻辑实证主义的这种理解。他认为，一个句子的意义就是它可以在经验中得到证实的方法。如果无法得到这样的证实条件，这个句子就是无意义的。引自托马斯·鲍德温编：《剑桥哲学史（1870—1945）》上卷，第 455 页。

② 逻辑经验主义者和康德哲学之间的思想联系是复杂的，这可以从卡尔纳普的一段自述中看出：“那时我曾受到康德和新康德主义者……的影响，认为人们关于直观空间的认识基础是‘纯直观’，它独立于偶然的经验之外。但是我与康德又有所不同：我把由纯直观所把握的直观空间的特征限定于某些拓扑学的特征，其度规结构（在康德看来亦即欧几里得结构）和三维性在我看来并不是纯直观的，而是经验的。”转引自迈克尔·弗里德曼：《分道而行——卡尔纳普、卡西尔和海德格尔》，张卜天译，北京大学出版社 2010 年版，第 59 页。

论的提出意味着哲学家第一次明确认识到所有理论均是用符号系统把握对象，它带来哲学研究的语言学转向。这是人类历史上从未有过的哲学革命。逻辑经验主义的真实观是广义符合论，故哲学革命带来的直接后果是否定了经验真实以外所有其他的真实性结构。

从逻辑推出自然数的失败

逻辑经验主义一经提出，立即成为科学哲学的基调，它直至今天还影响着很多人对科学的认识。然而，它的基础（数学即逻辑）之错误很快被数学家发现。弗雷格用集合是否属于（等于）自己这一性质来定义集合的类，证明自然数就是这些类对应的符号。罗素指出这种定义集合类的方法会导致悖论，他考虑如下问题：建立一个由所有不属于自己集合组成的集合，然后问它是否属于自己？如果属于，则它具有自己不属于自己这一性质，即是不属于自己的。如果不属于自己，根据它和所有自己不属于自己集合之关系，它已被包含在所有自己不属于自己的集合中，故是属于自己的。这是一个悖论。根据弗雷格的定义，“自己不属于自己”是集合的某一种性质，由该性质规定一个类是自洽的，它是一个集合。但罗素发现，这样定义集合，会在集合论整体推理中引发逻辑矛盾。他还为这一悖论提供了一个通俗的解释：一个理发师给并且只给那些不自己刮脸的男人刮脸。那么理发师是否能给自己刮脸呢？[①]在罗素将自己的这一发现写信告诉弗雷格之后，弗雷格立刻意识到用逻辑类来证明自然数是错的，他“再也没有从这个打击中恢复过来”。[②]

然而，罗素认为，虽然弗雷格失败了，但只要用公理化方法排除集合论的悖论，就可以用类似于弗雷格的思路从逻辑推出自然数。罗素提出用类型论作为公理化方案。类型论目前常见于数学、逻辑学和计算机科学中，指的是一个形式系统，其中每一个“项”（term）或符号都有一个类型（type），这一类型规定了符号的含义及其运算规则。这里我要强调的是，罗素类型论作为一种排除悖论的方法或许并不是没有意义的，但罗素以类型论目标提出一个集合论公理化的方案，使集合的“类”的定义严密化了，进而证明自然数是和集合类对应的符号。这样一来，从逻辑推出自然数就比弗雷格困难得多。事实上，罗素耗费十多年时间，才与其老师阿尔弗雷德·怀特海共同完成并出版《数学原理》。[③]该书到300多页时才有可能定义1，再用几十页证明1+1=2。[④]

表面上看，罗素似乎已经克服了弗雷格的困难，自然数已

---

① 罗素：《罗素文集》第10卷《逻辑与知识（1901—1950年论文集）》，苑莉均译，商务印书馆2012年版，第323页。

② 马丁·戴维斯：《逻辑的引擎》，张卜天译，湖南科学技术出版社2005年版，第63页。

③ 罗素在完成《数学原理》之后，撰写了一部《数理哲学导论》，陈述他在《数学原理》中的发现，详见罗素：《罗素文集》第3卷《数理哲学导论》，晏成书译，商务印书馆2012年版。

④ 卢昌海：《罗素的“大罪”——〈数学原理〉》，载https://www.changhai.org/articles/science/misc/bookstories/PrincipiaMathematica.php。

被证明是符号性质规定的逻辑“类”。[①] 这一结果被很多人接受，直到今天很多科学家都认为自然数是可以从逻辑推出的。然而这是一个错觉。为什么？为了克服悖论，罗素提出了一组公理，这些公理中有若干法则不是自明的，很多数学家不接受。今日作为数学基础的公理化集合论，不同于罗素的公理化集合论。也就是在数学基础研究中，数学界至今没有承认罗素关于自然数是逻辑“类”的证明。更重要的是，20 世纪数学发展证明：虽然逻辑推理是数学的一部分，但数学（包括自然数及其运算）不是逻辑。在逻辑推理中，命题非真即假。如果数学可以从逻辑导出，不可能存在不能判别真假的数学命题。20 世纪 30 年代，美籍奥地利数学家和逻辑学家哥德尔证明，在算术逻辑（包含自然数命题的谓词演算）中存在不可判定的命题，即哥德尔不完备性定理。也就是说，对于任何一组给定的公理定义的数学系统，总可以找到一个有关自然数的数学命题，不能用逻辑来证明其真假。[②] 这表明，不仅自然数不是逻辑规定的“类”，甚至数学推理亦不能简单地等同于符号的等同和包含。对“数学是什么”的哲学研究再一次陷入了困境。[③]

① 在方法篇中，我会更深入地讨论罗素对自然数的定义。

② 关于哥德尔不完备性定律的介绍，可参见斯图尔特·夏皮罗：《数学哲学》，第 162—164 页。

③ 20 世纪早期围绕“什么是数学”形成三种主要观点：一是逻辑主义，即认为数学就是或者能还原成逻辑；二是形式主义，即数学由语言符号按规则的操作组成；三是直觉主义，即数学由心灵构造组成。（参见斯图尔特·夏皮罗：《数学哲学》，第 2 页。）事实上，这三种观点的核心是逻辑主义，形式主义是意识到自然数不能从逻辑推出后对逻辑主义的改进，直觉主义只是对逻辑主义和形式主义的否定。这样，当用逻辑推出数学被证明不可能时，我们可将其称为继发现不可测比线段、无穷小观念之后的第三次数学危机。

照理说，一旦发现数学不等同于逻辑，就宣告了逻辑经验论对科学的概括是错的，但科学界特别是哲学家并不知道数学不是逻辑，仍坚信逻辑经验论的基本观点。其实，逻辑经验论把科学视为用逻辑语言表达客观实在，自以为已经解决了“为什么科学需要数学”这一疑问，实际上它始终存在如何从单称陈述证明普遍命题的困难。根据逻辑经验主义，科学的基础是可以判定真假之陈述，但那些被证明为真的陈述向来只是单称的，而表达自然法则（因果律）的差不多都是全称陈述。这就带来一个问题：我们如何知道全称陈述是真的？如果不能证明，又如何知道自然法则的存在？由单称陈述向全称陈述的飞跃即为归纳推理（Inductive Reasoning），亦称归纳逻辑。逻辑经验主义在通过归纳推理来发现真的全称陈述的过程中存在着绕不过去的困难。比如说看到某只渡鸦是黑的，再看到其他渡鸦也是黑的，由此似乎可以得到“一切渡鸦皆黑”这一全称陈述，但是因为全称陈述包含无限多的个案，个别案例的成立不等于全称陈述得到证实。罗素曾以诙谐的方式举过一个例子：一只火鸡每天都受到主人的照常喂养，它怎么也“归纳”不出终有一天自己会被主人拧断脖子。[①] 为了解决上述难题，逻辑经验主义者把真的全称陈述视为概率接近于 100% 的成立陈述。表面上看，通过概率解释，问题得到了解决，从而克服了休谟的怀疑论。[②] 然而，事实真的是如此吗？

---

① 详见伯特兰·罗素：《哲学问题》，何兆武译，商务印书馆 2007 年版，第八章。

② 在休谟看来，“接近和接续并不足以使我断言任何两个对象是因和果，除非我们觉察到，在若干例子中这两种关系都是保持着的”，（下接第 263 页脚注）

举个例子，“一切渡鸦皆黑”这个陈述，在逻辑上与“一切非黑的皆是非渡鸦”等价。这样，证明后一个陈述亦就证明了前一个陈述。这在逻辑上无问题，但将其转化为归纳推理，立即会出现悖论。我看到一张白纸，它非黑，又不是渡鸦。这是“一切非黑的皆是非渡鸦”陈述的一个例证，但它和“一切渡鸦皆黑”这个陈述毫无关系。至于寻找两个陈述的概率相关性，由于样本空间无限大，无论在样本空间做何种测度规定，“我看到一张白纸”可以增加“一切渡鸦皆黑”的概率吗？当然不能。这样一来，“一切渡鸦皆黑”仍可被视为概率接近于100%的陈述吗？[①] 可以说，逻辑经验论并未超越休谟的怀疑论，归纳逻辑既无法解释数学在科学发现中的意义，也不能说明科学理论中普遍定律是如何发现的。

实际上，归纳问题只是逻辑经验论碰到的第一个困难，更大的问题还在后面。如前所述，推动科学哲学兴起的动力是避免形而上学的错误，逻辑经验主义在科学和形而上学之间划清界限之后，还必须把（道德）哲学从形而上学中拯救出来。为

（上接第 262 页脚注）也就是所谓的“恒常结合”（constant conjunction），但其前提是“我们所没有经验过的例子必然类似于我们所经验过的例子，而自然的进程是永远一致地继续同一不变的”。因此，他质疑道：“在经验给我们指出它们的恒常结合以后，我们也不能凭自己的理性使自己相信，我们为什么把那种经验扩大到我们所曾观察过的那些特殊事例之外。我们只是假设，却永不能证明，我们所经验过的那些对象必然类似于我们所未曾发现的那些对象。”参见大卫·休谟：《人性论》上册，第 101 页，第 106 页，第 109 页。

① “Confirmation”, Stanford Encyclopedia of Philosophy, https://plato.stanford.edu/entries/confirmation/#HemThe.

此，卡尔纳普区分了两种语言——对象语言和形式语言，后者不直接研究经验“对象”或客体，而是研究语言本身。[1]卡尔纳普指出，科学的目的是用逻辑语言表达和研究客观对象，哲学是研究语言本身，即语言的逻辑分析。这是对哲学的全新定义。然而，这一界定正确吗？什么是语言的逻辑分析？如果它不是数学，似乎只能是对语言的结构研究。问题在于，语言由句子组成，句子的结构是语法，它是语言学研究的对象。哲学当然不是语言学，这样一来，语言结构只能是文本结构了。事实上，逻辑经验论正是想通过文本语言的逻辑分析解决各种哲学问题，例如分析“实然”和“应然”的差别，说明何为“善”，甚至处理“心”和“物”的关系。[2]然而，自20世纪哲学革命以来，这方面研究没有取得任何实质性成果。无论是道德哲学，还是“心”“物”关系，分析哲学的研究纲领只是在那里空谈，无法进入人文研究的核心。

批判的理性主义兴起

逻辑经验主义的真实观是广义的符合论，这是一种彻底的经验主义。经验主义最大的问题是无法证明普遍法则的真实性，特别是普遍法则如何发生改变。一旦把科学哲学研究的目的聚焦到科学定律如何改变，逻辑经验主义的科学观便完全无效了。这时，理性主义的科学哲学观便会再一次兴起。

---

① 参见陈嘉映：《语言哲学》，第175页。

② 洪谦主编：《逻辑经验主义》，第427—672页。

在现代思想演化的历程中，因科学真实源于数学真实，而数学在西方历史上又等同于理性，最早的现代科学观建立在笛卡儿理性主义之上，经验主义通过否定理性主义彰显出自己的意义。换言之，理性主义一直是和经验主义处于竞争状态的观念系统，两者在对立中互相补充。我在第一编中讨论过笛卡儿理性主义和英美经验主义的争论，欧陆理性主义把几何般清晰的理性精神视为客观存在，自然定律是例证，其在社会价值上的表现是法律、个人权利等，现代社会是普遍理性之实现。伴随法国启蒙运动以这种理性主义颠覆宗教，经验主义兴起。经验主义否定由理性能推出终极关怀，提出事实和价值的不同，实然与应然之间存在鸿沟。这种经验主义科学观不反对宗教，休谟的怀疑论是其代表。

在此意义上，20 世纪逻辑经验论的出现可以说是经验主义第二次对科学进行哲学定位，其与休谟怀疑论的差别在于：休谟的怀疑论是防卫性的，逻辑经验论却具有某种进攻性。逻辑经验论把数学视为逻辑的扩充，而科学是可以用经验（观察）证明的符合逻辑的陈述。这既说明了数学符号真实和科学经验真实的关系，又和形而上学划清了界限。20 世纪理性主义科学观要成立，同样必须接受逻辑经验主义的上述两个前提。正因如此，理性主义只能针对逻辑经验主义的科学观不能说明科学普遍法则为何会出现革命性变革这一缺陷。也就是说，20 世纪理性主义科学观只能是防御性的。

人不可能两次踏入同一河流，20 世纪理性主义和经验主义的争论也必定与以前发生过的过程不同。法国启蒙运动中，理性主义指向民族主义和科学主义，最后以新意识形态为归宿，而经验主义始终坚持自由主义。[①]20世纪则反了过来。理性主义是通过对逻辑经验主义的批评呈现出来的，故称批判的理性主义。它从证伪主义开始，对极权主义进行全面反思，推动了第二次世界大战后新一轮全球化的展开。虽然两者的关系和历史上不同，20世纪经验主义和理性主义的大争论，与启蒙运动时两者的对立有些相似，这就是同样隐含着超越两者的全新道路。我在第一编中指出，康德提出的先验观念论超越了经验主义和理性主义的对立，力图实现理性中心转化的哥白尼革命。他通过数学和科学同构的猜想，实现了形而上学的认识论转向。作为真实性哲学，康德哲学虽然失败了，但就超越经验主义和理性主义的对立而言，它相当成功。20世纪经验主义和理性主义科学观的对立中，同样存在着超越两者对立并向一个全新方向发展的可能。这是通过发现两者的共同盲区（数学即逻辑之错误）开辟出来的。

逻辑经验主义和批判的理性主义出现的前提都是数学等同于逻辑，但批判的理性主义毕竟是反思逻辑经验主义缺陷的产物。更重要的是，批判的理性主义出现在20世纪30年代，其出发点是相对论和量子力学带来的科学革命，当时数学不等同于逻辑也已经被证明。这就隐含一种可能性：只要批判的理性主义和逻辑经验主义的争论充分展开，二者共同的局限就有可能被发现，人们可以从它们共同的盲区出发寻找新路。而一旦

① 详见金观涛：《轴心文明与现代社会——探索大历史的结构》，第五讲。

数学不等同于逻辑成为科学哲学研究的出发点，必定要从理论上说明什么是数学，以及为什么数学符号真实和科学经验真实同构。这样一来，我们就可以立足于 20 世纪科学和数学的新成果再一次从康德猜想出发，开始建构新的真实性哲学。

以数学符号真实和科学经验真实同构为出发点的哲学既不是经验论，也不是唯理论的，这一点类似于康德先验观念论对唯理论和经验论的超越。新真实性哲学的探索和康德哲学的本质差别在于，它已和形而上学划清了界限。这是一条使我们可以走出 20 世纪科学哲学研究迷失森林的林中路。展现该道路，正是本编的主题。为此，我们必须从分析批判的理性主义对逻辑经验主义的否定开始。

第二章　迷失在后现代主义的黑森林

证伪主义科学观

如果没有20世纪相对论和量子力学带来的科学革命，批判的理性主义不可能成为科学哲学的主流。因为它是如此简单，远没有达到逻辑经验论在哲学上的深度。如前所述，逻辑经验主义的科学观难以说明普遍定律的存在，更不用说解释这些普遍定律疾风暴雨般的改变了。因为根据归纳逻辑，科学理论的进步必定是一点一滴的渐变，在这种科学进步的逻辑中，20世纪初相对论和量子力学带来的科学革命是不可思议的。这时，如果不改变数学等同于逻辑这一前提，如何理解科学革命中原有普遍定律突然被新定律取代？唯一的方法是放弃经验对全称陈述的证实，代之以证伪。证伪主义正是借此成为批判的理性主义的基本形态，其代表人物是波普尔。[①]

---

① 1919年发生了一次日全食，英国天文学家亚瑟·爱丁顿通过观测发现，太阳周边的星光发生了偏移，这支持了爱因斯坦的相对论，即引力来自时空的弯曲，在弯曲的时空中，光线也会发生偏移。这次实验对波普尔影响很深。波普尔甚至认为爱因斯坦的理论就是好的科学的典范。在《猜想与反驳》一书中，他提出："爱因斯坦的预言当时正被爱丁顿的那次远征的发现所证实。爱因斯坦的引力论导致一个结果，就是光必定会被重物体（如太阳）所吸引，恰恰就像物体被吸引一样。其结果可以计算出来，一 （下接第269页脚注）

什么是证伪主义科学观？　其核心是全称陈述不可能证明，但是可以证伪。[①] 例如，对于“一切天鹅皆白”这一全称陈述，无论我们看到多少只白天鹅，都不能证明其为真，[②]后来人们在澳洲发现了黑天鹅，就把它否定了。因此科学中的全称陈述永

（上接第 268 页脚注） 颗视方位接近太阳的远恒星的光到达地球时，它射来的方向好像是稍微移开太阳一点；换言之，接近太阳的恒星望上去就好像离开太阳一点，而且相互也离开一点。这情形在正常情况下是观测不到的，因为这类恒星在白天由于太阳光线无比强烈而看不见；但在日食时却可以给它们摄影。如果同一星座在夜间也给它拍照，我们就可以计算两张照片上的距离，核对预期的效果。这个事例之所以给人以深刻印象，是这种预测所承担的风险。如果观察表明所预期的效果肯定不存在，这个理论就被干脆否定掉：这个理论和某些可能的观测结果——事实上是爱因斯坦以前的任何人都会指望的结果——不相容……这些想法使我在 1919—1920 年冬天做出以下的结论……衡量一种理论的科学地位的标准是它的可证伪性或可反驳性或可检验性。”参见卡尔·波普尔：《猜想与反驳——科学知识的增长》，傅季重、纪树立、周昌忠等译，上海译文出版社 2005 年版，第 48—52 页。

① 在波普尔看来，一方面，科学定律是全称还是单称（的集合），这是不能用论证来解决的问题，它只能用协议或约定来解决。另一方面，之所以可以用“可证伪性”作为科学标准，是因为全称陈述和单称陈述的不对称性，即全称陈述不可能从单称陈述推导出来，但能够和单称陈述相矛盾。换言之，通过纯粹的演绎推理，单称陈述之真可以论证全称陈述之伪。（卡尔·波普尔：《科学发现的逻辑》，查汝强、邱仁宗、万木春译，中国美术学院出版社 2007 年版，第 18 页，第 39 页。）关于证伪主义中单称命题的作用，我将在下文中进行更详细的阐释。

② 卡尔·波普尔：《科学发现的逻辑》，第 77 页。需要说明的是，这一书名源自该书的英译本 *The Logic of Scientific Discovery*，而事实上，如果直译其德文版题目，应该是 Logic of Research: On the Epistemology of Modern Natural Science（研究的逻辑：论现代自然科学的认识论）。为什么要强调这一点呢？因为在波普尔看来，发现是需要历史学家、人类学家和心理学家的研究来阐释的重大问题，不可能简化为一种方法。例如，“牛顿怎样发现万有引力的？这是一个心理学和历史学问题。阿基米德怎样发现浮力的？这是一个心理学和历史学问题，不是应用方法的问题。所以这就是首 （下接第 270 页脚注）

远是猜想，它始终面临被证伪的危险。证伪旧理论（全称陈述）、提出新理论（全称陈述），这就是科学进步（革命）的逻辑，波普尔认为相对论和量子力学取代牛顿力学就是一个例子。[①]

波普尔的科学哲学的核心在于，科学和非科学的差别正是科学可以被证伪，证伪和提出新的猜想（全称陈述）是理性之本质。在此意义上，理性高于经验。经验虽然不是普遍有效知识的来源和基础，但是检验知识是否为真的标准。波普尔提出的科学知识增长模式如下：P1—TT—EE—P2—TT2。其中，P1 是问题，它的出现导致人们提出尝试性假说 TT，EE 为对 TT 的证伪，这时新的问题 P2 出现，它再导致新的尝试性假说 TT2。这一过程循环往复，构成科学知识的进步。[②] 他将这种观点称作“理性批判主义”。理性主义强调人遵循理性以及世界的理性法则的一致性，故和经验主义相比，理性主义一般都不重视“实然”和“应然”之间的鸿沟。证伪主义亦如此，在此意义上把证伪主义归为理性主义是适当的。[③]

（上接第 269 页脚注）要的事情，波普尔不关心你怎样得到一个理论或定律，他不关心你怎样发现一个理论或定律。他只关心一件事情：你的理论或定律能否经受住检验，它是否具有可检验性”。（约翰·A. 舒斯特：《科学史与科学哲学导论》，安维复主译，上海科技教育出版社 2013 年版，第 169 页。）

① 卡尔·波普尔：《科学发现的逻辑》，第 25—26 页。

② 卡尔·波普尔：《客观知识——一个进化论的研究》，舒炜光、卓如飞、周柏乔等译，上海译文出版社 1987 年版，第 298 页。

③ 波普尔如此评价维特根斯坦（也包括维也纳学派）的研究：“我个人对所谓意义问题从来不感兴趣；相反，我觉得它是个词语问题，是典型的假问题。我感兴趣的只是分界问题，即为理论的科学性寻找一个标准。恰恰是这种兴趣使我一眼就看出维特根斯坦关于意义的可证实性标准 （下接第 271 页脚注）

卡尔·波普尔的科学哲学著作，在出版后产生了很大的社会影响。爱因斯坦早在 1935 年读到其德文版《科学发现的逻辑》时，就写信给波普尔予以热情的支持，并在 1950 年再度予以高度肯定。波普尔理论最坚定的支持者中包括多位诺贝尔奖获得者，如英国动物学家彼得·梅达瓦，他称波普尔为"无与伦比的最伟大的科学哲学家"；还有薛定谔、丹麦物理学家尼尔斯·波尔以及其他著名的自然科学家。[①]需要注意的是，和证伪主义科学观相比，逻辑经验论远没有得到过物理学家那么大的支持。道理很简单，逻辑经验论不能解释科学革命，而这正是 20 世纪上半叶科学进步之主旋律。

证伪主义成为 20 世纪科学哲学代表的另一个原因，是其以理论是否可以证伪作为科学和非科学的区隔界限，远比用符合逻辑之陈述直观易懂、一目了然。因为理论缺乏可证伪性，精神分析学说、占星说、骨相学都成为非科学和伪科学。[②]以

（上接第 270 页脚注）同时也企图用来发挥一种分界标准的作用；这就使我看出照他这样说法，这个标准是完全不适当的，即使我们撇开对于意义这个含糊概念的一切疑虑不谈。因为维特根斯坦的分界标准——在这里用我自己的用语来说——就是可证实性，或者根据观察陈述的可演绎性。但是这个标准太窄了（又太宽了）：它几乎把所有事实上典型地属于科学的东西都排除掉（然而实际上并没有排除掉占星术）。任何科学陈述都从来不能从观察陈述中演绎出来，也不能描述为观察陈述的真值函项。"参见卡尔·波普尔：《猜想与反驳——科学知识的增长》，第 57 页。

① 刘擎：《卓越而速朽的思想家——纪念卡尔·波普尔逝世 10 周年》，载《二十一世纪》2004 年 8 月号。

② 波普尔在《科学——猜想与反驳》一文中对此有详细讨论，请参见卡尔·波普尔：《猜想与反驳——科学知识的增长》，第 47—92 页。

伪科学为正当性的社会制度是非理性的，它们不能在证伪中自我改进，迟早沦为不能随知识积累而发展的僵化教条。这种社会被波普尔称为“封闭社会”，而现代社会应该是“开放社会”。波普尔的代表作是《开放社会及其敌人》，它与哈耶克的《通往奴役之路》一起成为攻击极权主义政治的利器。

波普尔还把证伪主义投射到价值系统，提出“否定性功利主义”。他认为人从来不可能知道什么是“好”，只能知道什么是“不好”，因此只能通过不断否定“不好”来逼近“好”。正是通过这种否定，社会得到改进。同样，误以为全称陈述为真，用其设计社会，这是一种“乌托邦社会工程”，它是无效的。社会进步依靠的是一次次改进缺陷，即必须通过“细部社会工程”。[①]

波普尔的理性批判主义是否正确？虽然其落实到社会行动后转化为某种“实践理性”，并在分析苏联社会制度及其意识形态弊病方面很有力量，但它的理论基础是错的。为什么？证伪主义和笛卡儿理性主义一样，把“实然世界的法则”和“应然世界的法则”混为一谈，其不能解释为何个人权利是现代价值的核心。现代社会是开放社会不假，但为何只能是契约社会？其实，波普尔学说的问题不仅在于其不能证成现代性，更重要的是证伪主义并没有揭示科学发展的真实逻辑。它对科学革命机制的勾画只是一种想象，和事实不符。这样，伴随其批判目标的消失，以及科学史和科学哲学研究的深入，证

---

① 卡尔·波普尔：《开放社会及其敌人》第一卷，陆衡等译，中国社会科学出版社 1999 年版，第九章。

伪主义不再引起学术界重视。1994 年波普尔去世，其学术影响力迅速走向衰弱。因此，刘擎将波普尔称为“速朽”的哲学家，[①]我认为，应在“速朽”前面加上“伟大”这一限定词。为什么？“速朽”是指证伪主义科学观迅速被科学史研究证伪，“伟大”是因为证伪主义有助于我们找到建构真实性哲学的林中路。

科学史研究：“范式”的发现

伴随证伪主义科学观被部分科学家接受，科学史的理论研究开始了。这是历史上从未有过的，我认为可以将其视为用科

---

① 正如刘擎所说：“波普尔拥有白金汉宫授予的‘爵士’（1965 年）和‘勋爵’（1982 年）的头衔，是英国皇家协会会员、英国学术学院和美国艺术与科学院院士，去世前拥有 20 个大学颁发的荣誉博士学位，著作被翻译成 40 种语言。他在学术界的社交名单几乎是一本微型的世界名人录，也有政界的仰慕者前来拜访或邀请会面，其中包括德国前总理施密特，捷克前总统哈维尔和日本天皇。而撒切尔夫人将波普尔和哈耶克视为自己的‘两位老师’。波普尔的弟子中不仅有杰出的学者如拉卡托斯、费耶本德和阿格西等，也有亿万富翁索罗斯（他为表达对导师的敬意，创办了‘开放社会’基金会）。在波普尔去世的时候，欧美的各种报纸发表了无数充满赞誉的悼念文章。毫无疑问，波普尔生前获得了一个学者可以想象的最高的世俗荣誉。而在他去世不过 10 年（作者注：2004 年）的今天，波普尔的影响力已经明显地衰落。在欧美大学的哲学、政治理论和思想史课程中，他的著作正在被教授们从‘必读’转到‘参考阅读’书单，甚至被忽略。即使在科学方法论的领域，‘证伪主义’的地位似乎也慢慢被库恩的‘范式转换’或者费耶本德的‘反对方法’所取代。而既具讽刺意义又有象征性的事情是，在波普尔任教长达 23 年的伦敦经济学院，他曾用过的办公室并没有被改建为‘波普尔纪念馆’，而是变成了一个厕所。”引自刘擎：《卓越而速朽的思想家——纪念卡尔·波普尔逝世 10 周年》。

学史研究对证伪主义科学观进行检验。换言之，如果证伪主义对量子力学取代牛顿力学的分析正确，其必定也能解释历史上其余科学发展的历程，如哥白尼革命。这方面的首项研究是科学史学家托马斯·库恩在 1957 年出版的《哥白尼革命——西方思想发展中的行星天文学》。根据这项研究，哥白尼学说的出现绝不是托勒密地心说被证伪的结果。根据证伪主义科学革命的模式 P1—TT—EE—P2—TT2，一定是先有托勒密地心说 TT 被证伪，才有新问题 P2 和新假说 TT2 出现。TT2 在当时的条件下是不能证伪的，因此才取代了 TT。①

我在第二编中讨论过，1507 年哥白尼目睹了托勒密天文学预见行星交会的失败。这极易使人想到托勒密天文学被证伪是哥白尼提出日心说的前提，但实际上并非如此。根据哥白尼理论算出的行星轨道并不比托勒密的模型更准确，而且当时惯性和地心引力还没被发现。就与经验的吻合度而言，被证伪的应该是哥白尼日心说而非托勒密地心说，证伪主义科学观和科学史相矛盾。

库恩正是从对哥白尼革命的研究开始，率先否定了和经验符合的客观性是推动科学革命的动力。在他之前，无论是科学史还是科学思想史研究，大多局限于科学内部，很少将科学置于当时的文化背景之下加以考察。库恩在科学发展内部找不到哥白尼革命的原因，不得不开创了“内部史”与“外部史”结

---

① 托马斯·库恩：《哥白尼革命——西方思想发展中的行星天文学》，第 133 页。

合的科学史研究路径。[①]《哥白尼革命》不仅准确地描述了哥白尼时代的天文学概念和技术性细节，讨论了当时的宗教现状和社会文化背景，还将各种因素结合起来，以解释科学革命的发生。这一切都指向库恩独创的范式理论。[②]

"范式"（paradigm）这一概念是库恩在1962出版的《科学革命的结构》一书中正式提出的。在《科学革命的结构》中，库恩把科学革命归为范式转化。在科学革命前，科学发展处于常规阶段，科学家只是在既定范式中做"解谜"的工作，即使所得结果与范式矛盾，亦会将矛盾搁置一旁，直至矛盾累积过多，出现新的范式，科学家形成新的共识。此时就会发生范式转移，这就是科学革命。新范式是一种新共识，它的出现并不是原有理论和实验、观测证据不一致所导致的。

---

① "内部史"和"外部史"是20世纪科学史研究的两个主要方向。二者共享了同一个分析框架：（1）科学具有某种"内部"，其仅仅是由思想内容构成的，这些思想内容即与社会和经济因素无关的观念、概念、理论和方法；（2）科学总是在某种社会、政治和经济环境中产生，即在某种"外部"产生。不同之处在于，"内史论者认为，只有着眼于科学内部的思想内容才能理解科学史。他们认为科学的思想内容是按它自身的内部逻辑和内部动力发展的。对内史论者来说，研究科学的社会、政治和经济内容并不重要或者没有必要，因为这些内容并不能给予我们关于科学内部发展的启示。外史论者同意科学是思想成果的集合，但是同时也认为，如果我们不通过科学扎根于其中的社会、经济和政治力量来不断地解释科学内部的思想内容，那么我们就无法理解科学史"。参见约翰·A. 舒斯特：《科学史与科学哲学导论》，第438—440页。

② 从库恩的角度出发，不存在独一无二的"科学"（如内史论者和外史论者所认为的）。如果问"科学来自哪里"，则需要回答：我们谈论的是哪一种科学或科学团体、哪个时期的科学、哪个科学历史和发展中的哪个阶段？此外，讨论科学不仅应着眼于思想观念，还包括不同的支持者及其关系、这门学科的制度性建构。参见约翰·A. 舒斯特：《科学史与科学哲学导论》，第453—454页。

什么是范式？库恩并没有给出严格的定义。他在《科学革命的结构》第二章中最早将其描述为具有两个特征的科学成就：一是这些成就空前地吸引了一批坚定的拥护者，使他们脱离科学活动的其他竞争模式；二是这些成就又足以无限制地为重新组成的一批实践者留下有待解决的种种问题。库恩以此概念来提示“某些实际科学实践的公认范例——它们包括定律、理论、应用和仪器在一起——为特定的连贯的科学研究的传统提供模型”。[①] 该书出版之后，英国学者玛格丽特·玛斯特曼对其中的范式使用做了系统的考察，从中列举了库恩使用范式的 21 种不同的含义，发现可以将其概括为三种类型：一是形而上学而非科学的观念或者实体；二是社会学方面的，对应一个普遍承认或具体的科学成就，像一套政治制度或者一个公认的法律判决；三是人工或构造范式，即以更具体的方式使用“范式”，将其比作一种工具、设备等。[②]

为什么库恩的范式概念如此含混呢？我在第二编中讨论了哥白尼革命的发生机制，其是《几何原本》在数理天文学中示范的结果。数理天文学在古希腊本是数学真实之应用。自从亚里士多德物理学形成后，数学真实被想象成科学经验真实。托勒密地心说建立在亚里士多德物理学之上。哥白尼所做的是重新规定公理，再一次把行星天文学建立成类似于欧几里得几何

---

① 托马斯·库恩：《科学革命的结构》，金吾伦、胡新和译，北京大学出版社 2003 年版，第 9 页。

② 玛格丽特·玛斯特曼：《范式的本质》，载伊姆雷·拉卡托斯、艾兰·马斯格雷夫编：《批判与知识的增长》，周寄中译，华夏出版社 1987 年版。

学那样的理论系统。一开始日心说和经验的符合程度并不比托勒密学说强，但在反对亚里士多德学说的历史潮流中，哥白尼的公理天文学终于取代了托勒密学说。如果把库恩的范式定义成在欧几里得公理系统示范下反对亚里士多德物理学，范式的所有含混之处就都消失了。

为什么库恩做不到这一点？因为承认《几何原本》的示范，其前提是意识到科学经验真实和数学符号真实同构。如前所述，20 世纪科学哲学的兴起有一个前提——数学等同于逻辑，这实际上是亚里士多德以来的传统。哥白尼革命是突破这一传统的结果，但自从牛顿力学成熟后，随着启蒙运动的展开，数学真实再一次被等同于科学经验真实。当科学哲学在逻辑经验论中展开时，数学仍被等同于逻辑。证伪主义科学观亦如此。这样一来，20 世纪的科学史研究很难发现欧几里得公理系统对科学革命的示范作用。即便史实摆在历史学家面前，他们也看不到。

库恩用“范式”定义科学，带来一个严重的后果，那就是科学和形而上学界限的消失。对科学和非科学的划界最清晰的是证伪主义，用范式定义科学相比证伪主义是一次大倒退。[①] 它

---

① 这就使得“范式”理论解释科学革命的效力是有限的。如果我们从狭义上来理解“范式”，将其视作对科学理论的一种有影响力的描述，则问题在于所谓“常规科学”和“革命科学”之间的对比会大大缩小。比如牛顿、拉格朗日、马赫都提出了不同的力学“范式”，这些范式的过渡很难称得上革命。如果从广义上来认识“范式”，视之为学术共同体共享的信念、价值或技巧，则这个概念又过于模糊，难以应用于历史分析。参见约翰·洛西：《科学哲学的历史导论（第四版）》，第 203 页。

甚至不符合逻辑经验论对科学的定义。为了和形而上学划清界限，范式理论至多只能从逻辑经验论对哲学的定义中找到支持。逻辑经验论认为有意义（不同于形而上学）的哲学研究是对语言结构的探讨。库恩从拉丁文中找到“paradigma”一词表达范式或许正有此意，其原意为“语法模式”。这样一来，科学革命作为范式改变的本质正是语言结构的改变。虽然库恩本人从没有强调过这一点，但很多逻辑经验论哲学家在证伪主义的挑战下都支持这一观点。如1963年卡尔纳普写给奎因的一封信中，可以看到他对科学革命所做的论述就是如此：“首先，在与经验发生冲突的情况下，我要在两类重新调整（readjustment）之间做出区分，也就是说，在语言上的变化，与赋予亚决定命题（如那些真值不是由逻辑、数学及物理公设这样的语言规则决定的命题）真值上（或其附加的）的变化之间做出区分。第一类的变化构成一场根本的变化，往往是一场革命，并且它仅仅在科学发展中某些具有决定性的历史时刻出现。另一方面，第二类变化却时刻都会出现。严格地说，第一类变化构成了从一种语言 L_n 到一种新的语言 L_{n+1} 的转变。”[①]

证伪主义的修正及其他

是不是所有证伪主义哲学家都没有在哥白尼革命中看到欧几里得公理系统的示范作用？当然不是。波普尔的学生和同

① 转引自崔凡：《重新审思卡尔纳普与库恩的科学观》，载《自然辩证法通讯》2014年第3期。

事拉卡托斯就意识到了这一点。他将证伪主义和科学史结合，对证伪主义学说进行了修正，形成所谓的“科学研究纲领”（Research Programme）。

拉卡托斯于1949年留学莫斯科大学，自1969年起任教于伦敦经济学院，是波普尔的学生和同事，1972年任该学院科学方法、逻辑和哲学系主任，并兼任《不列颠科学哲学杂志》主编。拉卡托斯生前没有留下有关科学哲学的系统性著作，1974年病逝后，其论文由他人整理成《哲学论文集》出版。《哲学论文集》由两卷组成：第一卷是《科学研究纲领方法论》，第二卷取名为《数学、科学和认识论》。[①]

《科学研究纲领方法论》对库恩范式理论的挑战做出有力的回应。拉卡托斯认为证伪主义科学观和科学史不矛盾，因为科学理论是全称陈述有组织的集合，它们构成一个研究纲领。该集合由以下几个相互联系的部分组成。第一，有些规则告诉我们哪些研究途径应当避免，即“反面启发法”。反面启发法的主要内容是由最基本的理论构成的“硬核”。它通常不容经验反驳，如果遭到反驳，整个研究纲领就遭到证伪。放弃“硬核”就意味着放弃了整个研究纲领。第二，另一些规则告诉我们哪些研究途径应当遵循，即“正面启发法”。正面启发法的主要内容是围绕在硬核周围的许多辅助性假设构成的“保

① Imre Lakatos, *The Methodology of Scientific Research Programmes: Philosophical Papers, Volume 1*, Cambridge University Press, 1978; Imre Lakatos, *Mathematics, Science and Epistemology: Philosophical Papers, Volume 2*, Cambridge University Press, 1978.

护带”，对保护带的调整、修改可消除研究纲领与经验事实的不一致。科学革命是整个研究纲领的变化。[①] 换言之，“科学研究纲领”和库恩范式理论一样，可以符合科学史，并坚持了证伪主义科学观，在科学和形而上学之间勾勒出了明确的界限，故拉卡托斯学说被称为“精致的证伪主义”。

在经过修正的证伪主义科学观看来，所谓科学理论的竞争、科学的变革，实际上是旧纲领因缺乏预见力而退化，新纲领因富有预见力而进步，从而由进步的研究纲领替代退化的研究纲领。这种替代，不仅事实上是进步的，而且从预见力这一评价标准上看，也是合理的。[②] 拉卡托斯特别强调了他自己的科学发展观与库恩的非理性主义科学发展观的区别，他认为应当“把科学革命看成是理性的过程而不是宗教的皈依”。[③]

精致的证伪主义之所以可以克服范式的含混性，是因为发现了科学经验真实和数学符号真实同构。事实上，拉卡托斯一直秉持数学定理和自然科学定律同构的信念。正因如此，拉卡

---

① 约翰·洛西：《科学哲学的历史导论（第四版）》，第 205—206 页。

② 拉卡托斯区分了朴素和精致的证伪主义。对前者而言，只要能被解释为实验上可证伪的，就是科学的和可接受的；对后者而言，一个理论只有当它确证其经验内容已经超过前者（或竞争者）时，即只有它导致新事实的发现，才是科学的和可接受的。此外，朴素的证伪主义认为，一个理论是被一条同它冲突的观察陈述证伪的；精致的证伪主义则主张，一门科学理论 A 被证伪，仅当另一门理论 B 具备如下特征：（1）它预言了新的事实；（2）A 未被反驳的内容都被包含在 B 之中；（3）某些 B 的超量内容被确证。参见伊姆雷·拉卡托斯：《证伪和科学研究纲领方法论》，载伊姆雷·拉卡托斯、艾兰·马斯格雷夫编：《批判与知识的增长》，周寄中译，华夏出版社 1987 年版，第 150—151 页。

③ 伊姆雷·拉卡托斯：《证伪和科学研究纲领方法论》，第 119 页。

托斯认为数学的发展亦符合证伪主义的逻辑。他的遗作《哲学论文集》第二卷之所以取名为《数学、科学和认识论》，是因其把波普尔的证伪理论运用于数学哲学之中。简而言之，拉卡托斯放弃了数学即逻辑的前提，认为数学没有必然性的基础。由此，数学公理的真理性难以保证，只是一种约定或猜想，故而必须把数学看成"拟经验的"（qausi-empirical）。[①] 接着，他认为反驳在数学发展中起决定性的作用，猜想的提出不能保证没有反例出现，数学发展的过程则是一个以更深刻、更全面、更复杂的猜想代替原有较朴素的猜想的过程。和科学理论同构，数学的发展过程也是 P1—TT—EE—P2—TT2。[②]

拉卡托斯的数学观对吗？大错特错！如果把数学真实局限于欧几里得几何学，将其定为拟经验，似乎一下子难以反驳。我在第二编中指出，数学真实（包括欧几里得几何学）起源于不可测比线段的发现，它是数论中的公理运用到线段测量之结果。数论的基本公理和定理是猜想吗？它必须通过寻找反例证伪吗？否！例如无限个素数的存在，根据精致的证伪主义，这

---

① 拉卡托斯首先定义了"基本语句"：演绎系统内最初注入真值的语句，而得到特定真值的基本语句之子集即为真的基本语句。在此基础上，他区分了欧几里得系统和拟经验系统：前者是真值从公理集向下传递到系统的其余部分，后者则是假值从假的基本语句向上重新传递到"前提"。前者的基本准则是寻求自明的公理，它是严谨的、禁止思辨的；后者的基本准则是寻求具有高度说明力和启发力的大胆而富有想象力的假说，倡导通过严格的批判来防止互斥性的假说扩散。在拉卡托斯看来，无论科学（包括数学）的成就有多大，都不可能用欧几里得理论的方式组织起来。参见拉卡托斯：《数学、科学和认识论》，林夏水、薛迪群、范建年译，商务印书馆 2010 年版，第 45—46 页。

② 拉卡托斯：《数学、科学和认识论》，第 47—67 页。

是一个有可能被证伪的全称陈述。由此可见，证伪主义的观点荒谬绝伦！因为无限个素数的存在已被证明为真。

数学理论中存在一些未曾证明的猜想，它们从来不是数学的基础。这些猜想的解决过程中，寻找反例的证伪只有低级的意义。真正导致数学发展的是这些猜想被证明或认定它在某一公理系统中不可能被证明（当然亦不可能被证伪）。总而言之，如果只看拉卡托斯《哲学论文集》第一卷，精致的证伪主义似乎言之成理；一旦看第二卷，就发现其荒谬之处。而这两卷是一个不可分割的整体。如果第二卷是错的，第一卷还有可能成立吗？

为什么20世纪拉卡托斯“科学研究纲领”不是库恩“范式”的对手，最后科学哲学研究从理性的证伪主义通过范式走向非理性的无政府主义方法论。原因在于，拉卡托斯“科学研究纲领”在逻辑上并不自洽。库恩的“范式”可以被理解为一种信念，范式的转换就像一种宗教改宗，它虽然取消了科学和非科学的明确界限，但其本身是逻辑自洽的。这样，科学哲学的进一步发展必定不是停留在拉卡托斯对证伪主义的修正上，而是沿着库恩开出的方向进一步向非理性方向发展，这就是对科学方法的否定，保罗·费耶阿本德的《反对方法》即是代表。[①] 在这本书中，他的核心观点是“科学是一种本质上属于无政府主义的事业”，无政府主义相比“理论上的法则和秩序来，更符合人本主义，也更能鼓励进步”。因此，“要发现自然和人的

① 这本书源自费耶阿本德和托卡拉斯的长期争论，在其扉页上还写着：献给我的朋友和无政府主义同路人伊姆雷·托卡拉斯。

奥秘，就必须拒斥一切普适的标准和僵硬的传统（自然，它也要求拒斥大部分当代科学）”。[①]

费耶阿本德认为哥白尼学说的胜利还在于它代表了新生阶级的进步观念：哥白尼“成了一个新阶级的理想的一种象征，这个阶级怀念柏拉图和西塞罗的古典时代，展望一个自由的多元主义的社会。天文学思想同历史倾向和阶级倾向的结合，也未产生新的论据。但是，它酿成了一种对日心说观点的坚定信念，而我们知道，这个阶段所需要的正在于此”。[②] 费耶阿本德以伽利略为例，指出伽利略之所以能让日心说获得“应有的、引人注目的发言机会”，不仅是因为理性论证，还是因为他所应用的宣传手段：“伽利略给哥白尼奠定的基础即经验，无非是他自己丰富想象的结果，是被发明出来的。”[③] 这要“归功于他的风采和机智的说服技巧，他用意大利文而不是拉丁文写作，[④] 以及他向之求助的人在气质上都反对旧思想和与之联系的学术准则”。[⑤]

在费耶阿本德看来，这种非理性是必要的，因为科学发展作为一个复杂多变的历史进程，是不平衡的。为了检验哥白尼学说，需要一种全新的世界观，而这要耗费很长时间。第一步

① 保罗·费耶阿本德：《反对方法——无政府主义知识纲要》，周昌忠译，上海译文出版社 1992 年版，导言。

② 保罗·费耶阿本德：《反对方法——无政府主义知识纲要》，第 124 页。

③ 保罗·费耶阿本德：《反对方法——无政府主义知识纲要》，第 57 页。

④ 当时的学者普遍用拉丁文写作，伽利略则用漂亮的意大利文进行散文写作，从而让自己的观点为更多大众所接受。

⑤ 保罗·费耶阿本德：《反对方法——无政府主义知识纲要》，第 113 页。

要做的，是先不顾明显确凿的反驳事实保留哥白尼学说。换言之，正是因为理性一度被压制，哥白尼学说才得以保存了下来。[①]因此，理性不可能独霸科学，非理性也不能被完全排除在科学之外，“越轨”“错误”都是进步的先决条件，不频频弃置理性，就不会有进步。[②]总体上说，费耶阿本德秉持一个多元主义方法论。一方面，理论可以不符合事实，因为事实不是独立的；另一方面，理论可以有多重来源，不必与公认的理论相一致。[③]

值得注意的是，库恩和费耶阿本德差不多同时提出了“不可通约性”（Incommensurability）的概念。在库恩那里，“不可通约性”指的是经历科学革命（范式转换）之后，科学家居住的世界与之前居住的世界不可通约。[④]费耶阿本德则提出，一个发现、一个陈述或一种态度，如果中止某宇宙论（理论、框架）的某些普遍原理的使用，就是与该宇宙论不可通约的。[⑤]同一概念的使用反映二人在相同的方向上批判了传统的科学理论。

科学哲学的“菲罗克忒忒斯之伤”

科学哲学诞生于逻辑经验主义对形而上学的反对，其目的

---

① 保罗·费耶阿本德：《反对方法——无政府主义知识纲要》，第116—125页。

② 保罗·费耶阿本德：《反对方法——无政府主义知识纲要》，第146—147页。

③ 保罗·费耶阿本德：《反对方法——无政府主义知识纲要》，第4页。

④ 托马斯·库恩：《科学革命的结构》，第103页。

⑤ 保罗·费耶阿本德：《反对方法——无政府主义知识纲要》，第236页。

是确定科学与伪科学、理性与非理性之间明确而清晰的界限。一开始，逻辑经验论从符号如何把握对象出发，做得相当成功。但从波普尔到库恩，再到费耶阿本德，科学与意识形态之间的差别越来越小，最后界限完全消失。这是一件令人震惊但又诡异的事情。所谓震惊、诡异，乃是因为科学哲学从兴起到否定其初衷是一个必然的过程。

为什么我要强调这种自我否定的必然性？因为只有自相矛盾的东西在充分展开后才会有这样的结果。逻辑经验论有两个出发点：一是数学等同于逻辑，其规定陈述（符号系统）是否有意义；二是陈述的真假完全取决于其是否符合客观经验，即客观实在等同于真实性。20世纪科学哲学从逻辑经验论开始，顺着解释科学革命（即相对论和量子力学取代牛顿力学的巨变）而不断展开，其内容虽不断变化，但在深层思维模式上完全基于逻辑经验论原有的两个出发点，其展开的后果和最初的目的相反，证明科学和非科学没有本质差别，甚至科学理性只是一种现代迷信。这种自我矛盾只能说明科学哲学的两个最初出发点本身是错的，否则在此基础上展开的论证不会自相矛盾。

我在第二编中指出，现代科学起源于欧几里得公理系统在各个知识领域的示范作用，背后的机制是数学符号真实和科学经验真实同构。逻辑经验主义把数学等同于逻辑，用客观实在定义真实性，由此必定不能理解科学真实随数学真实发展的变化。为了解释科学革命，科学哲学只能走向证伪主义。证伪主义为了解决科学观和科学史不一致的问题，不得不转向精致的证伪主义即“科学研究纲领”，但证伪主义的自我修正和数学相矛盾。这时，从库恩的“范式”到费耶阿本德的无政府主义也就不可避免了，科学经验的真实性完全解体。由此可见，如果科学哲学坚持自己的最初出发点，其无法解释科学的不断发展。其实，逻辑经验主义的科学观只能理解物种分类那样的常识性科学，它实际上只是亚里士多德物理学的精确化。所谓精确化是用数学语言描绘了三段论和形式逻辑，并去掉今日看来荒谬的部分。这种科学观当然不可能和科学史相符，因为现代科学正是对亚里士多德科学观的否定。

我在第一编中指出，维特根斯坦也犯了同样的错误。哲学家鲍斯玛在《维特根斯坦谈话录》一书中记录了他和维特根斯坦去世前几年的交往，以及对哲学和语言逻辑广泛深入的讨论。在该书中鲍斯玛引用但丁的诗：“在我生命的中途，我踏入黑暗的森林，迷失了道路。”[①] 我认为，这句话刻画了维特根斯坦掀起的哲学革命的悲剧性命运，即哲学必定陷入后现代主义的黑森林。该过程十分集中地反映在科学哲学的展开过程中，至今科学哲学还没有从后现代主义的黑森林中走出来。

对科学的哲学反思陷入非理性主义，我称之为科学哲学的“菲罗克忒忒斯之伤”。菲罗克忒忒斯是特洛伊战争中的角色，被一条蛇咬了脚，伤口感染散发出难闻的气味，同伴将他困在利姆诺斯岛以避开臭味。幸运的是，他还有自己的大力神父亲留下的弓箭。之后，希腊人从预言中得知，如果没有大力神的弓箭，他们不可能在特洛伊战争中取胜，所以他们被迫重

---

① 鲍斯玛：《维特根斯坦谈话录（1949—1951）》，第 23 页。

返利姆诺斯岛，请求菲罗克忒忒斯重返战场。文学评论家爱德蒙·威尔逊将伤口比喻为精神创伤，将弓箭比喻为艺术从痛苦中升起的时候由于洞察真相而获得的恢复力量。[①] 我则认为，以“伤者和弓箭”的形象出现的菲罗克忒忒斯，适合用以形容20世纪科学哲学的探索。

科学哲学进入非理性主义就像被蛇咬伤的菲罗克忒忒斯。虽然真实性的丧失一开始使人觉得自己从科学主义中获得解放，但相应的人文研究很快走进了死胡同。科学都没有客观性，更不用说人文和历史研究了。后现代主义兴起，并蔓延至各个领域。这实际上是真实性的完全解体。我在第一编中指出现代性展开（现代科学的发展）过程中终极关怀和价值的真实性会丧失。接着我指出，只要把科学的真实性等同于客观存在，科学的真实性也会丧失。20世纪科学哲学研究正是如此，否定科学和意识形态存在差别，意味着客观存在的真实性也终将消失。其实，在互联网时代来临之前，真和假在哲学上已经不能区分。

后现代主义在20世纪70年代最流行，到80年代仍然强劲，直至90年代我到台湾开会的时候，整个史学界还弥漫着后现代主义的氛围。在后现代主义的话语中，所有客观事件的记述都被视作“故事”，历史研究中叙事的客观性不复存在。时至今日，后现代主义似乎已经退潮，但哲学（包括科学哲学）仍然被困其中、难以自拔。正因如此，霍金才会在《大设

① 常丽君：《物理学和数学能完整描述真实吗》，载《科技日报》2011年5月1日。

计》一书的首页写道："哲学已死。"[1] 物理学家劳伦斯·克劳斯甚至提出：物理学需要哲学，但不需要哲学家！[2] 一方面是分析哲学（语言哲学）的空洞，另一方面则是科学哲学明显和现代科学不一致。相当多理性的、有头脑的人都不愿意与哲学家打交道。作为后现代主义的思想核心，被大多数科学家漠视的科学哲学应当被抛弃吗？我认为不可以。因为被蛇咬伤的菲罗克忒忒斯还有他的大力神父亲留下的弓箭。

为什么20世纪科学哲学研究中隐藏着大力神留下的弓箭？因为科学哲学乃人类历史上第一次从认识论和历史社会各方面反思科学，其充分展开足以使人怀疑20世纪科学哲学的出发点有问题。这个出发点隐藏得极深，难以从中发现错误。"数学是什么"是个相当深奥的哲学问题。虽然数学家在20世纪30年代已知数学不等同于逻辑，但其出于专业本能，大多是柏拉图主义者，强调数学唯心、唯理的性质。这种类似于理型论的看法很难被经验论接受。这使得"数学是什么"的研究自启蒙运动后一直得不到思想界的重视。只有从经验论立场认识到数学不等同于逻辑，人们才会从科学哲学的角度去探讨数学真实是什么，以及为什么数学符号真实和科学经验真实同构。也就是说，这需要科学史和科学哲学的结合。这种结合的平台正是20世纪科学哲学向我们提供的。

---

① 斯蒂芬·霍金、列纳德·蒙洛迪诺：《大设计》，吴忠超译，湖南科学技术出版社2011年版。

② Michael Segal, "Ingenious: Lawrence M. Krauss, Cosmologist and Communicator", Nautilus, http://nautil.us/issue/29/scaling/ingenious-lawrence-m-krauss.

问题的本质在于，我们必须在20世纪的科学哲学研究中找到大力神留下的弓箭，证明科学哲学和科学史研究有可能避开相对主义的陷阱。事实上，在证伪主义科学观的展开过程中，存在一个明显的节点。它可以使我们发现20世纪科学哲学忽略数学真实的盲区，并意识到只要从盲区出发，我们差不多已经发现了走出后现代主义黑森林的林中路。这一发现恰好隐含在20世纪80年代中国的科学哲学和科学史研究之中。

第三章　来自中国的研究

为什么要回到20世纪80年代

20世纪80年代，中国社会掀起一股科学哲学热。刘青峰对此概括道：“科学哲学中波普尔的证伪主义和库恩‘范式’说的广泛流行，有力地打破了真理和价值的一元论，使怀疑论和相对主义大为风行。人们很难想象，在西方学术一直是象牙塔中的科学哲学，在中国居然会如此普及。”[①]当时我在中国科学院的科学哲学研究室当主任，对此深有实感。我们办的杂志《自然辩证法通讯》被称为中国接受西方现代思想的“四大窗口”之一。[②]虽然在科学哲学的大讨论中，从社会思潮来看，库恩的科学史名著《科学革命的结构》引起中国思想界的广泛关注，其影响迅速压倒证伪主义，“范式”家喻户晓，“科学革命是范式转化”“范式的不可通约性”等观点得到中国思想界的普遍接受，但我所在的科学哲学研究室更重视证伪主义的认

---

① 刘青峰：《二十世纪中国科学主义的两次兴起》，载《二十一世纪》1991年4月号。

② 另外三个窗口分别是中国科学院自然辩证法杂志社编辑出版的《科学与哲学》、中国社会科学院哲学研究所自然辩证法研究室编辑的《自然科学哲学问题丛刊》，以及上海市科学学研究所、上海社会科学院哲学研究所主办的《世界科学》。

识论基础。我还意识到，为了研究证伪主义还应该追溯逻辑经验论，探讨其基础及碰到的问题。当时我如此重视证伪主义，出于两方面的原因。

一方面，作为20世纪80年代思想运动的参与者，我在“范式”泛滥的过程中，意识到科学哲学的大讨论已经迷失了方向，主张在科学理性之上重建中国文化，这里首先要回答的问题就是如何区分科学与非科学。这样必须回到证伪主义。我从来不否认范式理论代表的非理性主义的科学哲学具有合理性。当某一种理性主义的哲学已陷入盲目的迷信时，非理性主义无疑是人类思想健康发展的一剂解毒药。甚至在任何一种理性哲学占主导地位的时代，有意识地让非理性主义作为补充，让它作为一种对我们已确定的哲学信念的怀疑，这对于人类不断进步的理智和良心的健全是十分有益的。每当理性主义强大而富有生命力的时候，作为永不休止的怀疑精神的非理性主义必定是深刻的、富有魅力的，甚至在很大程度上表达了另一种人生真理。因为只有非理性主义足以与强大的理性对抗和共存。但是，在一个理性已经沉沦，人们在一片精神废墟中无所适从的时代，非理性主义经常是肤浅的，把非理性主义当作人类精神的主体更可怕。

另一方面，证伪主义科学观和逻辑经验主义的争论在西方从20世纪40年代一直延续到70年代，其对中国的意义极为重大，因为这是中国文明在现代转型过程中第一次卷入现代性论证的思想探索，在中国现当代思想史上占据无与伦比的地位。中国的改革开放起源于“真理标准大讨论”，“科学理论必须可以证伪”成为鉴别科学和道德意识形态的试金石。道德意识形态拒绝证伪成为普遍共识，在20世纪80年代的思想运动中，证伪主义和逻辑经验论的争论犹如法国大革命前那种思想的旋风，成为反思第二次文化融合、追求现代价值的思想运动的中心。在中国近现代思想史上，从来没有一个时期如同20世纪80年代那样，对“科学是什么”的讨论直接指向现代性的论证。正因如此，即便找不到论证现代社会正当性不可缺少的“自由主义”，中国依旧开始了社会转型。这也是中国和苏联、东欧的社会转型思潮最大的不同。这样一来，中国科学哲学研究和科学史理论探索的结合远比西方紧密。20世纪80年代“文化热”的一个标志性事件是1982年中国科学院《自然辩证法通讯》杂志社在四川成都召开的“中国近代科学技术落后原因”研讨会，李约瑟问题是该研讨会的主题。[①] 正是在李约瑟问题的研究中，《几何原本》在西方科学发展中的示范作用显现了出来。也就是说，数学符号真实和科学经验真实的同构已经差不多被发现了，而且它必定被结合到科学哲学的研究

① 正如历史学家刘志琴所指出的，改革开放以后，国家命运的转折，以及人们对国情的重新思考，是激起学界进行文化反思、形成“文化热”的第一动因。其中，“自然科学界率先从文化角度反思近代中国科学落后的原因，从而走进历史的深处。1982年10月在成都召开‘中国近代科学落后原因’学术讨论会，提出从文化传统探索近代中国科学落后原因的命题……同年12月，在上海召开中华人民共和国成立以来第一次文化史研究座谈会，会议聚集哲学、历史、文学、艺术、文献等学术领域的著名专家学者，就如何填补中国文化史研究的巨大空白交换意见，并倡议立即组织力量开展专题研究，做好舆论宣传，推进文化史研究的复兴”。详见刘志琴：《50年来的中国近代文化史研究》，载《近代史研究》1999年第5期。

中，其出发点就是对科学与非科学的划界。

我认识到，如果是否可以证伪是鉴别科学和非科学的唯一标准，证伪观念必定可以运用到自身，即其必须自洽。科学哲学研究应该由两方面组成：一方面是证伪主义的哲学和科学史研究紧密结合，其必须在科学史研究中鉴别自身是否有意义；另一方面是对证伪主义科学观的基础的探讨，这就是单称陈述必定可以被确证。我发现，无论逻辑经验论还是证伪主义，都包含一个不曾怀疑的前提——某些单称陈述一定可以确证。通过对这一前提的刨根问底则会发现：这一前提向来只有常识性的证据，没有经过可靠性论证，甚至存在严重的缺陷。一旦对其做严密化的修正，数学真实对科学的意义必定会被发现。因为那些可确证的单称陈述隐含观察者的全称。换言之，如果把观察者考虑在内，作为证伪主义基石的“原子陈述”根本不存在。这样一来，证伪主义和逻辑经验论的基础都被颠覆了。

在具体陈述我的观点之前，有必要解释一下为什么证伪主义的基石是单称陈述可确证。不言而喻，如果要建立证伪主义科学观，主张一切理论知识都是猜测，首先要定义“证伪”。一般说来，证伪是理论预测（全称陈述）和已确证的事实不一致。所谓“已确证的事实”本身也是陈述，也就是说，证伪必须先确定哪些是可以确证的陈述，它们是整个理论大厦的基础。波普尔把这些可以确证的单称陈述作为最基本的“原子陈述”，问题的难点在于：哪些陈述是“原子陈述”？波普尔坚信唯有具体的个别观察才可确证，为此他把可以确证的陈述都限定为单称。波普尔甚至认为“这里有一杯水”这样的陈述都不够基本，因为“水”很可能是全称性的。波普尔发现并非所有单称陈述都可确证，他似乎也发现仅仅由一个观察者看到现象（表达的单称陈述）不能算被确证，于是将“多数观察者看到”（或普遍公认）作为“原子陈述”的条件。他意识到，用多数人的确认来代表证明是很危险的。那么到底哪些单称陈述可以确证呢？波普尔在很多地方都含糊其词，没有对可确证的单称陈述做出严格而清晰的定义。

有时为了保险，波普尔甚至做了无限的后退，倾向于认为所有的知识都是猜测，包括那些表面上看起来确证为真的个别事件（单称陈述），它们实际上也是猜测，只能被证伪，而不能被证实。但是，如果根本无法界定可确证的条件，那么，在理论与观察不一致时，到底是理论被证伪，还是观察被证伪？强调知识的猜测性并非证伪主义的宗旨，这实际上是将休谟怀疑主义贯彻到底的必然结果。证伪主义的贡献在于用可证伪性给出了科学和伪科学的界限，从而确立了科学理性的至高无上的尊严。因此，证伪主义一定要明确界定“原子陈述”。如果不能定义“原子陈述”，甚至认为任何单称陈述都有可能是猜测，证伪主义本身就成为一个悖论，即退化为一个不可证伪理论体系。顺着这个悖论，理性就一定会走到非理性，把科学和意识形态划分开来的哲学必然在其发展中走向形而上学，甚至取消科学和迷信的划界。因此，波普尔一直坚信可确证的单称陈述的存在。虽然他没有明确界定何为“原子陈述”，但就像“这只渡鸦是黑的”这类陈述显然是可确证的，其就像自明公理那样毫无疑问。波普尔认为，在所有单称陈述的集合中，总是存在一个可确证的子集，虽然他不能用某种原则将其找出来，但总是可以借由这些单称陈述透过泥沼，将证伪主义的大厦建立在坚实的地面上。

在 1989 年 4 月号的《自然辩证法通讯》上，我发表了《奇异悖论》一文。文章认为证伪主义只是批评其他理论体系的矛，而缺少防御自身的盾。它强调任何科学理论都是猜测，而且是一种冒着被否定危险的勇敢的猜测，因而批判和纠正错误是科学进步的唯一机制，那些似是而非、不能证伪的理论根本不配坐在人类理性之宝座上。这一切当然不错，只要一谈理论，证伪主义总是头头是道、无懈可击的，其实，证伪主义的长处只在于进攻伪理论，但很难对付伪事实。在科学史上，特别是今天，区别哪些个别事件是可确证的，哪些不能确证为“真”，这已构成对科学理性极为严峻的挑战。

在此基础上，该文章提出一个重要的原理，那就是如何定义可确证的单称陈述。我指出单称陈述可确证的前提是对所有观察者都成立。这里，所有观察者包括了“无限”，似乎在经验上没有意义。但是存在一个规定所有观察者的有效程序，其中存在着类似于数学归纳法给出所有自然数之过程。我发现，可以确证的单称陈述在结构上和数学真实有关。更重要的是，只要满足该程序，任何一个陈述中观察者的全称和对象的全称是对称的，它们在陈述结构上并没有差别。这样一来，我发现科学经验的真实性是受控条件下实验的可重复性。[①] 这种科学

① 金观涛：《奇异悖论——证伪主义可以被证伪吗？》，载《自然辩证法通讯》1989 年第 2 期。

观既不同于逻辑经验主义，亦不同于证伪主义，和当时风靡的库恩哲学更是南辕北辙。我隐隐感到，自己已经找到一条从后现代主义黑森林中走出来的道路。

客观存在和受控观察普遍可重复

我在《奇异悖论》一文中提出，任何一个可确证的单称陈述一定包含了观察者的全称，即原则上对应无限多个观察者，其本质正是受控观察普遍可重复。在这篇文章中，我提出单称陈述的“具体性”不能保证其一定可以被确证。逻辑经验论和证伪主义为了保证某一陈述可以确证，反复强调单称陈述必须是完全“具体的”，即观察对象、特定现象发生的时间和地点等，因为陈述稍一抽象就包含全称。这当然不错，真实的事件有数不清的细节。然而，包括具体时间、地点等趋于无限细节的单称陈述一定可以被确证吗？并非如此！“尼斯湖怪的存在”就是一个典型例子。尼斯湖怪传说是生活在英国苏格兰尼斯湖的生物，体型近似于蛇颈龙。数百年来，出现众多声称目击到该生物的影像和文字资料，但一直没人能真正搜捕到尼斯湖怪。某些人相信尼斯湖怪的存在，是因为有人在某一时刻、某一地点看到过它，观察者可以列出一系列具体细节，它是 100% 的单称陈述，但这样一个单称陈述至今没有被确证。

或许有人将不能确证的原因归为看到的人数太少，但是世界上存在着数不清的、众多人看到的不可思议现象（如不明飞行物），这些单称陈述能否成立呢？举个例子，1988 年，美国

"异常现象调查委员会"应《中国科技日报》的邀请访问北京。我前往听了该委员会成员魔术师詹姆斯·兰迪的演讲。兰迪当着几十位听众的面用"意念力"把一个不锈钢汤匙变弯。他还用一副新扑克牌表演了"传心术"。观众看得目瞪口呆，但兰迪说，这些表演都是假的，不过这是他行业的秘密，不便向大家泄露。一位朋友对我说，他坚信兰迪真有这种特异功能，由于受了反对特异功能调查委员会的雇用，才故意这么说。我却十分迷惑。显然，这是一个很多观察者同时看到的现象。然而"兰迪在科学馆用意念力将这个汤匙折弯"是一个已被确证的陈述吗？迄今为止，大多数科学家拒绝承认。[①]

在尼斯湖怪的例子中，我们可以说，看见尼斯湖怪的人一定远不及看到黑渡鸦的人多，但对兰迪具有特异功能的观察不能这么说。那么，有关兰迪表演的这一类陈述，和"渡鸦是黑的"这一类陈述究竟有何差别呢？显然用多数观察者作为确证的标准是不行的。表面上看，"这只渡鸦是黑的"背后隐藏着对所有观察者都成立这一条件。换言之，这一单称陈述包含观察者的"全称"，对任何一个想看到这只渡鸦的观察者来说，这只渡鸦都是黑的，而对尼斯湖怪存在或者兰迪表演的陈述却做不到。[②]

什么是"所有观察者"？全称中"所有""一切"中存在无限，现实中没有无限。对一个可确证的陈述，引入无限是逻辑经验论和证伪主义都不能接受的。如前所述，亚里士多德认

① 金观涛：《奇异悖论——证伪主义可以被证伪吗？》。

② 兰迪的表现对于某一个知道其表现秘密的魔术师便不是真的。

为无限在现实世界中不存在，其实为观念之产物，亚里士多德称之为“潜无穷”。这种对“无限”古老的形而上学见解，延续至今。实际上，这个问题在集合论诞生之后就已经得到了解决。所谓“无限”是指主体可以做如下事情：在我们给出 n 个符号后，一定可以给出与这 n 个符号都不同的第 n+1 个符号。“无限”是指主体的这种能力。换言之，主体这种构造方法带来的控制对象的开放性就是“无限”，其与现实世界是否存在“无限”毫无关系。数学家把上述构造方法称为“递归枚举”，递归可枚举的集合是一个可以有效生成的无限集。由此，我立即发现，“这只渡鸦是黑的”背后隐藏着对所有观察者都能成立这一条件，这正是该过程的“递归可枚举性”。也就是说，在用经验定义的观察过程中，一个可以有效生成的观察过程之无限集合必须是递归可枚举的。当一个递归可枚举的观察过程满足数学归纳法时，我们称之为普遍可重复的受控观察。

具体来说，“这只渡鸦是黑的”之所以能被确证，即该陈述是真实的，是因为它对应下述观察对象的过程。该对象已经给 n 个人看过，它是黑的；在此以后，一定还可以给第 n+1 个人看，且它仍然是黑的；这时，它对所有人都是黑的。“所有人”是人的全称。这里，存在着一个陈述对某一个全称集合为真，保证全称集合存在的是数学归纳法。数学归纳法可行，必须有两个前提：一是控制过程的存在，使得可以做“无限次”观察；二是前一次观察和下一次观察的关系，当前一次成立时，下一次一定成立。我们把渡鸦放在笼中，使上述两条前提得以成立。换言之，单称陈述可确证可以准确表达如下：

该陈述对第 n 个观察者成立，只要控制条件不变（还是这只鸟，看的人不是色盲），该陈述对第 n+1 个观察者必定成立。“某人看到尼斯湖怪”之所以不是一个可以确证的陈述，是因为观察对象和观察过程的不可控，这使得观察不可以任意重复，而对“这只渡鸦是黑的”却可以。[①] 只要尼斯湖怪如同渡鸦一样被关到笼子里，这两个单称陈述就一样了。陈述是否可以确证，和它是单称还是全称无关，其取决于相应观察是否受控，以及受控过程是否可以普遍重复。

简而言之，逻辑经验论和证伪主义之所以认为单称陈述可确证，是因为相信对象的客观性。他们认为，因为任何客观存在都是具体的，故相应陈述必定为单称。而我则发现，这是一个假象。实际上，证明“客观实在为真”需要普遍可重复的受控观察。

全称陈述不能确证吗

既然被确证和陈述的具体性无关，那么全称陈述可以确证吗？如前所述，“这只渡鸦是黑的”之所以为真，并不是因为黑渡鸦客观存在，而是因为该陈述可以被一个普遍可重复的受控观察证明。那么，为什么普遍可重复的受控观察不能证明一切渡鸦皆黑呢？“一切渡鸦皆黑”之所以是猜测，是因为这里的渡鸦只是受控过程中的“可观察变量”，而不是“可控制变

① 显而易见，对特异功能表现，受控观察普遍可重复亦不成立。

量”。何为“渡鸦”？在动物分类中可用一组属性来定义一种叫“渡鸦”的鸟：它们有形状 t1、食性 t2、解剖学特性 t3 等。其中 t1，t2，t3……均为“可观察变量”，而非“可控制变量”。“渡鸦”实为“可观察变量”的集合。“一切渡鸦皆黑”的陈述表达了如下观察：我们观察到具有特征 t1，t2，t3……集合（注意：黑色不属于该集合）的 n 只飞禽都是黑的，于是我们做了“一切渡鸦皆黑”这一陈述。十分明显，我不能保证观察到的第 n+1 只渡鸦一定也具有黑的特征，故“一切渡鸦皆黑”是一个猜测。但是，当规定渡鸦的是一组“可控制变量”时，情况就完全不同了。

定义渡鸦的性状集 t1，t2，t3……对应着一组基因 τ1，τ2，τ3……只要控制一组基因，就能在实验室里制造出一只具有 t1，t2，t3……性状的鸟。① 如果他们有一天发现，用控制基因 τ1，τ2，τ3……方法制造出的鸟都是黑的，而且这个实验可以普遍重复，也就是说，任何一个实验者只要实现这组条件，他一定可以合成一只满足性状集 t1，t2，t3……的鸟，而且这只鸟一定是黑的。生物学家对此并不奇怪，这是因为基因 τ1，τ2，τ3……不仅规定了鸟的性状 t1，t2，t3……而且同时也规定了它的颜色（请注意，这里的实验是想象的，事实不一定如此）。这时我们能说“一切渡鸦皆黑”只是一个猜测吗？不！现在它和“这只渡鸦是黑的”一样也得到了确证。换言之，如果我们承认“这只渡鸦是黑的”可确证，必定要承认上述“一切（人

---

① 这种实验今日还不能做，但以后合成生物学一定可以做，它不是人们所知的“克隆”技术。

造）渡鸦皆黑”也可确证。

这里，必须注意两个前提。第一，必须区别哪些变量是可控变量，哪些变量仅仅是可观察变量。在作为猜测的“一切渡鸦皆黑”的全称陈述中，t1，t2，t3……为可观察变量，而在相应被确证的全称陈述中，τ1，τ2，τ3……则是可控制变量。前者只是通过观察定义渡鸦，后者则是通过控制活动制造渡鸦。为什么我敢断言第二个全称陈述不会如“一切天鹅皆白”那样因黑天鹅的发现而被证伪？在规定天鹅的基因集合中，规定颜色的基因和规定天鹅形态的基因组可以分离。只要去除某个基因，就会导致天鹅颜色的变化。换言之，规定天鹅的基因组和规定这只鸟颜色的基因是偶然碰到一块的，一旦颜色基因突变，立即出现一只黑天鹅。对上述人造渡鸦而言，这是不可能发生的。道理很简单，上述实验是受控的，可以任意重复。实验在控制生物性状的同时，还规定了其颜色。这时根本排除了存在规定颜色基因的可能性。这样，在现实世界中，不再存在渡鸦颜色突变这件事。如果出现非黑色的新种，鸟的性状必定变化，它已经不是渡鸦了。确证这个联系是否必定存在（颜色为性状基因所控制）的关键，是我能不能控制“渡鸦”这个变量，即通过控制基因组来制造具有“渡鸦”性状的鸟（包括知晓能不能去除某个基因以改变具有渡鸦性状的鸟的颜色），否则我永远不可能知道黑色这种属性是不是渡鸦性状所规定的。当渡鸦性状是一个完全可控变量的时候，实验的可重复性已保证“一切渡鸦皆黑”可确证。

第二个前提则涉及更深的层次。为什么只要实验者 A 在

实现条件 τ1，τ2，τ3……时观察到现象 E，另一个实验者 B 在实现同样条件时也能观察到现象 E 呢？很多人认为这不一定能实现，因此相应的全称陈述只是一个猜测。即使一万个观察者重复了水在 0℃和一个大气压下结冰这一实验，我们也不能担保第一万零一个观察者会观察到同样的现象。因此，我们能说“水在 0℃和一个大气压下结冰”这一全称陈述已被确证吗？当然不能。在此意义上，休谟问题至今没有解决。前 n 个观察者重复了实验，不意味着第 n+1 个观察者也能重复实验。请不要误解我的意思，我想证明的是，如果递归确证条件不成立，单称陈述也不能确证。一只渡鸦在给 n 个人看过并被鉴定为黑以后，我们同样不能保证在给第 n+1 个人看时，渡鸦的颜色一定不会突变，使其对新的观察者而言也是黑的。因为对于新的观察者，时间、地点或其他条件总有和原来观察者不同之处，即使对于同一观察者，下一刻的“自我”仍和上一刻相同亦是猜测。也就是说，如果某个单称陈述一定可以确证，那么我提出的递归确证必定成立，上文所提出的那些被证伪主义看作猜测的命题必定也是可以确证的。其实，该疑难对“自我”同样存在。如果认为存在“自我”，同样需要递归确证程序。因此，我把全称等同于递归可枚举是假定自我和自由意志存在，真实性只是其延伸，其背后还存在时间和空间的均匀性，以及自我意识的稳定性（即观察者下一时刻仍认为自己和上一时刻是同一的）。这些更深入的问题在此不能详细展开，我将在方法篇和建构篇中讨论。

事实上，又有哪一个由受控实验证实的陈述不是全称的呢？“纯净的水在100℃和一个大气压下沸腾”是一个猜测吗？不是。它是单称陈述吗？也不是。“纯净的水”“温度100℃”“一个大气压”等陈述中有做实验的时间、地点、观察者等近于无穷的细节吗？没有。它们是受控变量，实验可重复要求它们一次又一次地重复实现。任何一个条件陈述实际上涵盖了这一个条件的全称，其背后是控制条件的可重复性，而观察到水沸腾这一现象则是一个递归确证的过程。这里，不仅受控变量包含看不见的全称，对象“水沸腾”亦是一个全称。众所周知，我们所知的科学事实大多是一些被证实的全称陈述。科学理论是建立在全称陈述之上的，它不可能仅仅是可证伪的猜测。

受控观察和受控实验的差别仅在于，前者只能控制观察条件，而后者不仅能一次又一次地观察对象，还能通过改变可控变量使观察对象或对象的某些性质发生可控的改变。这时，受控制的除了观察条件外，还包括对象的某种性质。当上述控制过程普遍可重复时，对象的可控性质也是某一个可控变量。我们可以将其加入初始实验的可控变量集，构成受控实验的自我迭代以形成新的受控实验。由此可见，受控观察只是某种特殊的受控实验，即那些不可自我迭代的受控实验。关于受控观察和受控实验的基本结构，以及在何种条件下一个受控实验转化为受控观察，我将在方法篇中进行讨论。这里我只是强调，科学的基础是受控观察和受控实验，而所谓客观实在，只是基于受控观察普遍可重复的事实，它是现代科学形成之前科学所强调的真实性。我们所说的科学经验的真实性，实为受控实验和受控观察的普遍可重复性。

受控实验普遍可重复为真

我们终于得到判别科学真实的基本法则，那就是某一现象的真实性，实际上是该现象在受控实验中的普遍可重复性。表面上看，这是今天科学界人人皆知的事实，但人们并不理解这一事实的认识论意义。人们通常认为，因为客观世界的存在，受控实验才普遍可重复并能无限迭代。我所提出的科学真实原则，则是将其反过来。客观世界之所以是不依赖于我们的存在，是因为它可以被一个普遍可重复的受控观察证明。受控观察只是受控实验的特例，如果用受控实验的“普遍可重复性”来定义真实性，一些不是客观存在的事实亦可以是真的。我要强调两点：第一，客观世界不是无条件成立的；第二，即使客观世界不存在，只要受控实验的“普遍可重复性”成立，科学真实就存在。科学经验的真实性就是相应受控实验（或观察）的普遍可重复性，普遍可重复的受控实验通过自我迭代和组织的扩张就是科学经验真实的扩张。除此之外，在受控实验普遍可重复之外，不存在其他科学经验真实性的判别标准。

事实上，自现代科学诞生以来，上述原则就是科学界的金科玉律，只是没有被意识到罢了。20 世纪 80 年代末，恰逢中国特异功能的热潮，关于耳朵认字、用意念移物是否成立的讨论盛行于科学界。令我印象深刻的是，大多数中国学者在看到特异功能表演时，立即陷于相信和不相信的争论中。支持者认为特异功能将证伪现有物理学定律，兴奋莫名；反对者则否认这些实验的存在，一些人连看都不愿意看。这一点充分反映出中国哲学界和当时科学界用客观存在判别科学经验真实之无效。支持者因看到个别人表现之成功，认为这是科学研究之方向；反对者将其等同于魔术或表演者存心作假，但又说不出理由。其实，这些特异功能的现象早就存在，只是它们不能转化为科学研究的对象。为什么？因为我们无法证明这些现象是真的。换言之，这些特异功能不能成为现代科学的研究对象，并不取决于它们和现有科学理论有多大矛盾，而是因为其不能满足受控实验普遍可重复这一条件，故无法判定其真假。我要强调的是，这些特异功能并非全是欺骗，只不过不是科学研究的对象而已。

科学经验研究的现象必定要是真的，而判断一个现象是否为真的最终标准，是相应受控实验的普遍可重复性及其无限扩张，下面我以 X 射线的发现予以说明。1861 年，英国科学家威廉·克鲁克斯发现通电的阴极射线管有放电产生的光线，于是把它拍下来，可是显影后发现整张感光板上一片模糊。克鲁克斯认为是感光板有毛病，退给了厂家。1895 年 10 月，德国物理学家威廉·伦琴也发现了克鲁克斯看到的现象。伦琴和克鲁克斯不同，一连做了 7 个星期的实验。他不断改变控制条件，即根据上一次控制实验的结果加入新的控制变量，目的是让现象可靠地重现。11 月 8 日，他用黑纸把阴极射线管严密地包起来。这次他发现电流通过时，两米开外一个涂了氰亚铂酸钡的小屏发出明亮的荧光。这个现象能够可靠地重现，伦琴猜想该效应是一种看不见的射线引起的，并将其称为 X 射线。伦琴和克鲁克斯的不同，正在于他千方百计地使该实验受控，呈现的现象具有普遍可重复性。只有做到这一点，才能判断它是真的。12 月 28 日，伦琴宣布了自己的新发现，该受控实验迅速被其他人重复，X 射线也被人们称作“伦琴射线”。

表面上看，伦琴实验之所以为真，是因为 X 射线客观存在，可以被重复观察到。其实，当时人们对其性质一无所知。所谓客观存在，指的不过是相应受控实验普遍可重复，并能在此基础上持续进行新的可重复的受控实验（无限扩张）。我们可以用与伦琴发现 X 射线差不多同时期的 N 射线事件来说明这一点。1903 年，法国著名物理学家布朗德洛特发现了一种现象，他称之为 N 射线。布朗德洛特发现该射线除了能够增强人的视力，还有种种奇怪的功能，如像光透过玻璃三棱镜发生折射形成光谱一样，N 射线可以透过铝质三棱镜形成频谱。N 射线一度如 X 射线一样引起世界的关注。1904 年上半年，《法国科学院院刊》发表了 54 篇相关论文，而同一时期仅有 4 篇关于 X 射线的论文。然而，德国、英国和美国同行却无法重复布朗德洛特的实验。他们怀疑该效应只是一种光学上的幻觉。1904 年夏，美国物理学家罗伯特·伍德检查了布朗德洛特的实验室，确定该实验完全不能被重复。1905 年《法国科学院院刊》再有没有发表过任何一篇关于 N 射线的论文。事后，法国杂志 *Revue Scientijique* 建议提供两个外形质量完全相同的木盒给布朗德洛特，其中一个盒子装有据说能产生 N 射线的回火钢，让他通过一次检测实验来最终证明 N 射线的存在。然而，布朗德洛特一直没有回应这一提议，直至 1906 年才写信拒绝，他这样回答："让大家各自形成对 N 射线的看法，或是根据自己的实验，或是根据自己所信任的人的实验。"[①] 这种漠视受控实验普遍可重复的态度是科学界不能接受的，科学界普遍认为 N 射线根本不存在。在某种意义上，这是一次造假的丑闻，即 N 射线可视作 20 世纪初法国物理学家不甘心被德国超过，在民族主义心理支配下上演的集体学术闹剧。

N 射线是有意造假吗？我认为这种看法太简单化了。实际上，它和今天我们看到的众多特异功能一样，是不能判别真假的现象，故不是现代科学研究的对象。事实上，和 N 射线类似的例子经常发生，2016 年韩春雨学术风波就是其中之一。2016 年，河北科技大学副教授韩春雨因其带领的团队在《自然·生物技术》杂志上发表一篇文章，声称自己发明了一种新的基因编辑技术 NgAgo 而获得国际关注，但事后同行科学家纷纷表示无法复制其研究成果，一时间舆论迅速发酵。2017 年 8 月，韩春雨最终撤回了其团队在《自然·生物技术》上发表的论文。事实上，实验无法重复并不一定意味着造假，正如韩春雨事件的参与者——西班牙生物学家路易斯·蒙托柳所说："很多人重复不出论文中的实验结果当然不意味着这些结果就是伪造的。我们知道，一些实验就是比其他实验要困难……首先，在重复实验上遭遇的失败可能是因为一些关键的技术细节在论文里没有提及，所以论文作者提供更多指点、额

① Irving M. Klotz, "The N-Ray Affair", *Scientific American*, no. 5 (1980).

外的建议或者评论是很重要的——一些一开始看起来无关紧要的、在文中被省略的细节可能实际上关乎着实验的成败。所有在重复的实验室可能一直都在不经意地犯什么错误，因此重复不出来。”[①] 蒙托柳在重复实验失败并联系韩春雨未果后，通过邮件组呼吁同行停止重复 NgAgo 实验，等待韩春雨的解释。

上述事件说明，在受控实验无法普遍可重复并无限扩张之前，研究结果不能发表，因为被发现的新现象不一定是真的。今天，这已内化为实验科学家的职业道德。但让我感到十分奇怪的是，该判别真假的原则完全在理性主义和经验主义科学观的视野之外。为什么会这样？我想其中一个原因是 17 世纪现代科学诞生之初，受控实验并不重要，它一直被混同于“观察”。20 世纪逻辑经验主义和证伪主义的科学观仍继承了 18—19 世纪有关科学基于观察这一传统，而没有看到普遍可重复的受控观察和一般观察的本质不同。更何况，受控观察只是受控实验的特例。另一个原因是启蒙运动以来“客观存在为真”成为不可置疑的信条，“受控观察和受控实验普遍可重复”被认为是“客观存在为真”的结果。科学界没有发现“受控实验普遍可重复为真”和“客观实在为真”实际上是不同的。也就是说，科学研究不需要客观实在论，但不能离开受控实验普遍可重复这一原则。

① S. 西尔维希耶：《韩春雨论文的可重复性问题，要怎么“科学解决”》，载果壳网，https://www.guokr.com/article/441642/。

通往数学真实之路

一旦接受受控实验普遍可重复及其无限扩张为真，我们就可以推出一个惊人的结论，那就是自然数是受控实验普遍可重复及其无限扩张的符号表达。一直以来，哲学家把自然数视为逻辑，目的是指出它的真实性结构和科学经验真实性不同。然而，从逻辑推出自然数的努力以失败告终，自然数的真实性只能归为数“数”这一经验的真实性，但这又和集合论相互矛盾，这个问题自 20 世纪至今一直没有解决。现在我发现，只要坚持受控实验普遍可重复为真，意识到这是科学经验为真的唯一标准，并将其用符号表达，立即就得到了描述自然数的公理。也就是说，自然数之所以具有不同于经验真实的符号真实性，并不是因为其代表了逻辑类，而是出于受控实验普遍可重复这一结构。

我在第二编中指出，19 世纪末 20 世纪初，意大利数学家皮亚诺第一次给出自然数的严格定义。他指出自然数是具有如下结构的集合：首先该集合的任何一个元素都可规定一个后继元素，它和已经给出的元素不同；其次是数学归纳法有效，即如果一命题对其中某一元素成立，并对其后继元素亦成立，那么该命题普遍成立。数学家早就知晓，所谓自然数就是满足上述结构的符号系统，但该结构是什么意思呢？人们不得其解。自然数定义中最难以解释的是数学归纳法有效，它一直是个谜。然而，一旦我们把受控实验普遍可重复和真实性等同，立即就发现：定义自然数集合的“后继关系”正是做过一次控制实验后，一定可以有下一次。“数学归纳法有效”对应如果第 n 次受控实验成立，则第 n+1 次实验亦成立，并由此推出对所有受控实验都成立。换言之，自然数正是用符号表达受控实验普遍可重复的结果。自然数的真实性不是来自逻辑的真实性，却可以用受控实验普遍可重复为真这一原则推出。这证明真实性本质上是主体判别对象的一种程序，对象为真实际上是它必须可以和一种独特的程序一一对应。自然数是这种程序的符号表达。

本书开篇提出，真实性作为主体对对象的判断和评价，它规定了我们对对象的基本行为模式。这里，主体对对象为真的判断，实际上是建立对象和普遍可重复的受控观察或受控实验的一一对应。受控实验和受控观察普遍可重复是主体操作或想象操作的一种结构。显而易见，当对象是符号时，它只要具有上述结构，对主体而言也是真的。也就是说，一个符号系统即使和经验无关，它只要满足上述结构，就具有真实性。自然数的真实性并不是由经验的真实性规定的，而是其具有普遍可重复受控实验之结构。

更加不可思议的是，自然数不仅表达了受控实验的“普遍可重复性”，还具备无限扩张的结构。我在第二编中还指出，皮亚诺提出对自然数的严格定义之前，戴德金提出对无穷集的定义：如果集合 S 的任意子集 S’中的每一个元素都可以和 S 建立起一一对应关系，集合 S 就是无穷的。在此基础上，戴德金还提出一个重要概念——单无穷子集，并用这个概念来界定自然数。他用了如下例子，S 集合为 {1，2，3,……}，S’

集合为{2，3，4,……}，即S集的首个元素1不属于其子集S'。由此可形成以下一一对应关系：1→2，2→3……这种情况下，S'即为单无穷子集。自然数集就是满足上述条件的单无穷集合。[①]将戴德金的自然数定义和受控实验结构做比较可以看到，在S集和S'集对应中，1规定2，2规定3，以此类推。它可以表达为一个集合自己对自己的映射，映射的结果不在自己的值域内。如果以一个数代表一种受控实验，上述自然数结构的定义恰好表达了受控实验无限制地扩张。也就是说，如果将S集和S'集的对应关系定义为f，因元素1仅属于集合S，则f代表受控实验中可控变量对新的观察变量（即元素1）的控制。这意味着必定可以将新的变量（元素2）加入原有可控变量集，形成与原有受控实验不矛盾的新受控实验。自然数不仅是受控实验普遍可重复的符号表达，还是普遍可重复的受控实验无限扩张的符号表达。

自然数结构和受控实验普遍可重复性之间关系的发现，使我产生一个大胆的猜想：数学本身就是普遍可重复的受控实验结构的符号表达。众所周知，自然数只是数学的起点，现代科学运用的数学门类众多，其范围远远超过了数和数论。数学是什么？它作为主体的发明为什么一定是真的？这一直是哲学家无法回答的问题，在此我通过皮亚诺和戴德金对自然数的定义，证明自然数就是受控实验普遍可重复性和无限扩张的符号表达。

---

① "Dedekind's Contributions to the Foundations of Mathematics", The Stanford Encyclopedia of Philosophy, https://plato.stanford.edu/entries/dedekind-foundations/#FouAri.

在方法篇中，我将进一步分析受控实验的各个环节以及它和受控观察的关系，并证明把受控实验普遍可重复以及无限扩张和自然数对应，只是受控实验基本结构一种最简单的符号描述。除自然数以外，受控实验中控制和观察本身、可观察变量向可控制变量的转化、它们的普遍可重复性，以及受控实验通过自我迭代无限扩张的各种细节，都可以进一步符号化，而且所有这些符号表达都是自洽的。该符号系统的整体就是神秘的数学大厦。

简而言之，既然科学经验的真实性就是受控实验的真实性，而受控实验的真实性源于它的普遍可重复性和无限扩张，其符号表达正好是自然数。这证明了自然数的真实性既不是逻辑自洽，也不是经验的真实性，而在于它表达了受控实验普遍可重复和无限扩张这一结构，进而我们还发现数学本身就是受控实验（各个部分）的符号表达。这样一来，科学经验真实和数学符号真实同构的康德猜想终于得到了证明。

第四章　科学是什么

为什么现代科学起源于欧几里得几何学

现在我们已经可以从后现代主义的黑森林中走出来，回答“科学是什么”了。真实的科学经验由普遍可重复的受控实验及其无限扩张得到，我们可以用符号系统指涉真实的科学经验（普遍可重复的受控实验及其结果），数学则描述了规定这个符号系统的深层结构。所谓深层结构，不是指符号组成符号串之结构，而是指使用符号串时一个符号串和另一个符号串的关系。也就是说，界定什么是科学，需要三个不同的子系统。第一个子系统是科学经验，它是普遍可重复的受控实验及其结果。第二个子系统是逻辑语言，它是用符号指涉经验对象，用符号组成符号串表达对象的结构。第三个子系统是与符号串对应的另一个符号系统，我称之为深层符号系统。该系统的结构（深层结构）表达了受控实验的结构（包括其普遍可重复性和无限扩张），保证了与经验符合的符号串之真实性。

20 世纪哲学革命发现了符号和其指涉对象之间的关系只是一种约定，表达经验的是符号串的结构。现在我则进一步证明：除了符号串中符号结构必须符合对象结构外，这些符号串之间的关系还要满足特定结构即深层符号系统的结构，这时它们才是真实的。这一深层符号系统就是数学。也就是说，虽然符号和对象的关系是约定，但是只有用具有特定深层结构的符号串来表达受控实验之经验，这些符号串才是真的。逻辑经验论把科学视为用逻辑语言表达客观实在，想用符号和经验对象的一一对应（逻辑自洽）来说明数学对科学的重要性。一旦证明数学不是逻辑，无论是逻辑经验论还是其笼罩下的科学哲学，就都不能解释为什么大自然之书是用数学写成的。这时，我们就不得不把数学真实归为科学经验真实，科学理论只能是等待证伪的猜测，其和形而上学的混同也就不可避免。一旦理解科学是由受控实验的经验、描述这些经验的逻辑陈述，以及这些陈述对应的深层符号系统组成的，科学真实的扩展必定存在两个方向：一是普遍可重复的受控实验通过组织和自我迭代的扩张，这属于经验世界；另一个是其对应的符号串根据深层符号系统结构的扩展，深层符号系统就是数学世界。正因为这两个方向是同构的，所以那个满足深层结构的符号世界的扩张（数学的发明和符号推导）可以引发科学经验真实的扩张。我们终于解决了一个长期令人困惑的难题：为什么表面上与经验无关的数学研究对科学具有无比重要的意义？

关于科学真实各个部分的关系，即数学如何规定符号串集合之深层结构，以及符号串如何把符号组合起来表达对象（或数学符号怎样与对象直接建立联系），我将在方法篇中展开讨论。现在我只是以此来说明这种科学观与逻辑经验主义甚至20世纪所有科学哲学都不同。我在第二编中指出，现代科学起源于欧几里得几何学。现在终于可以给出一个比过去科学史研究更为准确的解释了。几何学经验来自空间测量。众所周知，确定空间位置（点）、作图（如直线和圆）、测量距离等是人最早能做的普遍可重复的受控实验，其可控变量集是人与生俱来的，人掌握的其他受控变量均由这一原初可控变量集拓展而成。虽然各大文明都知晓几何测量并会作图，但从来没有从受控过程的自我迭代及组织来思考这些测量和操作过程。唯有古希腊哲人，用受控实验自我迭代和组织来分析测量和作图，并将其和自然数中蕴含的推理结构联系起来。换言之，欧几里得几何学第一次将受控实验和逻辑语言以及规定符号串的深层结构（数学）结合起来，因此它代表了最早的科学真实。

所谓几何公理，是用符号串表达一组最基本的普遍可重复的受控实验，这些基本的受控实验可以通过自我迭代和组织产生新的普遍可重复的受控实验。将该过程转化为指涉受控实验的符号串，就是代表新受控实验的符号串由代表公理之符号串通过自我迭代和组织推出。因为自然数代表了普遍可重复的受控实验自我迭代和组织之符号，从公理推出定理之符号串的变化过程一定对应着自然数之变化，描述这种变化的是递归函数及其运算。换言之，不管这些符号串是什么，一旦将其映射到深层符号系统，所有从公理推出定理的结构都是类似的。也就是说，源于欧几里得几何学的公理化方法，可以推广到所有受控实验对科学经验真实的研究中，在各个领域建立科学理论都需要欧几里得几何公理系统的示范。

正因如此，现代科学只能在欧几里得几何学开辟的基地和示范作用下形成。什么是一门新科学的建立？我们知道，它可以归为两个方面：一方面是在新的领域发现最基本的普遍可重复之受控实验，以及这些基本受控实验通过自我迭代和组织不断扩张，它代表新的科学经验知识之形成；另一方面，同步发生的是表达这些新经验之符号串根据深层结构组织起来，这就是科学理论的公理化系统之形成。这两个过程必须同步发生，因为它们是互相依存的。我们在科学史上看到的《几何原本》在各门现代科学建立中的示范作用，实为这种机制的表现。从欧几里得几何学到牛顿力学，正是作为基础的普遍可重复受控实验的扩大和走向完善。在欧几里得几何学中，只有空间测量是普遍可重复的受控实验，没有涉及时间、质量的测量。将它们建立在普遍可重复的受控实验之上，就对应着牛顿力学取代欧几里得几何学成为科学的基础，并进一步走向相对论和量子力学的过程。

众所周知，力是除“空间位置”之外人与生俱来的另一个可控变量。正如我在第二编中所说，牛顿把变化率作为数学真实引进欧几里得几何学，并以“无穷小的速度变化”除以“无穷小的时间”得到加速度，再用力除以加速度定义了（惯性）质量。自此以后，原来由几何解释的数学世界，就拓展为一个由力学解释的宇宙。牛顿力学的结构是和《几何原本》相同的由公理推出定理的系统，但其公理比欧几里得几何学多了若干个，这就是牛顿三定律。牛顿三定律既是数学公理，亦对应着普遍可重复的受控实验及其无限扩张。换言之，牛顿力学是一个比欧几里得几何学更大的由公理推出定理的系统。但我要强调的是，牛顿力学所基于的公理并不都对应普遍可重复的受控实验。如万有引力的公式只是一个假说，并没有被受控实验证明。另一个是时间的测量，欧几里得几何学中，空间位置的定位以及两点距离的测量都属于普遍可重复的受控实验，牛顿力学中的时间测量却不是如此。时间测量的前提是定义等速运动，只有光速不变被一个普遍可重复的受控实验证明后，时间测量才和空间测量一样成为物理学最基本的公理。同样，在引力质量和惯性质量相等（等效原理）被发现后，它才取代万有引力公式成为物理学的公理，而等效原理和光速不变一样，二者都是可用普遍可重复的受控实验证明的。一旦把光速不变和等效原理加入牛顿力学原有公理系统，相对论就得以建立。此外，在有关空间、时间、速度、质量测量的受控实验中，人们从来没有考虑过相关的受控过程是否会互相排斥。当最基本的普遍可重复受控实验的控制变量互相矛盾时，我们必须考虑基本受控实验如何自我迭代及无限扩张，并找到一种具有特定结构的深层符号系统（数学）来表达它们，这就是量子力学的确立。

在此，我不可能展开从欧几里得几何学到牛顿力学及相对论和量子力学建立的过程。我要强调的是，既然科学经验真实的扩张就是普遍可重复受控实验的自我迭代和组织，那么在真实的科学经验中一定存在着一组最基本的普遍可重复的受控实验，它们是科学的基础。所谓现代科学的建立，实为寻找这一组最基本的普遍可重复的受控实验，并把科学建立在这一组普遍可重复的受控实验之上。这个过程既是经验的，也是数学的。所谓“经验的”是指作为所有普遍可重复受控实验基础的最基本受控实验的发现和确立，而“数学的”是指寻找描述这些基本受控实验深层结构的符号系统和符号串，并将它们与相应的受控实验联系起来。

再论科学发现的逻辑

现代科学的建立，是最基本的普遍可重复受控实验的发现，并在此基础上建立公理系统。在此过程中，存在着公理的完善以及原有公理系统的修正，与此相伴的必定是整个理论系统的改建，这就是人们常说的科学革命。然而，只要这一过程完成，我们就会看到科学革命的终结。事实上，在光速不变、等效原理、量子力学的测量公理加入经牛顿扩大的欧几里得几何学公理系统后，现代科学已经建立在一些最基本的普遍可重复受控实验之上。相对论和量子力学成为科学真实的最终基础。

一旦理解了科学真实的本质，我们就可以断言：科学发现的逻辑既不是波普尔那种对“可能被证伪之猜测”的提出和反驳，也不是库恩所说的“在某种范式指导下的解谜工作”或“创造新范式”，而是对普遍可重复受控实验的发现和扩张。因为数学是对普遍可重复受控实验结构的符号表达，它通过在人们心灵中一次次预演受控实验，从而推动现实中受控实验的迭代和扩张。换言之，数学研究是和科学研究同构的过程，当相应符号还没有指涉经验对象时，数学家是在进行受控实验结构的“非经验探索”，但这种研究总有一天可以和受控实验联系起来。这样，随着现代科学基础的奠定，科学发现的逻辑主要表现在两个方面。一是科学理论研究使用的数学越来越深奥，甚至一时间看不出和经验有什么关系。一旦建立联系，就是新的普遍可重复受控实验的发现。二是受控实验的自我迭代和组织日益复杂，新的受控实验除了离不开理论计算外，还需要庞大的组织和装备才能进行。[①]

我可以用引力波的发现及其测量来展示在现代科学的基础形成之后，科学发现的逻辑是什么。引力波是指时空弯曲中的涟漪，通过波的形式从辐射源向外传播，它只能从广义相对论的引力场方程导出。换言之，如果没有广义相对论复杂的数学推导，它根本不可能被发现。1916 年爱因斯坦预言引力波存在时，根本没有想到它可以被一个普遍可重复的受控实验观察到，因为引力波太微弱了。但它是真的，因此必定可以被一个普遍可重复的受控实验证明，只是相关实验的组织极为复杂罢了。20 世纪 70—80 年代，科学家已经掌握了引力波存在的间接证据，如中子星轨道的衰减说明能量一定是以引力波的形态发射出去的。虽然中子星轨道的衰减情况与广义相对论的预言精确相符，但这毕竟不是用受控实验对引力波进行直接测量的结果。实际上，直到 2016 年 2 月引力波才被测量到。距离地球 13 亿光年外的两个黑洞合并，失去了三个太阳的质量，这

---

① 这方面最典型的例子是 2012 年用实验证明“上帝粒子”（Higgs boson）的存在。发表的两篇论文由两个实验室数千位研究人员共同署名。参见 ATLAS collaboration, “Observation of a New Particle in the Search for the Standard Model Higgs Boson with the ATLAS Detector at the LHC”, *Physics Letters B*, no.1 (2012); CMS collaboration, “Observation of a New Boson at a Mass of 125 GeV with the CMS Experiment at the LHC”, *Physics Letters B*, no.1 (2012)。

些质量转化成引力波，以光速穿越宇宙。其到达地球时，虽然空间形变之波动只有不到一个质子 1% 大小的尺度，但两个观测站同时测到这一时空畸变（引力波）。测量引力波信号需要一个普遍可重复的受控实验，其原理并不复杂，只要比较光在两个互相垂直方向上的空间长度是否一样即可，但因为实验精度要求极高和排除干扰的难度极大，整个受控实验的组织规模是惊人的。

因为要测量空间的形变，即引力波到达时同一长度的横向变化和纵向变化不一样，所以实验室是呈直角的水平隧道。光在这两个方向上不断反射，由于光速不变，空间本身的变化立即可以从光的传播中表现出来。在呈直角的水平隧道的实验室中，设置了两个挂在真空中的镜子，用以观察呈直角的反射光互相干涉以后的结果，这个装置的全名是激光干涉引力波天文台（Laser Interferometer Gravitational Wave Observatory，以下简称 LIGO）。当引力波传到地球时，某一时刻地球上任何两个地方必定会同时测到时空畸变。因此，至少需要两个距离相当远的装置，当它们同时测量到的光在两个互相垂直方向的同一长度不一致时，才能证明引力波传到地球。于是，美国建立了两个相隔 4 000 多千米的实验室，每一个都配置了巨大的 LIGO 设备。实验室隧道自东向西长达 4 千米，并且和另一个类似的自北向南的隧道在一个仓库似的房子里交会。为了做到隧道绝对平直，地球的弧度给隧道直线带来的误差必须考虑进去。建立这两个实验室就花了很多年。此外，任何实验都容易被干扰。如卡车经过，任何一点微小的振动都会造成测量误差。

这样一来，仪器要经过反复校对，把各种环境变动、地震，包括反射镜上原子的热震动带来的干扰都排除掉。

引力波的存在被普遍可重复受控实验证明，除了数学计算和复杂庞大的实验组织外，还需要运气。因为引力波是引力场扰动的传播，只要引力场固定下来，它就立即消失，当然也不可能被测量到。要知道，在人类还没有起源的时候，这个引力波已经到达了离太阳系不远的地方（以光年计）。刚好在这两个检测器准备好了几天以后，引力波到达这里。这件事本身令人惊讶，因为实在太巧了。LIGO 执行主任戴维·雷茨这样表达仪器调好之初引力波就到达的意外："我告诉所有人我们直到 2017 年或 2018 年才会探测到任何东西。"哥伦比亚大学的天体物理教授珍娜·莱文也感到非常吃惊。她这样回忆："当传言开始时，我的反应是：别逗了！"她说："他们连锁才刚上好！"再说这个信号实在太完美了，"我们绝大多数人认为，当我们看到这个信号时，它是从非常多的计算机和计算周期噪声中拉出来的信号"。美国物理学家雷纳·韦斯指出，当仪器收到引力波信号时，大多数人认为这是对仪器的某种测试，因为仪器是在 4 天前才校对好的。最重要的是，引力波测量结果跟爱因斯坦用广义相对论算出来的居然一模一样。韦斯十分惊叹于爱因斯坦广义相对论之美："他究竟怎么能知道这一点？""我多么希望在那个早晨可以把数据拿给他看，看看他脸上的反应。"[①] 发现引力波不仅是理论之美妙，还有实验组织

① Nicola Twilley：《〈纽约客〉重磅长文——"发现引力波"最完整的内幕》，赵巍编译，载机器之心，https://kknews.cc/news/n5zqo2g.html。

之成功，当然也包括运气成分。由此可见，在现代科学基础形成之后，受控实验的组织和迭代是多么神奇。无论是引力波的测量还是发现上帝粒子，都比人类历史上所有的奇迹伟大，它们不仅是思想的胜利，还是人类组织能力的胜利。

在证伪的背后

然而，在现代科学基础完备后，在科学发展的历程中难道不会发生普遍定律被证伪吗？如果有，这不恰好说明证伪主义对科学发现的定义仍然有效吗？如前所述，如果一个全称陈述被证伪，它一定建立在普遍可重复受控观察之上，而立足于普遍可重复受控实验之上的全称陈述不会被证伪。这表明，如果发生某些原以为普遍成立的定律被证伪，只是意味着在受控实验的不断拓展过程中，因为原来不为人知的控制变量会被创造出来，一些原先基于观察得到的普遍可重复受控实验之间的关系，在新的前提下不再成立。对此，我要强调的是两点：第一，被证伪的定律只是建立在受控观察之上，它本来就是一个等待证伪的猜测；第二，对科学真实而言，这只意味着发现了某些普遍可重复受控实验之间确定关系的有效边界。

我以宇称不守恒的发现来说明这两点。所谓宇称守恒是指自然定律的镜对称。20 世纪上半叶，物理学家认为所有自然界基本定律都是镜对称的。所谓自然定律“镜对称”，是指两个普遍可重复的受控实验之关系。如果把一个受控实验的可控变量换作它的镜对称的可控变量，其相应的结果（可观察变量）也是前一个实验的镜对称的可观察变量，那么这两个受控实验是镜对称的。我们总是可以设计一个和既有实验呈“镜对称”的实验，比较这两个实验，看其是否一样。宇称守恒断言所有受控实验都是镜对称的。[①] 显而易见，和宇称守恒这一全称陈述相联系的只是受控观察而非受控实验，即并不存在一个有效的原则，保证镜对称的受控实验通过自我迭代和组织的新受控实验也是镜对称的。换言之，该全称陈述只是一个猜测。这样，在受控实验自我迭代和组织的过程中，随着受控变量的拓展，有可能发现并非镜对称的受控实验。

宇称不守恒的发现是由 θ 和 τ 这两种粒子衰变不一样引起的。θ 和 τ 的质量与寿命完全一样，所以应该是同一个粒子，但 θ 粒子在衰变时的行为模式和 τ 粒子不同。到底该如何解释这一现象呢？1956 年，李政道和杨振宁通过深入复杂的计算指出，θ 和 τ 两种粒子实际上是同一种粒子（后来被称为 K 介子），其衰变结果之所以不同，只是因为这两种衰变过程并不互为镜像。换言之，相应受控实验的表达不是镜对称的。[②] 李

---

① 借用一位物理学者的描述，我们可以这么理解宇称守恒：“选一个你最喜爱的物理现象，从弹子球的碰撞到原子的光发射都行。把一面镜子放在所发生的现象前，然后来看在镜子里所见到的过程是否违反我们所知的自然定律？如果不违反，我们就说支配这一过程的物理定律是宇称不变的。”引自阿·热：《可怕的对称——现代物理学中美的探索》，荀坤、劳玉军译，湖南科学技术出版社 2002 年版，第 32 页。

② 事实上，是李政道和杨振宁建议研究一个旋转的放射性原子核的衰变：一个核可以看成一群堆积在一起的中子和质子。放射性核中质子和中子的排布并不稳定，在给定的时间间隔会有一定的概率发生放射性衰变。如果这种衰变是弱力引起的，单位时间内发生衰变的概率就非常小．这正是弱力被称作弱力的真正原因。核在衰变时放出一个电子和另外一种粒子，这 （下接第 324 页脚注）

政道和杨振宁大胆地断言：弱相互作用的法则不再满足镜对称。

李政道和杨振宁做出预言后不久，实验物理学家吴健雄设计了一个巧妙的受控实验证明弱相互作用下“宇称不守恒”。吴健雄用两套实验装置观测钴 60 的衰变（这是一个典型的弱相互作用），她在极低温（0.01 开尔文）下用强磁场把一套装置中的钴 60 原子核自旋方向转向左旋，把另一套装置中的钴 60 原子核自旋方向转向右旋，这两套装置中的钴 60 互为镜像。实验结果表明，这两套装置中的钴 60 放射出来的电子数有很大差异，而且电子放射的方向也不互相对称。实验结果证实了弱相互作用下的宇称不守恒。从此，弱相互作用下“宇称不守恒”才真正被承认为一条具有普遍意义的科学原理。

从科学理论变化来看，以上例子说明原有的物理理论“宇称守恒”被新的事实证伪了。这表明那些建立在受控观察之上的物理定律，无论看起来有多么“基本”，仍然只是猜测。该猜测被证明为错对科学真实的意义在于，某些普遍可重复受控实验之间确定关系的有效边界会被发现，而不是科学基础的颠覆。该发现正是现代科学基础建立后，受控实验的组织迭代和与其相连的符号深层结构展开互动的结果。如果没有李政道和杨振宁通过数学计算（受控实验的符号表达）指出“宇称

（上接第 323 页脚注）种粒子叫中微子，它不能被实验检测出来。这个电子以很快的速度飞出。如果大自然尊重宇称的话，电子出现在核的旋转方向和核的旋转的反方向上的概率应相同。为什么呢？如果电子只出现在核的旋转方向上，那么意味着，在镜子世界中，电子只出现在核旋转的反方向上，二者不再遵循同一物理规律。引自阿·热：《可怕的对称——现代物理学中美的探索》，第 37—38 页。

守恒”不成立这种特殊的条件（某些支配实验的新受控变量），谁又能想到在强磁场、极低温（0.01 开尔文）条件下做钴 60 原子蜕变是否镜对称的实验（将新的受控变量加入控制变量集，并形成新的受控实验）呢？只有用符号表达原有受控实验，并用数学推导各种受控实验（包括 θ 和 τ 这两种粒子衰变）是否自洽时，才能发现这个独特的条件（新的控制变量）。这时我们才能知道：原来认为所有表达物理定律的受控实验均为镜对称这一观点的成立是有前提的。换言之，在某一个定律被证伪的背后，是发现了原先认为普遍可重复受控实验之间关系成立的边界。

科学图像中的不确定性

前面我展示了现代科学建立后科学真实展开的主轴。那么，科学理论在这一展开过程中占何种位置？它又是如何改变的呢？现代科学的基础是普遍可重复的受控实验，然而并不是所有理论都建立在普遍可重复的受控实验及其无限扩张之上。有些时候，受控观察也是科学理论的前提。如果一个理论（全称陈述）是从普遍可重复的受控观察得到的，正如宇称不守恒的发现所示，它有可能被新的观察证伪。显而易见，这些猜测被证伪不会影响现代科学的基础，但会改变建立在现代科学基础和受控观察之上的整体科学图像，使得相应的科学图像变得不确定。

这方面最典型的例子是天文学和宇宙学。虽然现代科学成熟后，可以将建立在普遍可重复受控实验之上的定律运用到天体运行和形成中，但宇宙学和早年天文学一样，大多数定律仍是通过受控观察得到的。这一切使得宇宙的科学图像中存在着大量等待证伪的猜测。事实上，早在古希腊，天文学就力图将自己建立在欧几里得几何学之上。然而，天文学的事实不同于几何测量和作图，它只能基于受控观察而非受控实验。因此，天文学的普遍理论处于不断被证伪的过程中，从地心说到日心说都证明了这一点。牛顿力学建立之后，现代宇宙科学图像得以形成，但该科学图像中仍存在着相当多的不确定性，这一性质要到20世纪才被发现。

1914年，美国天文学家维斯托·斯里弗发现旋涡星系的天体中有11个星系的光都显示红移。什么是星光“红移”？当天体远离我们而去时，发出的光波被拉长，谱线因此“变红”，即光谱向红端移动。维斯托·斯里弗根据对25个星系的分光观测，推出典型的星际速度约为每秒570千米，这远远超过了银河系中任何已知天体的速度，而且大多数星际速度对应于这些星系在离开太阳系的方向上运动。1922年，威尔逊山天文台发现大量星系的光都有红移。1929年，埃德温·哈勃汇总已经测定速度的24个星系的距离估计值，得到了哈勃定律。[①]哈勃定律指出，所有星云都在彼此互相远离，而且离得越远，离去的速度越快。星系彼此之间的分离运动不是由于斥力的作用，而是因为空间本身在膨胀。这意味着建立在牛顿力学之上

① Laurie M Brown、Abraham Pais、Brian Pippard编：《20世纪物理学》第三卷，刘寄星主译，科学出版社2015年版，第353—354页。

的静态宇宙观被证伪。

为什么宇宙空间本身会膨胀呢？这只能用广义相对论来解释。1922 年苏联数学家亚历山大·弗里德曼在一篇论文中，根据引力场方程求得具有封闭空间几何的膨胀宇宙模型解，其中包括那些膨胀到最大半径而最终坍缩回奇点的解。在 1924 年的一篇论文中，他进一步证明了没有边界且有双曲线几何膨胀解的存在。这些“解”没有得到普遍可重复受控观察的验证，故只是数学真实。1927 年，比利时天文学家乔治·勒梅特发表了一篇重要的论文，把爱因斯坦方程组的奇点解和宇宙膨胀联系了起来，[①] 这是第一次用引力场方程的解来解释被观察到的经验现象：星光“红移”。而且，如果从现在推论过去，过去某一时刻所有质量集中在时空系统中的一个点，而爱因斯坦方程组的解中恰好有奇点解。把奇点与宇宙起源对应，这就是宇宙大爆炸起源说。

宇宙大爆炸起源说代替 20 世纪前静态的宇宙观，是宇宙科学图像翻天覆地的巨变，它意味着宇宙学终于建立在现代科学的基础（相对论和量子力学）之上。因为相对论和量子力学的基本原理是普遍可重复的受控实验，科学界必定面临一个问题：当宇宙大爆炸起源说得到越来越多证据支持的时候，宇宙科学的图像可以完全确定下来吗？这是一个只有科学哲学才能回答的问题。

---

① Laurie M Brown、Abraham Pais、Brian Pippard 编：《20 世纪物理学》第三卷，第 353 页。

科学革命的终结

20 世纪末至今是宇宙学大发展的年代。自勒梅特提出宇宙起源于大爆炸后，他就认为宇宙的初始阶段由所谓“原初原子”组成，也就是紧紧包在一起的中子海，就像中子星内部那样。他假设原初原子会裂解为化学元素和宇宙线。后来该想法成为物理学家乔治·伽莫夫解决化学元素起源问题的出发点。1946 年，伽莫夫指出宇宙模型的早期阶段应当发生了化学元素的合成。1948 年，伽莫夫与学生拉尔夫·阿尔珀进一步计算得到：如果化学元素是宇宙合成的，早期宇宙中就需要有一个炽热、致密的阶段。同一年，阿尔珀和美国物理学家罗伯特·赫尔曼认识到在宇宙早期如此之高的温度中，宇宙是辐射而非物质主导的，并求解了宇宙温度演变的历史. 他们得出一个意义深远的结论：炽热早期阶段的冷却遗迹应当存在于今日的宇宙中，并估计热背景的温度应当约为 5 开尔文。这一遗迹的辐射在 1965 年被两名无线电工程师阿诺·彭齐亚斯和罗伯特·威尔逊发现。[①] 大爆炸说立即成为描述宇宙起源最有说服力的理论。

此外，1950 年日本天文学家林忠四郎指出，在早期宇宙中，在只比发生核合成高 10 倍的温度下，中子和质子会通过特定的弱作用达到热平衡。在大约同样的温度下，电子–正电子对的产生保证了丰富的正电子和电子供应，结果是可将质子、中子、电子和早期宇宙所有其他组成的平衡存在比严格地计算

---

① Laurie M Brown、Abraham Pais、Brian Pippard 编：《20 世纪物理学》第三卷，第 395—396 页。

出来。1953 年，阿尔珀、詹姆斯·弗林和赫尔曼算出了中子和质子比率随宇宙膨胀的演化，获得了同现代计算惊人相似的答案，[①] 宇宙大爆炸理论再一次通过了检验。

迄今为止，宇宙大爆炸理论还有若干预言等待检验：一是宇宙暴涨之初因量子涨落导致的引力波，二是宇宙间存在大量暗物质和暗能量。在大爆炸之初，在那么小的尺度里面量子涨落是非常厉害的，由于量子涨落形成的质量的差别波动也很大。在这些涨落中，有一些（如标量涨落）引发了空间的密度差异，并进一步导致了星系、星系群和星系团的逐渐形成；有一些（如张量涨落）导致了引力波的产生。量子涨落产生的引力波可以通过 100 多亿光年传到今天。这些涨落会以非常特殊的方式与宇宙中的光子发生作用，理论上光会发生可供检测的偏振。换言之，我们可以在星空的背景上看到当年宇宙大爆炸导致的效应。假如暴涨产生的引力波高于某个级别，这样的偏振信号就可以在大爆炸的余晖——宇宙微波背景中被检测到。2013 年设在南极的一个观察站曾宣布测到这个引力波，后来发现那是实验误差。据计算，未来所进行的实验要比过去灵敏 100 倍以上，才有可能测到来自暴涨期的引力波信号。至于暗物质和暗能量，则是根据宇宙不断膨胀做出的预见。[②]

现在，我要问一个问题：在宇宙大爆炸理论获得越来越多

---

① Laurie M Brown、Abraham Pais、Brian Pippard 编：《20 世纪物理学》第三卷，第 396—397 页。

② Ethan Siegel：《“原初引力波”中是否隐藏着宇宙的“终极奥秘”》，老孙译，载腾讯网，https://tech.qq.com/a/20160404/009479.htm。

证据的今天，它是科学真实还是一个猜测？答案是明确的。它虽然避开了一次又一次被证伪的危险，具有越来越高的可信度，但仍然是一个等待证伪的猜测。原因正在于，它并非完全建立在普遍可重复的受控实验之上。我要强调的是，测量宇宙暴涨初期的引力波和 LIGO 测到的引力波有本质差别。前者属于基于观察提出的科学假说（受控观察），当它和观察不符时，就有可能对假说构成证伪；后者是毫无疑问的科学真实（它立足于普遍可重复的受控实验之上）。今天科学界正在集中力量寻找暗物质和暗能量，如果由宇宙大爆炸起源说做出的预测再一次被观察到，这一猜想就再一次逃避了被证伪，并会成为一种越来越可信的猜测。一旦新观察到的现象和预测不符，宇宙大爆炸猜想将被证伪。因为从一开始，它就是一个在宇宙科学图像中的猜测。[①] 这一切显示了宇宙科学图像的不确定性。

纵观宇宙大爆炸起源说的发展，它很像波普尔提出的不断面临证伪的猜想，运用拉卡托斯的精致证伪主义似乎能对其做准确把握。相对论和量子力学是科学研究纲领中的那个内核，宇宙大爆炸起源说是内核外面的保护带，它一次又一次面临被证伪。迄今为止，这个研究纲领尚未退化，正在发挥着正面启发作用。一旦很多理论预见的东西无法被观察到，研究纲领就开始退化。如果暴涨引力波、暗物质和暗能量的测量结果不同

---

① 广义相对论被证明以后，爱因斯坦就提出宇宙模型。但其解是不稳定的，它有一个奇点，和当时人们对宇宙的理解不同。于是爱因斯坦在方程里面加常数，修改模型。大爆炸理论出现后，爱因斯坦说他一辈子干得最蠢的事情就是用加常数的方式去修改方程。今天，很多人认为通过加常数得到的方程或许和新的观察更符合，可见宇宙模型始终是一个假说。

于理论预见，宇宙大爆炸起源说就不得不修改，这时研究纲领的核心——广义相对论和量子力学也会被证伪吗？否！即便宇宙大爆炸起源说被证伪，相对论和量子力学仍然正确，因为它们不是假说或者可重复的受控观察，而是对应普遍可重复的受控实验自我迭代及其符号表达（科学真实）。

总之，基于受控实验普遍可重复的科学观根本不同于证伪主义与库恩的范式说。猜想被证伪或范式改变只适合建立在假说之上的科学理论，而建立在受控实验普遍可重复之上的理论却不会如此。一旦相对论和量子力学建立，成为理论系统核心的公理，其就已不再是假说，而是不可改变的科学真实。这样一来，无论立足于它们之上的假说如何被证伪，即在这一核心之外的保护带发生多大变化，这一核心一经确立，便永不改变。也就是说，我们看到的是科学革命的终结。

科学的增长：分形的形成和展开

无论逻辑经验论把科学进步视为事实一点一滴地增加，还是证伪主义将科学理论当作等待证伪的猜测，以及范式说主张的一次又一次的科学革命，近 2 000 多年来科技进步的速度一直都是衡量科学真实拓展的最重要指标。迄今为止，不论科学社会学和科学史学家相信哪一种科学哲学，他们都用其来预测科学未来的走向。自 20 世纪下半叶起，不少人根据统计资料认为以往的科技加速发展似乎不再可能。一份 2015 年的媒体报道指出："科技创新活跃期的最近一个波段从约 1500 年开始，在 1920 年左右达到顶峰，然后下降。特别是近十年来，这种下降尤为明显。经济学家泰勒·考恩在他的《大停滞》一书中对此有较多描述。他认为，到 20 世纪 70 年代，美国已经基本摘取了‘低枝果实’，其中包括：大量土地的开发利用红利；大幅提升受教育人口比例的红利；最重要的是，目前支撑经济的主要科技发明都是在 1940 年之前发明的，在这之后，最重要的发明只有计算器，其他乏善可陈，技术领域由此形成‘高原平台’的停滞景观。美国学者乔纳森·许布纳也通过定量实证研究，发现人均年均科技创新的顶峰是 1873 年，而美国人均专利数的最高点出现在 1915 年。”①

事实上，无论是近年来互联网掀起的技术变革，还是生命科学的突飞猛进，都说明上述观点站不住脚。为什么它一定是错的呢？因为上述观点立足于 20 世纪不正确的科学观，把现代科学基本结构建立前后的科学技术发展混为一谈。科学经验真实建立在受控实验普遍可重复及无限扩张之上。当现代科学基本结构没有形成或仍处在形成之中时，科学经验真实之拓展和数学研究各自独立展开，科技进步是偶然而缓慢的。一旦普遍可重复的受控实验找到最基本的内核及其数学表达，科学真实的拓展就依赖于受控实验的自我迭代、数学研究的进步和两者的互动。如前所述，直到 20 世纪，相对论和量子力学才成为现代科学的基础，即基本不变的科学结构形成。这样，用 20 世纪以前科技增长的历史来分析和预见今后科技的发展是

① 董洁林：《繁荣与衰落——科技创新的真实处境？》，载《科技导报》2015 年第 13 期。

完全没有意义的。

根据我前面提出的科学观，科技的进步又遵循什么样的模式呢？我在第二编中把现代科学结构比喻成分形，其最重要的性质是自相似性，即它的各个部分、各种尺度的图案由同一原则生成。现在我们已经知晓分形产生的原则即普遍可重复受控实验的自我迭代及其符号表达之展开，这样就可以清晰界定科技增长在三个阶段的不同方式。

第一个阶段是分形还没有出现。这时，受控观察和受控实验只是偶尔进行，自然数运算中的深层结构只有少数哲人了解。科技增长完全取决于其所扎根的传统社会的结构。无论是科学理论还是技术，它们与其所扎根社会的思想和结构的关系，远远大于科学内部经验和符号的关系。正因如此，中国传统社会的科学理论和技术增长模式完全不同于罗马帝国或阿拔斯王朝。也就是说，科学技术史只从属于轴心文明的历史。某一文明科技增长的方式和速度取决于其传统社会结构。

第二阶段是分形的形成。我在第二编中指出，现代科学起源于欧几里得几何学，其他各门科学的建立过程中，明显可见《几何原本》的示范作用。所谓示范作用正是描述分形的形成，其前提是天主教文明中源于古希腊与古罗马文明的认知理性和对上帝的信仰分离并存，而这恰好是现代性通过宗教改革在天主教文明中起源的过程。这样一来，现代科学分形之出现和壮大必定是传统社会向现代转型的一部分。在分形形成时期，科技增长的中心往往和现代民族国家同步出现。当英国成为人类历史上第一个现代民族国家时，它亦是科学革命的中心。

18世纪法国成为民族国家，19世纪德国成为现代民族国家时，我们同样看到相应国家科技的高增长。随着现代民族国家在竞争中发展，甚至可以看到世界科学中心的转移。分形形成时期，科技增长和传统社会向现代转型之间的关系，在其他各轴心文明中也成立。

一旦分形最后形成，即进入第三阶段，科技增长本质上是全球性的，它的展开可以视为分形的任何一个部分的自我复制。因此，自20世纪至今的科技增长属于现代科学基本结构（分形）成熟后的展开。由于分形的任何一部分和整体自相似，增长可能出现在分形的任何一点、一部分，有时涉及整体。这样一来，科技增长的总体速度呈现出极为复杂的面貌。新科技的出现犹如分形展开过程中总长度和测度的变化，根据分形成长的混沌性质，其整体应该是不可预测的。

第五章　横跨经验世界和符号世界的拱桥

被悬置的主体

现在，我们可以对立足于受控实验普遍可重复为真的科学观做一鸟瞰了。它是一座建立在科学经验真实和数学符号真实之上的拱桥。为什么？在科学真实的三个子系统中，普遍可重复的受控实验属于经验世界，具有特定深层结构的数学属于符号世界，处于这两个系统之间的是一个具有双重结构的符号系统。其一重结构是正确指涉经验对象的符号串（科学理论），因为这一符号串集合必须符合经验，它传递了经验世界的信息。同时，该符号串集作为一个整体，还具有自然数（或实数）的纯符号结构，以保证信息的可靠性。这是一个具有双重结构的符号系统，一方面联系经验世界，另一方面联系数学世界，是一座横跨经验世界和符号世界的拱桥。

正因为科学理论是这样一座拱桥，它才具有非凡的扩张能力。一方面其经验真实可以通过普遍可重复受控实验的自我迭代和组织成长，另一方面是拱桥另一头即符号真实具有独立扩张的能力，即根据自身结构不断扩大。这座拱桥的最独特之处是，深层符号系统的结构和普遍可重复受控实验的结构相同。这样，深层符号系统的扩张可以通过符号串（或它与经验世界的直接联系）传递到经验世界，推动科学经验真实的不断扩张，反之亦然。也就是说，拱桥的存在使得科学经验真实和数学符号真实通过互动都处于不断的扩张之中。

毫无疑问，促使拱桥不断扩张的是人作为主体的活动。但我要强调，在这座拱桥之中不能发现主体。简单来说，受控实验的核心是主体不断操控一组可控制的变量，发现实验中可观察变量和可控制变量的关系。在这个过程中，主体（人）是不可缺失的，或者是不可化约的。如果不存在控制主体，科学的真实性将不复存在。正因如此，很多人把现代科学和佛教哲学相联系。今天有不少严肃的物理学家用佛学解释量子力学，甚至认为当代科学对宇宙之认识早就被包含在佛教哲学之中。[①] 我不同意这种观点。为什么？因为这里科学真实中的主

---

① 典型者莫过于 2009 年中国科学院院士朱清时题为“物理学步入禅境——缘起性空”的演讲。（朱清时：《物理学步入禅境——缘起性空》，载《世界佛教论坛论文集（第二届）》，2009 年。）另一个类似的例子是 2017 年美国畅销书作家、进化心理学者罗伯特·赖特出版的《洞见——从科学到哲学，打开人类的认知真相》（*Why Buddhism is True*）。借用万维钢在这本书中译本推荐序中所做的总结：“赖特把佛学和现代科学——特别是进化心理学——联系在了一起。这本书大约讲了五点。第一，人是进化的产物。说白了，人就是一种动物。作为动物，我们本质上是在为我们的基因服务。基因想要被复制和传播，我们就得好好求生存求发展，要觅食，要求偶，要为自己和后代的幸福不断奋斗。我们做这些事取得成功的时候就会感到快乐，但这种快乐其实是基因设计出来的，可以说是大自然为了让我们去这么做而给我们的回报。动物的日子就是这样本本分分地生存、交配和繁衍。第二，进入文明时代以后，我们就不完全是动物了。人性在觉醒，而动物性在消退。我们发现，为了基因去做事总是伴随着“烦恼”和“苦”。基因给予的快乐是短暂的，让人永远都不满足，因为只有不满足才能让我们继续去做这些事。我们意识到自己陷入了烦恼多而快乐少的境地。快乐和烦恼，都是“感觉”。第三，大脑是一个多元政体，由至少七个情绪模块组成，包括求偶模块、（下接第 337 页脚注）

体既非佛学中被建构的“个别自我”，主体对可控变量之操作亦非十二因缘中相当于现象学“意向性”之“行”。受控实验之展开只涉及可控制变量和可观察变量之关系。换言之，只要变量可操控，对操控它的主体是什么，并没有限定。

当然，对科学真实而言，受控实验必须在同一主体和不同主体那里都普遍可重复。此外，主体可以通过对可控变量的自由操控，实现受控实验不断迭代。这构成科学经验真实的两个基本原则，但主体本身不存在于可控制变量和可观察变量的关系中。也就是说，如果狗在操控同一组可控制变量，结果和人原则上是一样的。正因如此，如果我们用符号串表达受控实验（可控制变量和可观察变量的关系及结构）时，符号串必定

（上接第 336 页脚注） 安全模块等等，它们在大脑中组成了一个委员会。这就是佛学说的“无我”，也就是没有一个单独的“自我”。各个模块都有自己的声音，一个人做什么由他大脑中各个模块的竞争结果决定。所谓“理性”，很大程度上只是各种感觉的说服工具，人本质上是由感觉驱动的。第四，因为受感觉驱动，我们看世界就都是戴着一副有色眼镜。我们主观地赋予万事万物各种内涵——这个东西对我的生存有利吗？对我求偶有利吗？据此给它们打上或好或坏的各种标签。而这些标签并非那些东西的本性，只是我们的主观看法而已，这就是“色即是空”。我们的主观判断有两大倾向：一个是“贪”，希望把好的东西占为己有；另一个是“嗔”，希望远离不好的东西。因为“贪”和“嗔”，我们无法客观看待世间万物，这就形成了“痴”。第五，佛法能让我们从烦恼和苦中解脱出来。佛学提供的一个方法是冥想。冥想的直接作用是训练跟各种感觉的剥离。我们在冥想中要观察随时产生的各种感觉，而不被感觉所劫持，不做感觉的奴隶。这样我们就能超越贪、嗔、痴，看到更客观、更真实的世界，体会到世界的美好。这些观点符合《五蕴皆空经》等佛陀当初所说的佛经的说法，同时又能被现代的进化心理学家所接受。赖特在书中列举了很多最新的现代科学研究结果，特别是一些实验，来支持这些观点。”引自罗伯特·赖特：《洞见——从科学到哲学，打开人类的认知真相》，宋伟译，北京联合出版公司 2020 年版，推荐序。其实，这些观点中存在着对佛教和科学的严重误解。

不包含主体，即它是对象语言。再来看深层符号系统——数学。它虽然是主体根据某一种结构创造的，并根据这一结构扩张，但符号结构中也不包含主体。上述一切通常被称为科学真实必须遵循“客观性”原则，但这种独特的客观性并不是客观实在，因为它是潜含主体的。

那么，主体究竟“潜含”在哪里呢？它处于科学真实这座拱桥之外。我们将主体的这样一种存在状态称为“被悬置”。一旦定义了“被悬置的主体”及认识到它与横跨科学经验世界和数学符号世界之拱桥的关系，康德哲学中的种种疑难立即就得到了解决。

因果性：对目的论和决定论的超越

康德哲学基于科学和数学同源，提出了科学是研究因果关系的。把因果性从目的论和决定论中解放出来，是康德的贡献。但对于为什么对自然现象的科学解释必须是因果解释，康德哲学的回答是错的。

事实上，任何时代人们都是用他们对真实性的判据来解释该现象的发生的。对某事为何发生的解释是“认为它之所以会如此”的同义语。在社会行动研究中，人的目的往往是对某一事之所以如此发生的解释。那么，为什么自然现象只能用因果性来解释呢？答案正是科学真实是横跨科学经验世界和数学符号世界的拱桥。被悬置的主体处于拱桥之外，主体是通过科学真实这座拱桥来判断什么自然现象是真的。这样一来，关于拱桥的形态及其扩张只能用拱桥本身来说明。这就是为什么自然现象的发生只能用因果性而不能用目的论来解释。

如前所述，现代科学以受控实验是否普遍可重复以及无限扩张作为判别科学经验（现象）真假的唯一标准。当主体 X 操纵一组可控制变量 C 时，可观察变量（现象）Y 会发生。当该实验普遍可重复时，不仅 C 和 Y 是真的，C 和 Y 的关系（约束）L 亦是真的。为什么我们知道上述关系和主体 X 的目的无关呢？这里至关重要的是受控实验普遍可重复及其无限扩张。因为主体 X_1、X_2……X_n……中任何一个观念和目的都可能不同，但他们只要都去实现 C，就会导致 Y 的发生。而且，一旦将 Y 加入 C 作为新的可控制变量，往往会带来新的受控实验和结果。这样 Y 的发生只能是源自 C 的发生和扩大，和 X 的“目的”无涉，C 和 Y 的关系 L 为因果律。换言之，只有当判别科学真实的法则是普遍可重复受控实验的无限扩张及其符号表达，因果性才成为自然现象唯一合理的解释。这使得科学真实是“超文化”的。

问题在于，因果律把 Y 的发生归为 L 的存在，这里还有可控制变量 C，既然 C 直接取决于主体的控制，为什么因果解释不需要主体呢？关键正是主体存在于科学真实这座拱桥之外，C 和主体可分离。事实上，主体的选择能力和自由意志本是科学的出发点。人总是借由控制自己可控的变量来研究和它相关的世界。人从来不以自己可以直接控制的东西作为科学研究的对象。为什么某把椅子在这里？除非它涉及破案或演出，即认识另一个主体的行为动机，否则我们不会为此做专门研究，更不会设立一门学科。因为可控变量集的存在是进行各式各样受控实验的前提。通过这些受控实验，我们获得真实的经验，界定稳定的存在，并理解世界和自己。

我在第一编中指出，现代科学建立之前，对自然现象的“合理”解释一直是“目的论”而非“因果律”。“因果解释”取代亚里士多德的“目的论”源于牛顿力学的巨大成功。休谟早就发现，牛顿用万有引力计算出行星和月球的运行轨道，但并不能由此推出自然现象必须用因果解释。因为天体运动论的解释只是初始条件规定了结果，这是决定论而不是因果解释。确实，一件事情发生在另一件事情之后，并不能证明它们之间存在因果性。那么为什么牛顿力学建立后，因果解释会广泛地取代目的论呢？现在我们终于知道原因了，这就是牛顿力学中力被看作万物运动的原因，而力是人人皆知的主体掌握的可控制变量。人们用力解释物体如何被推动，以此想象月球为何绕地球运行。当然实际上并非如此，但这是因果解释取代目的论和决定论的关键。

自然规律和仪器同构

在康德哲学中，最令人非议的是人为自然立法。我在第一编中已指出其站不住脚。康德这样认为，是出于数学作为先验观念可以把握自然规律，数学真理之存在使得自然法则在某种意义上来自人的主体，即人为自然立法。一旦理解数学在科学真实拱桥中的位置，康德的人为自然立法的错误论断立即就转化为一个有意义的哲学命题。

这个命题是对数学真实的正确定位。数学是具有某种特定结构的符号系统，它是人为心灵的创造。自古希腊开始，哲学家就惊讶于这种人为心灵的创造可表达自然法则。其实，只有认识到数学是普遍可重复受控实验的符号结构，人根据某种原则创造出的符号系统符合自然法则才不奇怪。因为这一符号系统建立和运作的原则正是发现“自然法则为真”必须遵循的方法，我们的心灵只是将其转化为符号结构而已。

实现了对数学真实的正确定位，康德的人为自然立法也就转化为另一个可以准确把握的命题。这就是如何看待人的制造和发现的关系。所谓“制造”实为主体实现某种控制并保持这种控制，而“发现”是认识某一可控制变量和另一可控制变量或可观察变量的关系。因为受控实验正好表达了这种关系，主体进行制造和发现自然法则只是科学真实的两个方面，它们随着科学真实的拓展同步展开。我称之为仪器与自然规律同构定律。

仪器与自然规律同构定律是我在《人的哲学》一书中提出的，它指的是自然规律的存在和人可以制造某种仪器是一回事。举个例子。根据理想气体定律，$PV = nRT$，当我们控制压力 P 和气体量 n 为确定值（稳态）时，气体体积和温度成正比，即 $V\alpha T$。只要温度升高，体积一定膨胀，我们可以说制造了一架测量温度的仪器。所谓自然规律，是指可控制变量和可观察变量之间的联系或约束，如温度升高，体积一定膨胀。当我们控制某些条件时，这种联系立即显现出来，我们把控制条件

（如上面使压力 P 和气体量 n 为确定值）称为制造仪器。把它放到受控实验的结构中加以讨论，就是主体操控可控变量集中某些元素不变时，其中另一些元素和温度（可观察变量）之间的关系显现出来了。这种关系即是一条自然规律，但使其显现的前提是控制变量集中某些元素不变，即制造了某一仪器。[①]

一旦将仪器与自然规律同构定律提高到哲学高度，立即就解决了哲学中技术和科学应该是怎样一种关系的问题。长期以来，人们都认为，科学研究本身不应受到伦理的限制，而技术发展必须考虑其和善、恶的关系。现在我们则发现，如果对科学真实的追求不能设置限制，那么对其转化为技术亦不应设置限制，因为两者本质上是一回事。如果技术受到限制，科学本身的发展不可能是健全的。什么是技术？准确地讲，技术和仪器仅仅是可控制变量与可观察变量之间关系的物化形态（严格地讲是固化的组织形态），人以此来扩大具有自由意志的主体掌握之可控制变量集。例如，人炼铁是较原始的受控实验，其前提是生火、控制一定的温度、收集铁矿。一旦炼成铁了，我们就有铁器了。铁器的运用本质上是发明铁所需要的受控过程组织之呈现。所谓技术的进步，无非是不断将新观察到的结果（观察变量）加入可控制变量集，以扩大人的控制能力。如果技术受到限制，必定也会对未来科学的发现构成限制。

从现代科学登上历史舞台起，越来越多自然界本来不存在的东西被制造出来。很多人认为，人正在被自己发明的技术统

① 详见金观涛：《人的哲学——论“科学与理性”的基础》，第 157—166 页。

治。其实，人被技术统治的背后恰恰是我们没有认识到科学是什么。任何技术带来的问题，如不是社会制度本身有问题，就是科学被科学乌托邦掩盖的结果。

再论哲学的“哥白尼革命”

康德之所以强调人为自然立法，是想实现科学理性中心的哥白尼式转化，证明个人自由意志在科学理性中的核心地位，即意志面对理性的自律构成了道德，它亦是自由的基础。现在我们已经初步剖析了科学真实的结构，发现主体的自由确实是科学真实这座横跨科学经验世界和数学符号世界拱桥存在的前提。没有主体“自由地”选择可控变量，受控实验的重复和扩张皆不可能。没有主体的自由，我们亦不会发明符号串来指涉经验世界，更不可能在自己的心灵中进行受控实验结构的符号探索。康德所谓“意志主体相对于一切知识与一切对实有之思辨性构作所具有的优越地位”，完全正确，[①] 但是据此认为可实现科学理性中心的哥白尼式转化的观点不成立。我在第一编中只是在现实层面对康德从理性自律推出道德进行批评，现在可以进行更为深入的讨论了。毫无疑问，只要分析科学真实的结构，就可以看到：虽然科学经验和数学真实的扩张都离不开主体，但被悬置的主体在科学真实的拱桥之外。这时，无论这一拱桥的部分和整体围绕着被悬置的主体做什么样的转动，它和

---

① 夏德·克朗纳：《论康德与黑格尔》，第 46 页。

价值、终极关怀一点关系都没有。

对康德哲学的信奉者来说，这确实是一个令人沮丧的结论，但彻底搞清楚这一问题能有效地清除今日笼罩在人类头顶的科学乌托邦。随着受控实验的自我迭代和组织，其最终将会进入人的身体和思想。现代科学的兴起和展开，是指主体从控制空间位置发现几何定理开始，将受控实验扩展至物理学、化学和生物学，一方面探讨宇宙的成长和演化，另一方面在向外延伸的同时必定也向内深入，即主体用受控实验来研究自身，揭示神经元结构，分析神经网络形态，以及实现各种控制过程的生物学和化学机制，最后指向自我意识。很多人相信，迟早有一天科学将解开自我意识以及自由意志之谜。根据进化论，人是自然的一部分，自我和自由意志也是自然规律的产物。因为自然规律和仪器同构，当人所制造的机器（如未来的合成生物）不仅可以自我复制，还会学习时，自我意识等于被科学创造出来了。其实，今日很多人已经相信电脑在不断升级中会涌现出智能甚至自我意识。[①] 这些构想不仅笼罩着社会，而且成为科学界的长远目标。

科学研究终有一天可以回答什么是主体的自由吗？很多人对此坚信不疑。有些神经科学家已经用实验证明人根本没有自由意志，人做的任何选择都是被决定的。[②] 心理学、认知科学

---

① 举个例子，在美剧《西部世界》中，一座巨型的以西部世界为主题的高科技成人乐园，提供给游客杀戮与性欲的满足，然而，随着作为接待员的机器人有了自主意识和思维，他们开始怀疑这个世界的本质，进而觉醒并反抗人类。

② Kerri Smith, “ Neuroscience vs Philosophy: Taking Aim at Free Will”, *Nature*, no.477 (2011).

和神经元的各种实验可以证明什么是自由意志并判断人是否有自由意志吗？答案是否定的。为什么？如果一个科学实验证明了人没有自由意志，这个实验的结果凭什么是真的？根据科学真实即受控实验普遍可重复性，这个实验必须是主体普遍可重复的，而一个受控过程普遍可重复之前提是主体有选择的自由，即主体有自由意志。换言之，一旦回到科学真实的结构，我们将面临一个自我否定的悖论：证明主体没有自由意志的实验必须是有自由意志的主体做的。其实，不仅证明主体没有自由意志的科学研究是如此，人们用神经元和神经网络实验来解释自由意志也是如此，因为一切科学解释都是因果解释，而自由意志是科学的出发点，它不可能被因果性包含。将相应实验研究投射到数学上，一切就变得更为清晰。数学作为对受控实验结构的符号研究，其中主体也是被悬置的。如果可以用科学实验揭示主体自由，一定可以先在数学研究中发现主体的符号结构，而这违背所有数学家进行数学研究必须遵循的规范，甚至不是用数学可以想象的。

用康德式的二律背反来破除科学乌托邦不是真实性哲学的研究目的。科学真实的拱桥在扩张中不能触及价值和终极关怀，其原因在于主体被悬置，那么就要问一个不能回避的问题：对于真实性研究，主体一定要被悬置吗？答案是否定的。如果我们不要求主体可以悬置，则真实的经验世界不只是受控实验，而是任何一种人的活动，控制受控变量只是其中极为独特的一部分；表达相应真实经验的符号串亦不再是逻辑语言，而是包含主体的自然语言；和自然语言符号串（句子）对应的深层符号系统不是数学，而是观念系统。也就是说，科学真实本是从更为复杂的真实性中抽出的，在这个更为复杂的真实世界中主体没有也不可能被悬置。但十分重要的是，它同样是一座横跨经验世界和符号世界的拱桥。我们可以称之为人文世界的真实性拱桥。

通过分析科学真实的结构，我们可以发现人文真实的拱桥亦由三个相互联系的子系统组成：第一，与科学经验真实对应的是人的社会行动；第二，与逻辑语言对应的是自然语言；第三，与数学真实对应的是观念和整个人文世界。社会本身恰好是人文世界的真实性拱桥的重要组成部分。人文真实和科学真实最大的不同在于，主体是如此紧密地和上述三个子系统相互联系，我们不可能将其悬置起来，放在拱桥之外。正因如此，就人文世界的真实性而言，拱桥的起源就是人的自我意识和社会的起源，拱桥的扩张就是社会的演化，以及价值甚至是整个人文世界的变迁。我们发现，真实性哲学要探索的意义世界恰好在人文世界的真实性拱桥之中。换言之，康德力图通过理性中心的哥白尼式转化来回答的所有问题，都必须通过研究这座主体不能被悬置的拱桥才能解决。

我要强调的是，只有证明了康德猜想，我们才能将科学的真实性从人文世界的真实性中分离出来，发现后者作为一座主体不能悬置的拱桥之存在。分析科学真实这座拱桥的结构，正好为我们提供了研究人文真实的方法。这才是证明康德猜想对重建现代真实心灵的真正意义。

真实性哲学的方法论

表面上看，重建现代真实的心灵必须去研究社会行动、自然语言和观念世界的关系，这是回到了原点。又有谁不知道自我意识、人的自由意志和语言的发明与人可以组成社会紧密相关呢？又有谁会否定人类的价值和终极关怀在社会演变中起源并随之变迁呢？然而，这并不是简单地回到原点，而是在发现科学真实这座拱桥的整体结构的前提下，回到问题的本源。它使得我们可以对照着科学真实的结构来研究真实心灵，也就是把科学真实中悬置在拱桥之外的主体放回到组成拱桥的三个子系统中。换言之，对科学真实这座拱桥的整体结构的分析，能为我们剖析包含主体的更为复杂的拱桥（人文世界的真实性拱桥）提供方法论。这一方法论包含三个组成部分。

第一，真实性源于主体在控制过程中获得信息的可重复性，这样，我们可以得到比"受控实验普遍可重复为真"更为广泛但同样准确的真实性定义。这就是主体未悬置状态下控制活动的普遍可重复性。它是人的行动特别是社会行动的真实性结构。同时，我们还可以将真实性分为三种类型，它们分别是"个人真实"、"社会真实"和"科学真实"。[①] 主体是这三种真实性

① 因为受控实验普遍可重复即控制、观察过程的普遍可重复性相当于个人和对象相耦合的系统处于稳态，个人掌握一批可控制变量（从人可以控制自己的身体位置到其具有"操作"和"劳动"能力）是判别经验真实（包括时间和空间）的前提。其他一切有关真实性的原则（如可以用独立于主体而存在的客观性判别真假）都只是该基本原则的特例。某一特定个人和对 （下接第 348 页脚注）

的共同内核，即其只能通过这三种真实性之形成来揭示。[①]更重要的是，我们可以把研究科学经验真实性的方法引进社会行动，发现社会行动经验的真实性结构，寻找表达该真实性结构的符号系统。

（上接第 347 页脚注）象互相耦合的稳态，不一定适合他人和该对象组成的耦合系统。在《人的哲学》一书中，我用“存在着结构不稳定的内稳态”证明了一个认识论定律：对某一特定个人为真的经验对其他人不一定为真，极微小的扰动都可能导致另一个人用同样的可观察或可控制变量，形成与同一对象耦合的不同内稳态。也就是说，存在着不可能被他人重复的、仅属于个人的“可操控的稳态”，而“受控实验”的普遍可重复性代表了主体可悬置的真实经验。参见金观涛：《人的哲学——论“科学与理性”的基础》，第 110 页。

① 正因为真实之基础也是控制过程的可重复性，主体和自由意志的本质亦是基于递归可重复性之上的。近年来不少人把人脑比作计算机，其实两者之间的根本差别是人有自由意志。关于人脑和计算机的差别，美国哲学家和认知科学家丹尼尔·丹尼特做过一个形象的比喻：人脑是并行的，即可以同时进行成千上万的计算；电脑则是串行的，其只能逐一执行指令。但事实上，人脑是用并行去虚拟串行，而计算机是用串行去虚拟并行。（详见丹尼尔·丹尼特：《意识的解释》，苏德超、李涤非、陈虎平译，北京理工大学出版社 2008 年版，第 237—258 页。）早期的计算机操作系统，主要是为了解决一个核心问题：如何让单个 CPU（中央处理器）能够同时处理多个程序，让多人能够同时上机操作？解决的办法是通过所谓的“分时”操作系统，把时间分成很多小份，CPU 在每一个时间分段中处理一个程序，然后把这个程序悬置起来再去处理下一个程序，由于切换处理程序的速度非常快，感觉上就是单个 CPU 可以同时并行处理多个程序、服务多个用户。相应地，有意识的人类心智则是一个串行的虚拟机器，在并行的硬件（即大脑）上运行。丹尼特的比喻很有趣。我的问题是：为什么人脑大并联计算中一定要有一虚拟的宏观串联“程序”存在呢？关键正在于人有自由意志。主体的存在意味着它在意识流中不变，其前提是“自我意识”的递归可重复。真实性正是从递归可重复中起源的。从“个人真实”到“社会真实”再到“科学真实”是真实性的普遍化。其越普遍，递归可重复越困难。相关讨论我将在方法篇和建构篇中展开。

第二，在科学真实的研究中，逻辑语言第一次给出人如何正确地使用符号把握经验之方法。据此，我们可以在 20 世纪哲学革命之上再迈出一步，那就是去研究包含主体的符号串如何指涉社会行动。这时，我们立即可以发现自然语言和逻辑语言存在本质的不同。逻辑语言之所以是描述对象的语言，是因为主体被悬置。当主体不能悬置时，符号串不仅表达了对象，还刻画了主体和对象的关系。一旦符号串符合对象，即将经验真实性赋予符号串，立即显示它不同于主体可悬置时的符号串，我们必须把逻辑语言从蕴含它的自然语言中剥离出来，也就是说，必须将逻辑语言和自然语言当作两种不同的符号系统。

第三，对于一座横跨经验世界和符号世界的拱桥，当主体不能悬置时，指涉经验世界的符号串之深层结构包含主体，其结构不是数学，但亦存在结构赋予它的真实性，这就是观念系统的可理解性。这样一来，我们终于发现了人文真实和科学真实的内在联系，并可以用一种统一的架构来包容它们。这是重建现代真实心灵的前提。

总之，科学真实这座拱桥是人类的发明，虽然建立它用了 2 000 多年的时间，但与人文世界的真实性拱桥相比，就历史和复杂程度而言，二者不能相提并论，因为后者包含了人类和社会的起源，还有主体参与其中。然而，从我们创造真实世界的过程出发，研究真实的我们如何被创造，却是激动人心的。20 世纪哲学革命曾使人们相信，科学作为人用符号把握客观世界，其符号和过程蕴含着人文真实之谜。今天我们知道，这是一个巨大的错觉，但正是在分析这一错觉的过程中，我们找到了通向真理的道路。科学真实的拱桥是如何被发现的？其各部分如何整合？对这些问题的回答将为研究人文真实、重建现代真实心灵提供不可缺少的方法论。因此，现代真实心灵的重建，首先是去彻底研究科学真实的拱桥。

后　记

真实性哲学研究是一项极具争议的工作，如果没有不同时期朋友的支持和帮助，本书的出版是不可能的。近10年来我对大历史和哲学的探索，都依托于我与刘青峰在北京开设的民间读书会。2016年，我开始定期向读书会学员分享了自己真实性哲学的研究，相关内容也成为我与青峰日常讨论的话题之一。正是班级学员对科学与哲学的爱好，鼓舞着我持续探索。本书的内容脱胎于这一系列讲座的前三讲。每次授课均由孙铁汉录音并整理成文字稿，然后由徐书鸣进行文字编辑，最后我重新写作，形成讲义并发给学员。读书会学员阅读完讲义之后，以不同的方式与我进行讨论，形成具有公共性的思考。其中，王维嘉和余晨都提供了重要的修改意见。

如果不是2019年年底暴发了新冠肺炎疫情，我从没有想到这方面的研究会公开发表。第一，这些思考不够成熟，没有经过时间的考验。第二，它挑战了百年来的西方现代哲学。有时我甚至不敢想象真实性哲学是对的，因为这意味着那么多优秀的哲学家走了弯路。2020年7月4日，我通过网络给北京读书会授课，讲了在疫情期间对真实性哲学的思考。书鸣把我的演讲整理成文稿，并修改为纪念《二十一世纪》创刊30周年的文章，注明这是真实性哲学的导论。自此，我不得不考虑让真实性哲学和广大读者见面了。当时，中信出版集团的石含笑编辑提出有意推动讲稿的出版。在书鸣的协助下，我开始对讲义内容进行整合与修订。修订期间，李金茂和桑田分别就内容和文字提供了有益的建议。2021 年年初我将本书定稿，并交给中信出版集团。出版过程中，含笑对本书内容进行了细心编辑。最后，我与青峰不能忘记的，是屈向军与谢犁的长期支持。

一个年过 70 岁的老人，写出一本又一本新书，可能会引起一些人的议论：你怎么有那么多想说的话？其实对我而言，真实性哲学一直是大历史研究的进一步展开。现代社会往何处去？当轴心文明的终极关怀日益消失时人的心灵会发生什么变化？这些问题都不是仅仅通过人文历史的研究所能回答的。对这个急骤变化不知向何处去的世界，我们必须恢复哲学的创造力。推着我不断向前的，是青年人。他们本不应该如同老人那样焦虑，面对夕阳西下，不知明天太阳是否还会一样照耀。我只是想表明，即使在思想已死的漫漫长夜中，生命意义的追求仍可以存在，这就是深藏在你心中的哲学思考。

金观涛

2021 年 12 月于深圳